海相碳酸盐岩储层改造及测试技术

王永辉　杨向同　等编著

石油工业出版社

内 容 提 要

本书系统介绍了海相碳酸盐岩储层改造与测试的新技术及现场应用情况,包括高温碳酸盐岩储层均匀布酸酸化技术、深穿透酸压配套技术、加砂压裂技术、储层改造技术集成和测试及解释技术等,并列举了我国有代表性的塔里木盆地、四川盆地及鄂尔多斯盆地碳酸盐岩实例。

本书适合从事油气储层改造和试油测试及碳酸盐岩勘探开发的科研人员、技术人员,以及高等院校相关专业师生阅读和参考。

图书在版编目(CIP)数据

海相碳酸盐岩储层改造及测试技术 / 王永辉等编著．
—北京：石油工业出版社，2020．1
ISBN 978-7-5183-3604-3

Ⅰ．①海… Ⅱ．①王… Ⅲ．①海相-碳酸盐岩-储集层-研究 Ⅳ．①P618.130.2

中国版本图书馆 CIP 数据核字(2019)第 206055 号

出版发行：石油工业出版社
　　　　　（北京安定门外安华里2区1号　　100011）
　　　　　网　址：www.petropub.com
　　　　　编辑部：(010)64243546　图书营销中心：(010)64523633
经　销：全国新华书店
印　刷：北京中石油彩色印刷有限责任公司

2020年1月第1版　2020年1月第1次印刷
787×1092毫米　开本：1/16　印张：15.5
字数：390千字

定价：120.00元
（如出现印装质量问题，我社图书营销中心负责调换）

《海相碳酸盐岩储层改造及测试技术》编写组

组　　长：王永辉　　杨向同

副组长：车明光　　周福建　　彭建新　　桑　宇　　张矿生

成　　员：程兴生　　李永平　　朱绕云　　王业众　　苏国辉

　　　　　徐敏杰　　刘雄飞　　雷胜林　　周　郎　　马　旭

　　　　　李素珍　　王丽伟　　牛新年　　潘　登　　蔡明金

　　　　　刘会锋　　高跃宾　　彭　翼　　易新斌　　邱晓惠

　　　　　刘洪涛　　王　萌　　周长林　　严星明　　陈伟华

顾　　问：丁云宏　　张福祥　　何　也　　赵振峰　　贾永禄

前 言.
Preface

  增产改造与测试技术是碳酸盐岩储层有效开发的关键技术。随着勘探开发工作的深入，井层深度、温度的增加及高含硫化氢等复杂问题的凸显，对碳酸盐岩储层增产改造与测试技术提出了诸多新的挑战。本书紧密结合碳酸盐岩储层改造与测试技术面临的主要问题，以塔里木盆地、鄂尔多斯盆地和四川盆地为重点，介绍了碳酸盐岩储层改造和测试技术研究与应用情况，总结了重点攻关、室内研究与现场试验的成果及形成的多项技术。

  本书是在中国石油"海相碳酸盐岩大油气田勘探开发关键技术"重大专项攻关课题研究基础上编写的，共分七章，是"海相碳酸盐岩储层改造及测试技术"课题主要攻关成果的提炼，内容涵盖了塔里木、鄂尔多斯和四川三大盆地碳酸盐岩储层基本地质特征，高温碳酸盐岩储层均匀布酸酸化技术，海相碳酸盐岩储层深穿透酸压配套技术，海相复杂碳酸盐岩储层加砂压裂技术，海相复杂碳酸盐岩储层改造技术集成、完善和应用，海相碳酸盐岩储层测试技术，海相复杂碳酸盐岩储层改造与测试技术现场应用及评估。其中前言、绪论由王永辉、杨向同编写；第一章由彭建新、杨向同、桑宇、王业众、张矿生、马旭、王永辉、车明光编写；第二章由周福建、刘雄飞、王永辉、车明光、程兴生、周长林、王业众、苏国辉、王萌编写；第三章由程兴生、王永辉、车明光、李永平、周福建、徐敏杰、王丽伟、王业众、李素珍、邱晓惠编写；第四章由王永辉、车明光、周郎、程兴生、高跃宾、张矿生编写；第五章由车明光、王永辉、周福建、彭建新、彭翼、陈伟华、易新斌、苏国辉、朱绕云编写；第六章由杨向同、彭建新、桑宇、王永辉、雷胜林、牛新年、刘会锋、刘洪涛、蔡明金、潘登编写；第七章由李永平、车明光、朱绕云、王业众、苏国辉、王永辉、严星明编写。全书由王永辉、车明光、杨向同统稿。

在项目的攻关和本书的编写过程中，得到了中国石油勘探开发研究院丁云宏副总工程师、塔里木油田公司张福祥副总工程师、西南石油大学贾永禄教授、西南油气田公司何也教授及长庆油田赵振峰专家、油气工艺研究院慕立俊院长的指导和大力支持，众多科研人员为项目攻关和书稿素材做了大量的基础工作，石油工业出版社对出版样稿进行了详细的编辑、校对和图表的清绘，对本书补益很大，值此书出版之际，一并表示衷心的感谢。

限于作者水平有限，难免有差错与不足，敬请读者提出宝贵意见。

目 录 .
Catalog

绪 论

在全球已探明油气储量和待发现油气资源中，海相碳酸盐岩占的比例高达 60%，是油气勘探开发的重要领域。我国碳酸盐岩油气藏分布广，勘探开发潜力巨大。但由于地质条件复杂、非均质性强，物探技术尚不能精细刻画碳酸盐岩储层缝洞系统细节的发育情况，钻井一般只能钻到地震预测的缝洞发育有利区域附近，常不具备自然产能。因此，碳酸盐岩大多需要进行储层改造才能达到增储上产和认识储层的目的，储层改造及测试已成为碳酸盐岩有效开发的关键技术。

多年来，在对碳酸盐岩储层的改造中，国内外采用的技术基本相似，主要有酸化、酸压和压裂技术，这些技术已成为其主要的增产工艺技术，且基于不同目的衍生了多种技术，如前置液酸压技术、多级注入酸压技术、多级注入+闭合酸化技术和加砂压裂技术等，这些技术在碳酸盐岩储层的改造中正在广泛应用。

随着对碳酸盐岩勘探开发工作的进一步深入，出现了物性更差、埋藏更深、温度更高、高压、高含 H_2S 等特点的储层，储层改造面临诸多新的挑战，亟待进一步开展攻关研究。在国内的几个主要碳酸盐岩区块具体表现如下：

塔里木盆地寒武—奥陶系碳酸盐岩石油资源量占盆地总量的 38%，碳酸盐岩的油气勘探已成为油田勘探的主战场。塔里木盆地碳酸盐岩储层勘探开发重点和技术难点表现为：储层埋藏深（4000～8000m）、温度高（100～200℃）、非均质性强、储层类型复杂，既有溶洞型、缝洞型，又有基质孔隙型，且部分区域高含 H_2S。储层改造的重点和难点是超深井高温巨厚层的改造和深度改造配套技术。

四川盆地龙岗地区二叠系长兴组生物礁埋藏深度为 6200～6900m，三叠系飞仙关组也在 6000m 以深，地层温度 140～180℃，储层类型复杂，非均质性强，有溶洞型、缝洞型，更多的是基质孔隙型，储层普遍高含 H_2S。川中地区高石梯—磨溪区块震旦系和龙王庙组的碳酸盐岩储层也存在类似特性。以往碳酸盐岩储层改造主要为胶凝酸酸压，改造技术手段较为单一，改造深度受限。储层改造主要面临的难点是超深、高温、高压和高含硫。

鄂尔多斯盆地下古生界碳酸盐岩储层随着靖边气田产建工作持续深入地开展，主要产建区块由潜台中部向潜台东侧和外围、其他层系转移，气田地质情况变得日益复杂，主要表现在：储层物性变差，低产低效井比例增加；以往形成的白云岩储层酸压及加砂压裂改造技术面临着巨大的挑战，改造技术需要向更深穿透推进，才能达到增产、稳产目的。

国内碳酸盐岩储层改造和测试技术亟待解决的问题主要有：乳化酸摩阻高、耐温差，难以用于 6000m 以深超深井；清洁酸耐温差，不能很好满足超深井高温储层需要；复杂裂缝型碳酸盐岩储层加砂压裂施工压力高、施工风险大；高温巨厚储层、大跨度多层直井改造仍缺乏可使用的技术；新型交联酸、变黏酸、清洁自转向酸酸液的评价方法及酸岩作用机制仍不清楚；另外，现有的 MFE 测试系列技术无法满足复杂井眼条件下事故处理的要求，且在高产井中产生阻流，也无法将测试、取样工具下入油层中部。碳酸盐岩多采用欠平衡或压控钻井技术，而测试这个环节仍未解决欠平衡的问题。

针对国内碳酸盐岩储层改造与测试中上述难题，以塔里木、长庆、四川等海相碳酸盐岩油气藏为主要研究对象，以提高单井产量和增产改造有效期为目的，重点对耐高温（120~150℃）储层改造材料体系、酸岩反应机制、滤失控制方法、深穿透及提高储层动用程度工艺、超深井安全测试、试井综合评价技术等关键技术进行了攻关研究，开展了应用基础研究、技术研发配套及现场技术应用，形成了适合碳酸盐岩储层改造与测试配套技术。

研究攻关主要取得了 4 方面进展：（1）建立了酸化压裂改造前储层量化评估、碳酸盐岩储层伤害评价实验、高温乳化酸评价实验及碳酸盐岩复杂介质试井评价等 4 种方法，为改造的决策、材料的评价和设计的针对性提供了基础；（2）研发形成了高温清洁酸、高温GCA 地面交联酸、高温乳化酸、高温低伤害压裂液、高温加重酸和高温低成本加重压裂液等 6 种耐高温酸化压裂改造材料体系，解决了高温深井碳酸盐岩储层改造技术的关键问题；（3）创新了大位移水平井分段改造、井下蓝牙测试和测试—改造—封堵—对接投产四重功能管柱测试等 3 项技术，完善了高温储层均匀布酸酸化技术、高温储层深度改造技术及加重液改造技术等 4 项技术，解决了大位移水平井改造，裂缝深穿透提高储层改造波及体积，高压储层注不进、压不开，及安全、可靠、简便取全取准测试数据等问题；（4）集成、完善与应用了改造与测试技术，取得了显著的增产效果。碳酸盐岩改造与测试总体应用情况为：酸化压裂改造 287 口井、328 井次，成功率 98%，有效率 87%，累计增油 111.5×10^4 t、增气 32.7×10^8 m^3；测试 223 井次，成功率 96%。

本书所介绍的技术成果，对从事储层改造和试油测试及碳酸盐岩勘探开发工作有借鉴、指导作用。

第一章

三大盆地碳酸盐岩储层基本地质特征

塔里木盆地、鄂尔多斯盆地和四川盆地是碳酸盐岩油气资源分布的主力区，具有不同特点和代表性，本章主要介绍了这三大盆地油气资源分布概况、储层基本地质特征及储层改造与测试面临的主要挑战。

第一节　塔里木盆地缝洞碳酸盐岩储层基本特征

一、分布概况

塔里木盆地碳酸盐岩预测含油气面积 358km^2，油气当量 1.563×10^{8}t；控制含油气面积 203km^2，油气当量 1.683×10^{8}t；探明含油气面积共 120km^2，油气当量 7448×10^{4}t；三级储量近 4×10^{8}t。碳酸盐岩分布在寒武系—奥陶系，资源潜力巨大。塔里木盆地寒武系—奥陶系碳酸盐岩石油资源量占盆地总量的 38%，其中寒武系—奥陶系含油 22.66×10^{8}t，含气 0.98×10^{12}m^3。塔里木盆地碳酸盐岩勘探的主要领域为轮南、塔中、英买力三大古隆起。

二、储层基本地质特征

1. 轮南古隆起

轮南—塔河是一个特大型潜山油田，三级储量超 10×10^{8}t，已经探明储量超 6.6×10^{8}t。轮南奥陶系碳酸盐岩储层以粒屑滩的亮晶砂屑和生屑灰岩为主，储集空间主要为裂缝—溶洞(孔)型。储层物性特征为基质孔不发育，平均孔隙度 1.049%；以岩溶作用形成的溶孔、溶洞作为主要储集空间，裂缝为油气运移的主要通道，尤其是大型溶洞是重要的油气聚储场所。钻井时广泛钻遇溶孔、溶洞，放空井漏现象频发，有效储集空间的非均质性强。有裂缝—(孔)洞型储层测井响应特征。轮南奥陶系古潜山油气性质呈多样性，具体分布如图 1-1 所示。

2. 塔中古隆起

塔中Ⅰ号坡折带储层以礁滩相颗粒灰岩为主，储集空间主要为裂缝—孔(洞)型。塔中地区勘探成果如图 1-2 所示，有利含油气面积 5000km^2，控制储量油 2822×10^{4}t、气 325×10^{8}m^3，预测储量油 4137×10^{4}t、气 195×10^{8}m^3，三级储量 1.04×10^{8}t。油气主要分布在Ⅰ号坡折带和塔中主垒带潜山，Ⅰ号坡折带油气显示段及油气流产层主要分布在奥陶系良里塔格组颗粒灰岩段，厚度分布在 80~150m。沉积相表现出礁滩为主要储集体，礁滩为有效储层。储层一般占储层段地层厚度的30%~50%，礁滩体储层基质孔隙度和渗透率低，基质孔隙度集中在2.0%~5.0%，渗透率集中在0.01~0.1mD，储层的渗透性较差，一般需要进行储层改造才能获得高产。有效储集空间为孔、洞，溶洞在测井上多有响应，常见钻井漏失及放空现象。油气分布不受构造控制，底水不活跃，准层状油藏。

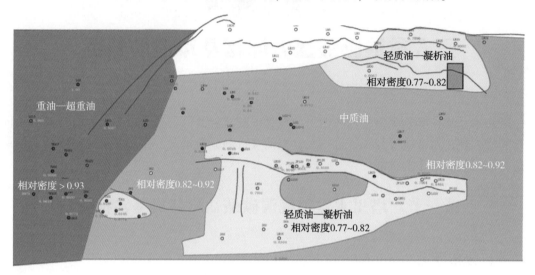

图1-1　轮南奥陶系碳酸盐岩古潜山油气藏分布

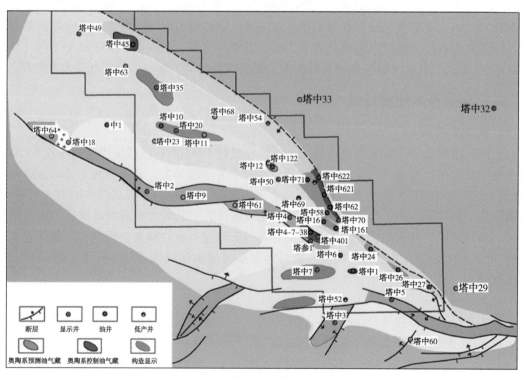

图1-2　塔中地区勘探成果图

3. 牙哈—英买力低凸起

牙哈—英买力低凸起北部储层以云坪、生屑滩的生屑灰岩、白云岩为主，白云岩为最有利的储集岩，储集空间主要为裂缝—孔隙（晶间孔、溶蚀孔）型。该地区下古生界碳酸盐岩勘探成果图如图 1-3 所示，勘探面积为 4000km²，总资源量 2.7×10⁸t；储层分布在石灰岩或潜山顶面之下 200m 以内，产层跨度大：奥陶系吐木休克组—一间房组—蓬莱坝组—上寒武统—中寒武统。油气分布不受构造控制，油藏呈准层状特征。牙哈—英买力碳酸盐岩基质孔隙度统计结果见表 1-1，白云岩基质孔隙度较好，泥粉晶灰岩孔隙度较低。

表 1-1 牙哈—英买力碳酸盐岩基质孔隙度统计结果

井 号	储层岩性	孔隙度（%）
牙哈 7X1	白云岩	2.0~4.0
牙哈 3	白云岩	3.1~8.0
英买 9	泥粉晶灰岩	0.69~5.4/1.6
英买 32	白云岩	0.4~10.4/4.51

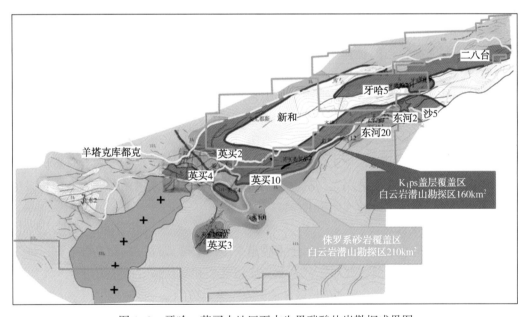

图 1-3 牙哈—英买力地区下古生界碳酸盐岩勘探成果图

三、储层地质特征分类

类型一：以轮西、轮东及塔河油田为代表，以石炭系泥岩为盖层的奥陶系潜山风化壳储层。储集空间以溶孔、溶洞为主，裂缝为辅，基质孔隙度小。

类型二：以牙哈和英买力为代表，以白垩系卡普沙良群泥岩为盖层的寒武系潜山风化壳储层。储层均质性较强，储集空间为溶孔、溶洞和天然裂缝。

类型三：以塔中Ⅰ号断裂坡折带为代表，以上奥陶统泥岩为盖层的中下奥陶统颗粒灰岩储层。深埋岩溶作用有利于形成溶蚀孔洞，礁滩相灰岩基质孔发育。储层处于有利的高能相带、层位稳定，相对均质性强、储集空间以蜂窝状溶孔为主，基质孔洞发育。

类型四：以轮东和英买2为代表，以中上奥陶统泥岩为盖层的中下奥陶统灰岩储层。储层条件较差，以裂缝和基质孔为主。

第二节　四川盆地礁滩白云岩储层基本特征

四川盆地礁滩白云岩储层主要分布于龙岗地区二叠系长兴组和三叠系飞仙关组，埋藏深度均在6000m以深，地层温度140～180℃。该地区碳酸盐岩储层类型复杂，非均质性强，既有溶洞型、缝洞型，更多的是基质孔隙型，储层普遍高含H_2S。川中地区高石梯—磨溪区块震旦系和龙王庙组的碳酸盐岩储层也存在类似特性。

一、分布概况

1. 龙岗区块

龙岗构造位于四川省平昌县龙岗乡，向西北以鼻状延伸至四川省仪陇县阳通乡境内，地面为一个较平缓的北西向不规则穹隆背斜，在构造区域上属于四川盆地川北低平构造区。构造东北起于通江凹陷，西南止于川中隆起区北缘的营山构造，东南到川东南断褶带，西北抵苍溪凹陷。

龙岗生物礁地震异常区是目前发现的最大规模的生物礁地震异常体。根据地震预测成果，"开江—梁平"海槽东侧飞仙关组鲕滩全长约184km，条带最宽达40km；西侧鲕滩全长超过333km，条带宽度4～24km；环"开江—梁平"海槽长兴组生物礁全长约600km，条带宽2～6km，面积1800km²。显示出环"开江—梁平"海槽礁滩大面积分布，具有广阔的勘探开发前景。随着勘探程度的深入，目前在"开江—梁平"海槽东西两侧已发现的长兴组生物礁、飞仙关组鲕滩气田天然气储量共7467.26×10^8m³。

2. 高石梯—磨溪区块

高石梯—磨溪构造位于四川盆地川中古隆起平缓构造区威远—龙女寺构造群，处于乐山—龙女寺古隆起区，目前主要对寒武系龙王庙组气藏和震旦系灯四气藏进行开发。

二、储层基本地质特征

1. 飞仙关组储层地质特征

飞仙关组为一套碳酸盐岩台地相沉积，主要为石灰岩和白云岩，储层埋深5850～6200m，厚335～450m，划分为飞四段和飞一段—飞三段，储层主要发育于飞一段—飞三段，储集岩主要为鲕粒云岩、残余鲕粒灰质云岩、溶孔灰岩。测井解释孔隙度分布在2.0%～25.5%，渗透率0.003～47.08mD，含水饱和度8.63%～56.65%，储层纵向上主要发育于飞三段—飞一段的中下部，累计厚度22～53.3m，产层中部深度地层温度为

138.8℃；横向上在礁滩叠合的高部位储层分布较稳定，向台内有减薄变差趋势。飞仙关组石灰岩孔隙型储层在台缘带飞仙关组上部及台内飞仙关组广泛发育，测试以干层及水层为主，含气性较差。17口井资料表明，6口井在该段解释有储层，其中有3口井该段有试油资料，测试均产水。

2. 长兴组储层地质特征

长兴组厚225~324m，储集层岩性主要为残余生屑云岩、砂糖状中—细晶云岩、残余生物骨架云岩、残余海绵骨架云岩等，造礁生物主要为海绵。储集空间主要为各类溶孔，裂缝较发育。储层埋深6040~6400m，测井解释孔隙度2.0%~6.1%，渗透率0.01~3.80mD，含水饱和度8.61%~40.76%，产层中部深度地层温度141.2℃。储层纵向上主要发育在长兴组的上部，累计厚度5~40m，横向上储层呈串珠状分布，非均质性强。

3. 龙王庙组储层特征

龙王庙组厚度稳定(80~100m)，属构造背景下的岩性气藏，存在局部封存水；主要储层岩性为砂屑白云岩、残余砂屑白云岩和细—中晶白云岩。磨溪区块取心、测井、试气资料显示储层具有低孔隙度、低含水、高渗透率(酸化后)特征；储集类型主要为裂缝—孔隙(洞)型。

4. 灯四段储层特征

灯四段储层连片分布，厚度主要在50~100m范围内变化，储层岩性主要为富含菌藻类的藻凝块云岩、藻叠层云岩、藻砂屑云岩。储集空间以溶洞、次生的粒间溶孔、晶间溶孔为主。岩心单井平均孔隙度在2.0%~17.8%，总平均孔隙度为3.87%；单井平均渗透率为0.01~1mD，总平均渗透率0.9mD。

三、储层地质特征分类

1. 飞仙关组

Ⅰ类：孔隙度大于12%，渗透率大于10mD，储集类型为孔隙型，以晶间孔为主，沉积环境为台缘鲕粒滩，岩性为粗粉晶云岩、细粉晶云岩、残余鲕粒云岩，岩心及成像测井显示储层孔隙发育，测井解释储层为块状低阻特征，层理及缝合线不发育。

Ⅱ类：孔隙度大于6%，渗透率大于0.3mD，储集类型为裂缝—孔隙型，以粒间孔为主，沉积环境为台缘鲕粒滩，岩性为粉晶云岩、细晶云岩、鲕粒云质灰岩，岩心及成像测井显示储层孔隙及裂缝较发育，测井解释储层为块状低阻特征，层理及缝合线不发育。

Ⅲ类：孔隙度大于2%，渗透率大于0.01mD，储集类型为孔隙型，以粒间及粒内孔为主，沉积环境为台缘—台内较低能量的鲕粒滩，岩性为石灰岩、云质灰岩，岩心及成像测井显示储层孔隙较发育，测井解释储层为薄层状低阻特征，层理及缝合线发育。

Ⅳ类：孔隙度小于2%，渗透率小于0.01mD，孔隙以粒内溶孔为主，沉积环境为台内低能环境，岩性为石灰岩、云质灰岩，岩心及测井显示孔隙不发育，成像测井显示为薄层状低阻或致密高阻，层理及缝合线较为发育。

2. 长兴组

长兴组各类储层物性和电性特征与飞仙关组类似，但岩性、沉积相、孔隙结构、储集空间、储集类型等与飞仙关组有区别。

Ⅰ类：沉积相为台缘生物礁，岩性为白云岩，储集空间为各种晶间孔、粒间溶孔及溶洞，储集类型为孔洞型或裂缝孔洞型，储层非均质性较强。该类储层在龙岗001-3井、龙岗001-6井、龙岗3井、龙岗28井等较为发育，储层流体以水为主。

Ⅱ类：沉积相为台缘生物礁及台内点礁，岩性为白云岩、灰质云岩，储集空间为各种晶间孔、粒间溶孔及溶洞，储集类型为孔洞型或裂缝孔洞型，储层非均质性较强。该类储层为龙岗地区长兴组主力产层。

Ⅲ类：沉积相为台缘生物礁及台内点礁，岩性为灰质云岩、云质灰岩，储集空间为各种晶间孔、粒间溶孔、生物体腔孔及少量溶洞，储集类型为孔洞型或裂缝孔洞型，储层非均质性较强。

Ⅳ类：沉积相为台内非礁相，岩性为石灰岩，储集空间主要为生物体腔孔，储层物性较差，如龙岗20井、龙岗21井、龙岗23井。

3. 龙王庙组

根据储层物性、孔喉结构及毛细管压力特征，将龙王庙组储层划分为4级（表1-2）。

表1-2 龙王庙组储层孔喉结构分类评价表

储层类别	Ⅰ级储层	Ⅱ级储层	Ⅲ级储层	Ⅳ级非储层
孔隙度（%）	≥0.7	4~7	2~4	<2
渗透率（mD）	>0.5	0.05~0.5	0.02~0.05	<0.02
排驱压力（MPa）	<0.1	0.1~0.5	0.5~5.0	>5.0
中值压力（MPa）	<1	1~5	5~30	>30
中值孔喉半径（μm）	>1	0.2~1.0	0.02~0.2	<0.02
最大孔喉半径（μm）	>10	2.0~10.0	0.2~2.0	<0.2
最大进汞量（%）	>90	85~90	75~85	<75
退出效率（%）	>25	15~25	10~15	<10
毛细管压力曲线特征	两套孔喉系统，中值喉道半径大	孔喉分选较好，中值喉道半径较大	孔喉分选中等，中值喉道半径小	孔喉分选好，以细—微孔喉为主，细歪度特征
代表样品	磨溪13井，4601.58~4606.02m	磨溪13井，4616.95~4617.21m	磨溪12井，4679.24~4679.51m	磨溪12井，4629.54~4629.76m

4. 灯四段

根据高石梯—磨溪区块灯四段储层缝洞的搭配关系，结合单井取心、数字岩心、薄片、测井解释、成像测井等资料，将储层分为孔隙型、角砾溶洞型、孔隙溶洞型、裂缝—孔洞型4种类型。

孔隙型：岩石致密，岩性以泥晶、粉晶白云岩为主，岩心观察基本上不发育溶洞，成像测井上主要表现为亮色的背景，基本不含暗色斑点或者斑块；常规测井上表现为高电阻率值，低自然伽马值，低声波时差值，高密度，低中子。数字岩心分析表现为缝洞都欠发育，并且呈分散发育的特征。

角砾溶洞型：岩性以角砾白云岩为主，岩石致密，岩心观察沿角砾之间溶蚀形成大小不均、无一定分布规律的溶洞，成像特征表现为FMI高亮背景下暗色斑点、短暗色线状影像杂乱分布；常规测井表现为中—低电阻率、低自然伽马、中低声波时差、中高密度值。

孔隙溶洞型：岩性以藻白云岩、泥—粉晶白云岩为主，岩心观察溶蚀孔洞较为发育，毫米级—厘米级溶洞顺层发育，分布相对均一，孔洞分布密集；成像上FMI高亮背景下暗色斑点顺层分布；常规测井上表现为中—低电阻率、深浅电阻率差大，低自然伽马，中低声波时差，中高密度值，高中子。在数字岩心分析上表现为溶蚀孔洞发育，裂缝欠发育。

裂缝—孔洞型：岩性以藻白云岩、泥—粉晶白云岩为主，在岩心上可同时观察到溶蚀孔洞和裂缝，表现为岩心破碎、裂缝发育、基质溶蚀孔洞发育；成像上FMI高亮背景下暗色正弦线状影像和暗色斑点分布；常规测井特征表现为低电阻率、低自然伽马、高声波时差、低密度值、高中子。数字岩心分析上表现为缝洞交错发育，缝洞搭配好。

第三节　鄂尔多斯盆地风化壳储层基本特征

一、分布概况

鄂尔多斯盆地发育上下古生界两套含气层系，下古生界碳酸盐岩储层主要分布在靖边气田。

靖边气田区域构造位置处于鄂尔多斯盆地伊陕斜坡中段。含气区的走向为北北东向（$5° \sim 10°$），长度近200km，宽度近50km，面积约$1×10^4km^2$。属于低可采储量丰度、低产能的大型气藏。主要目的层马五$_{1+2}$气层埋藏深度$3000 \sim 3765m$。天然气硫化氢含量均值0.065%，属于低含硫气藏。图1-4为高桥探区勘探部署图。

靖边气田现今区域构造为西倾单斜，地层倾角仅半度左右，每千米坡降7～10m。天然气的聚集、成藏受控于微弱构造活动造成的古构造和沉积—成岩作用形成的沉积—成岩相带及古岩溶作用形成的古地貌。

石炭系—二叠系海陆交互相煤系地层与中石炭统本溪组底部的铁铝岩一起构成气藏的区域性盖层，气藏之间有成岩致密带遮挡。除下古生界的古构造风化壳气藏外，区内还有与之相关联的上古生界的地层不整合型气藏。天然气储层位于奥陶系下统马家沟组五段1~5亚段溶蚀孔洞的潮上—潮间碳酸盐岩风化壳中。岩性以蒸发潮坪相的泥—粉晶白云岩为主，夹泥质白云岩、石灰岩及蒸发岩。白云岩中，以石膏球白云岩的含气性为最好。

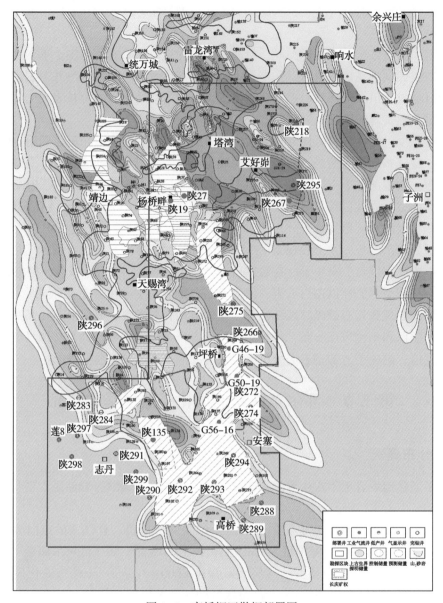

图 1-4　高桥探区勘探部署图

二、储层基本地质特征

1. 地层及岩性

靖边气田马五段储层为一套海相碳酸盐岩地层，下古生界奥陶系马家沟组属华北海相沉积，地层自下而上可划分为马一段、马二段至马六段等 6 个岩性段，马一段、马三段和马五段以白云岩、膏盐岩为主，马二段、马四段和马六段以石灰岩为主。其中马五段是下古生界主要储集层段，以白云岩为主，夹石灰岩、泥质岩及蒸发岩，厚 300~360m。靖边气田奥陶系风化壳小层划分见表 1-3，根据 3 个标志层和一个稳定的黑灰岩段，把马五段划分为 10 个亚段，其中，目的层马五$_{1+2}$亚段为上部气层组。

表 1-3　靖边气田奥陶系风化壳小层划分方案

统	组	段	亚段	小层	标志层	气层号
奥陶系下统	马家沟组	马五段	马五$_1$	马五$_1$^{1}		1
				马五$_1$^{2}		2
				马五$_1$^{3}		3
				马五$_1$^{4}	K$_1$	4
			马五$_2$	马五$_2$^{1}		5
				马五$_2$^{2}	K$_2$	6
			马五$_3$	马五$_3$^{1}		7
				马五$_3$^{2}		
				马五$_3$^{3}		8
			马五$_4$	马五$_4$^{1}	K$_3$	9
				马五$_4$^{2}		10
				马五$_4$^{3}		
			马五$_5$	马五$_2$^{1}	黑灰岩段	
				马五$_2$^{2}		
			马五$_6$—马五$_{10}$			

马五$_{1+2}$亚段储层岩性主要为灰白色细粉晶白云岩、泥晶白云岩、粒屑白云岩、含灰白云岩和灰质白云岩等，其中结构较粗的细粉晶白云岩为主要储集岩(图 1-5)。

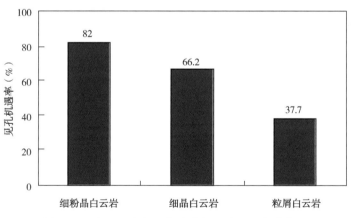

图 1-5　马五$_1$亚段气层各类岩性见孔机遇率分布图

分布在海相地层中的白云岩储层表现出很强的稳定性和连续性，受宽缓的蒸发潮坪控制，主力储层马五$_1$亚段白云岩横贯全区，厚度为 10~13m，覆盖在其上的风化壳厚度一般为 40~60m。储集孔洞的类型、产状、形态及充填方式、充填程度等在横向上都可进行对比。

2. 储层物性

岩心分析结果表明，马五$_{1+2}$亚段气层孔隙度主要分布在 4%～8%，平均 6.2%；渗透率主要分布在 0.15～10mD，平均 2.63mD，表现出低孔隙度、低渗透率的物性特点。靖边气田马五$_{1+2}$亚段气层孔隙度和渗透率分布如图 1-6 和图 1-7 所示。

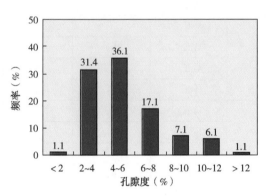

图 1-6　靖边气田孔隙度分布柱状图

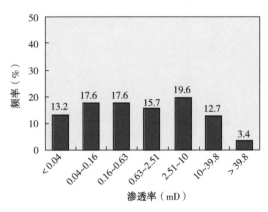

图 1-7　靖边气田渗透率分布柱状图

3. 储集空间及储集类型

储集空间有孔隙和裂缝两大类。孔隙为主要储集空间，裂缝主要起沟通孔隙的作用。孔隙以溶蚀孔为主，晶间孔及膏模孔次之，见少量微裂隙（图 1-8）；马五$_{1+2}$亚段储层中裂缝成因为构造裂缝和风化裂缝，其类型有垂直缝、斜交缝、水平缝及网状缝，裂缝对沟通溶孔、提高储层渗流能力有着十分重要的地质意义。

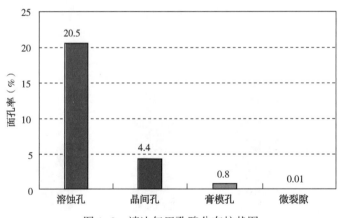

图 1-8　靖边气田孔隙分布柱状图

根据储层孔隙和裂缝的发育程度及其在空间上的组合形式，可将白云岩储层划分为裂缝—溶孔型、孔隙型及裂缝—微孔型三种储集类型，其中裂缝—溶孔型是马五$_{1+2}$亚段气藏的主要储集类型。

4. 孔隙结构特征

白云岩储层压汞曲线形态为斜坡形（图 1-9），排驱压力一般小于 1.0MPa，喉道中值

半径主要分布在 $0.15 \sim 14.0 \mu m$。

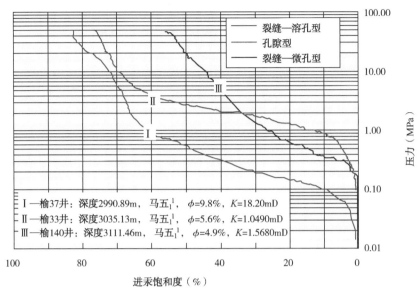

图 1-9 白云岩储层典型压汞曲线

5. 气藏压力和温度

马五$_1$亚段气藏压力系数普遍小于 1，平均值为 0.945，由北向南平均值依次变小。靖边气田马五$_1$气藏气层温度分布范围在 $99.6 \sim 113.5 ℃$，平均 $105.1 ℃$。与靖边气田相比，高桥探区马家沟组主力气层特征与靖边气田存在差异，部分井马家沟组储层埋深明显增大（>3800m），地层温度更高（>120℃），高桥地区马五$_1^3$气层厚度小于靖边气田区；高桥地区马五$_1^3$碳酸盐岩酸不溶物（石膏、石英、黏土矿物、黄铁矿）含量明显较高，影响岩溶储层的发育程度；高桥地区马家沟组马五$_{1+2}$亚段气层、含气层视电阻率明显较靖边潜台区低，一般为 $100 \sim 300 \Omega \cdot m$。

三、储层地质特征分类

由于靖边气田马五$_1$亚段气藏无论是纵向上还是横向上储层的非均质性均较强，各小层间及小层内部气层的储集性差异较大。以孔隙结构资料为主，在综合测井解释结果、试气、测试等成果的基础上，建立了靖边气田马五$_{1+2}$亚段储层分类综合评价标准，（表1-4）。其中Ⅰ+Ⅱ类为易动用气层，Ⅲ类为难动用气层。

表 1-4 靖边气田马五$_{1+2}$亚段储层分类综合评价标准

分类评价参数	Ⅰ类	Ⅱ类	Ⅲ类	层位	
孔隙度（%）	$6.3 \sim 12$	$4 \sim 6.3$	$2.5 \sim 4.0$	马五$_1^{1-3}$	
	$6.3 \sim 12$	$4 \sim 6.3$	$2.5 \sim 4.0$	粗粉晶云岩	马五$_1^4$
	$8 \sim 12$	$6 \sim 8$	$2.5 \sim 6.0$	细粉晶云岩	

分类评价参数	Ⅰ类	Ⅱ类	Ⅲ类	层位
测井渗透率（mD）	>0.2	0.04~0.2	0.01~0.04	
测井含气饱和度 S_g（%）	75~90	70~80	60~75	
声波时差（μs/m）	165~188	160~165	155~160	
泥质含量 C_{sh}（%）	<5	<5	<5	
压汞曲线类型	$A_Ⅰ$，$B_Ⅰ$	$A_Ⅱ$，$B_Ⅱ$	$A_Ⅲ$，$B_Ⅲ$	
无阻流量（$10^4m^3/d$）	>20	5~20	<5	马五$_{1+2}$
生产压差 Δp（MPa）	<2	2~5	>5	
单井测试产量 q_g（$10^4m^3/d$）	5	0.5~5	<0.5	
分层测试压差（MPa）	<2	2~10	>10	
单位厚度采气指数 $q/(\Delta p \cdot h)[10^4m^3/(MPa \cdot d \cdot m)]$	>0.5	0.05~0.5	<0.05	
预测产量（$10^4m^3/d$）	>4	1~4	<1	

第四节 储层改造与测试面临的主要挑战

塔里木盆地寒武系—奥陶系碳酸盐岩石油资源量占盆地总量的38%，碳酸盐岩油气勘探为油田勘探的主战场。塔里木碳酸盐岩储层勘探开发重点和技术难点：储层埋藏深（4000~8000m）、温度高（100~200℃）、非均质性强、储层类型复杂，既有溶洞型、缝洞型，又有裂缝—孔隙型，部分区域高含 H_2S。目标区块储层改造的重点和难点是超深井高温巨厚层的改造和深度改造技术配套研究。

鄂尔多斯盆地下古生界碳酸盐岩储层随着靖边气田产建工作持续深入地开展，主要产建区块由潜台中部向潜台东侧和外围、其他层系转移，气田地质情况变得日益复杂，主要表现在：（1）改造的储层物性越来越差。（2）储层孔隙充填程度增高、充填矿物更为复杂。孔隙充填物以白云石为主，逐渐过渡为以方解石充填为主，并且方解石占67%以上，充填程度大多在90%以上，最高的充填程度达95%。而潜台东部部分井区，高岭石的充填程度也相对较高，最高达38%。由于方解石充填，使储层残余孔隙丧失，储集性能降低，而方解石含量增高，加快酸岩反应速度，降低酸液有效作用距离；当储层孔隙中含有高岭石充填后，由于高岭石具有不稳定性，运移后堵塞孔隙喉道，大大破坏了有效孔隙度。充填矿物的复杂性，充填程度的提高，充填矿物中含有的不稳定矿物，对于储层中气体的储集和采出都具有一定的影响。（3）地层压力系数逐年降低，潜台东部地区气层压力系数相对较低，经过几年开发后，储层的压力系数进一步降低；而加密井区经过多年的生产，气层压力系数明显低于前期生产井。受储层物性变差、充填程度增高、压力系数降低等的影响，靖边气田的试气产量逐年呈现降低的趋势，形成的白云岩储层酸压及加砂压裂改造技术面临着巨大的挑战，需要有针对性地研究靖边气田碳酸盐岩储层的增产技术，以有效提高该类储层的改造效果。

四川龙岗地区二叠系长兴组生物礁埋藏深度为 $6200 \sim 6900m$，三叠系飞仙关组也在 $6000m$ 以深，地层温度大于 $140°C$，属于超深井范畴。该地区碳酸盐岩储层类型复杂，非均质性强，既有溶洞型、缝洞型，更多的是基质孔隙型，储层普遍高含 H_2S。以往盐岩储层改造工作主要是胶凝酸酸压，改造技术较为传统、单一。改造主要难点是超深、高温、高压和含硫。

国内碳酸盐岩储层改造和测试技术亟待解决的问题主要有：乳化酸摩阻高、耐温差，难以用于近年来 $6000m$ 以上超深井；清洁酸耐温差，不能很好满足超深井高温储层需要；复杂裂缝型碳酸盐岩储层加砂压裂施工难度大、加砂量小；高温巨厚储层、大跨度多层直井改造仍缺乏可使用的技术；新型交联酸、变黏酸(TCA)、清洁自转向酸(DCA)酸液的评价方法及酸压作用机制仍不清楚；现有的 MFE 测试系列技术无法满足复杂井眼条件下事故处理的要求，且在高产井中产生阻流，也无法将测试、取样工具下入油层中部。油、气、水中硫化氢脱硫问题的处理等方面国内尚未见到相关报道；碳酸盐岩多采用欠平衡或控压钻井技术，而测试这个环节仍未解决欠平衡的问题。这些问题已严重制约了储层改造与测试技术的应用。

第二章

高温碳酸盐岩储层均匀布酸酸化技术

酸化技术是油气井增产、注水井增注的一项技术措施，其原理是在低于岩石破裂压力下将酸液注入目的层，通过酸液对岩石胶结物或地层孔隙、裂缝内堵塞物等的溶解和溶蚀作用，恢复或提高地层孔隙和裂缝的渗透性，达到增产或增注的目的。对渗透性不同的厚层、直井多层或非均质性强的长水平井段如何使酸液均匀布在各层段或井段，是提高改造程度和酸化效果的关键。本章主要从储层伤害机理、酸液体系优化及高效酸化技术三方面介绍了高温碳酸盐岩储层均匀布酸酸化技术。

第一节　高温碳酸盐岩储层损害机理

一、碳酸盐岩储层伤害程度与类型

1. 碳酸盐岩储层敏感性伤害

1）碳酸盐岩储层岩心速敏伤害

选用 TZ72 井和 TZ242 井岩心进行水速敏实验研究，结果如图 2-1 所示，图中 K_j/K_{ws} 是不同流量下岩心渗透率与岩心初始渗透率的比值。两块岩心水速敏实验结果为中等偏强，TZ72 井岩心地层水临界流速为 2.5mL/min，TZ242 井岩心地层水临界流速为 0.075mL/min。TZ72 井和 TZ242 井两块岩心的渗透率之比为 182，两块岩心的临界流速之比为 33，岩心的临界流速与岩心渗透率呈正相关。

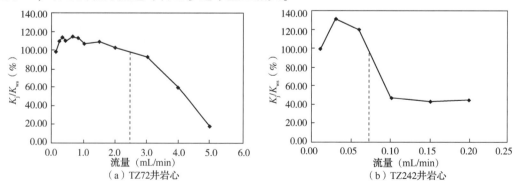

（a）TZ72井岩心　　　　　　（b）TZ242井岩心

图 2-1　水速敏实验结果

2）碳酸盐岩储层岩心水敏伤害

选用 TZ72 井和 TZ823 井岩心进行水敏实验研究，实验结果如图 2-2 所示，图中 K_j/K_{ws} 是不同注入体积下岩心渗透率与岩心初始渗透率的比值。

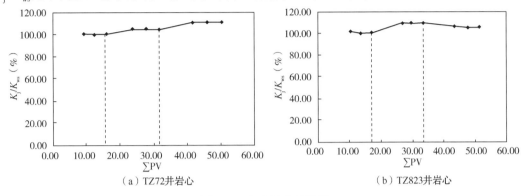

（a）TZ72井岩心　　　　　　　　　　（b）TZ823井岩心

图 2-2　水速敏实验结果

岩心水敏实验结果表明岩心水敏性弱，两块岩心的渗透率恢复程度高，岩心基本不存在水敏伤害。

3）碳酸盐岩储层岩心盐敏伤害

选用 TZ824 井两块岩心进行盐敏实验研究，实验结果如图 2-3 所示。图中 K_j/K_{ws} 是不同矿化度条件下岩心渗透率与岩心初始渗透率的比值。

岩心盐敏实验结果表明，碳酸盐岩储层岩心基本不存在盐敏伤害，两块岩心的渗透率恢复值均大于 100%。

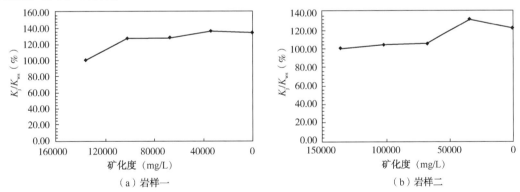

（a）岩样一　　　　　　　　　　　　（b）岩样二

图 2-3　TZ824 井岩心盐敏实验结果

4）碳酸盐岩储层岩心酸敏伤害

选用 TZ621 井和 TZ72 井两块岩心进行酸敏实验研究，其实验结果如图 2-4 所示，图中 K_j/K_{ws} 是不同注入体积下岩心渗透率与岩心初始渗透率的比值。

岩心酸敏实验结果表明，两块岩心的渗透率和恢复值均大于 100%，碳酸盐岩储层没有酸敏伤害，盐酸可以有效地改善储层。

5）碳酸盐岩储层岩心碱敏伤害

选用 TZ242 井和 TZ824 井岩心进行碱敏实验研究，实验结果如图 2-5 所示，图中

K_j/K_{ws} 是注入流体不同 pH 值时岩心渗透率与岩心初始渗透率的比值。

盐心碱敏实验结果表明，两块岩心渗透率恢复值均大于 75%，岩心碱敏性弱，碱敏伤害小。

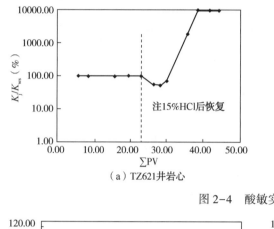
（a）TZ621 井岩心

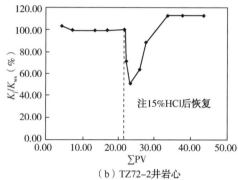
（b）TZ72-2 井岩心

图 2-4　酸敏实验结果

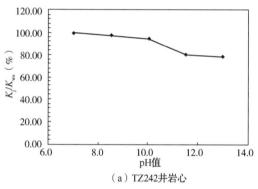
（a）TZ242 井岩心

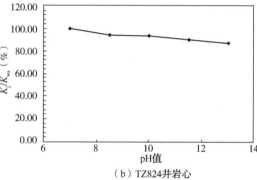
（b）TZ824 井岩心

图 2-5　碱敏实验结果

6）碳酸盐岩储层岩心水锁伤害

选用 TZ823 井和 TZ824 井岩心进行水锁实验研究，实验结果如图 2-6 所示，图中 K_{oa}/K_o 是不同注入体积下岩心渗透率与岩心初始渗透率的比值。岩心水锁实验结果表明，水锁伤害程度中等偏弱，两块岩心渗透率恢复值分别为 72% 和 64%，渗透率恢复值平均 68%。

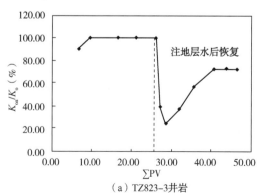
（a）TZ823-3 井岩

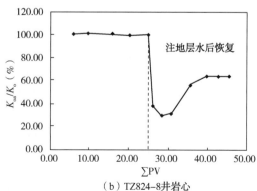
（b）TZ824-8 井岩心

图 2-6　水锁实验结果

7）碳酸盐岩储层岩心压力敏感性

储层的压力敏感性又称为储层应力敏感性。储层应力敏感性评价实验就是通过实验模拟评价储层在开采过程中，生产压差较大或采用负压钻井时，由于孔隙内压力的变化导致储层岩石裂缝的原有应力状态的破坏，使裂缝受到一新增净应力的压实作用，导致微裂缝闭合或减少，引起储层的渗透率伤害和伤害的程度。

实验结果表明，裂缝性碳酸盐岩储层岩心随着有效压力的增加，裂缝宽度和渗透率均急剧下降，且在有效应力为20MPa之前的下降速率较大，超过20MPa之后，裂缝宽度下降速率减小。此外，越是初始裂缝较宽的岩心，应力敏感越严重。大裂缝容易闭合，但最终大裂缝还有较高的渗透率，而小裂缝的最终渗透率则很低。从这个角度来看，虽然大裂缝应力敏感强，小裂缝应力敏感弱，但有效应力对小裂缝的影响远大于大裂缝。当有效应力增加10MPa~20MPa时，储层的渗透率将下降50%左右。

人造裂缝有很明显的闭合滞后效应。在第一个压力循环中，随着围压的增加，裂缝的渗透率和宽度都急剧下降，但当降低围压后，渗透率不能恢复到原来的数值，以后几个压力循环造成的渗透率下降比第一次循环压力下的渗透率下降小得多。经过多次的加压和卸压循环后，小裂缝的渗透率只有初始时的60%~70%，而大裂缝的渗透率则下降了50%，这与前面的应力敏感实验结果是一致的。裂缝的这种闭合滞后效应可以认为是缝面上微凸体在压力下弹塑性变形等综合原因。Goodman早在1976年就对圆柱形的嵌合和非嵌合岩石裂缝试件进行了压缩实验，研究认为，即使产生微小的塑性变形，也会造成很强的裂缝闭合滞后效应。在低围压作用下，裂缝两表面接触的微凸体少，这些微凸体承受了所有的围压。由于砂岩中含有一些黏土且相对较软，所以容易产生塑性变形，从而使得裂缝宽度下降较快。当围压增大后，岩心两表面间的接触面增大，抵抗围压的能力也增加，所以裂缝宽度下降较慢。当重复增压时，卸压过程便使得微凸体塑性变形停止，从而使得裂缝宽度保持不变。

使用建立的碳酸盐岩储层伤害评价方法与规范，实验研究了塔里木盆地碳酸盐岩储层的潜在伤害类型与伤害程度，得到了以下认识：

碳酸盐岩储层岩心存在一定速敏性，其临界流速与储层岩心的渗透率呈正相关；碳酸盐岩储层岩心不存在水敏伤害；不存在盐敏伤害、不存在酸敏伤害；存在弱的碱敏伤害，碱敏指数大于0.75；存在一定的水锁伤害，伤害程度中等偏弱。实验结果表明，碳酸盐岩储层岩心存在压力敏感性强伤害。

2. 碳酸盐岩储层"四液"伤害

1）"四液"的配伍性

所谓"四液"是塔里木盆地缝洞型碳酸盐岩储层试油中常用的工作液：钻井液、完井液、压裂液和酸液。各种工作液相互之间配伍性较好（表2-1）。

表2-1 "四液"及地层流体配伍情况统计表

液体类型	无固相低土相钻井液	聚磺钻井液	完井液	压裂液	酸液	地层水	地层油
无固相低土相钻井液		√	√	√	√	√	√
聚磺钻井液	√		√	√	√	√	√

液体类型	无固相低土相钻井液	聚磺钻井液	完井液	压裂液	酸液	地层水	地层油
完井液	√	√		√	√	√	√
压裂液	√	√	√		√		√
酸液	√	√	√	√		√	√
地层水	√	√	√	√			√
地层油	√	√	√	√	√	√	

2）"四液"分段伤害实验评价

"四液"分段伤害实验评价是指模拟现场工作液伤害顺序，按钻井液伤害—测伤害程度—完井液伤害—测伤害程度—压裂液伤害—测伤害程度—酸液伤害—测伤害程度的过程评价岩心伤害程度。"四液"分段伤害实验结果如图 2-7 所示，图中 K_{oa}/K_o 是不同注入体积下岩心渗透率与岩心初始渗透率的比值。实验结果表明，钻井液对岩心伤害程度最大，其次是完井液，再次是压裂液，酸液能改善岩心的渗透性，并完全解除先前钻井液、完井液和压裂液对岩心的伤害，并可以使其渗透率提高到原始渗透率的 324%。

3）"四液"连续伤害实验评价

"四液"连续伤害实验评价是指模拟现场工作液伤害顺序，将岩心依次使用钻井液、完井液、压裂液和酸液模拟井下的工矿条件对储层岩心进行伤害，最后评价"四液"对储层的综合伤害程度。"四液"连续伤害实验结果如图 2-8 所示，图中 K_{oa}/K_o 是不同注入体积下岩心渗透率与岩心初始渗透率的比值。实验结果表明，钻井液、完井液、压裂液和酸液对储层岩心进行连续伤害后，酸液可以改善岩心的渗透性，可以完全解除先前钻井液、完井液和压裂液对岩心的伤害，并可以使其渗透率提高到原始渗透率的 361%。

3. 碳酸盐岩储层伤害程度与类型认识

通过实验评价碳酸盐岩储层不同伤害类型及其程度的评价，认识到：

（1）塔里木缝洞型碳酸盐岩储层敏感性伤害较弱，实验认为应力敏感伤害较强。

（2）塔里木缝洞型碳酸盐岩储层易受到外来工作液伤害，其中钻井液、完井液、压裂液会给储层带来伤害，酸液则可以改善裂缝的渗透率。

（3）4 种液体对储层的伤害程度顺序为：钻井液的伤害程度>完井液的伤害程度>压裂液的伤害程度，酸液对储层岩心无伤害；分析形成这种伤害的原因在于工作液中固相颗粒和聚合物的存在。储层应力敏感程度较强。

根据实验结果，结合对裂缝性碳酸盐岩储层伤害研究的各种文献，分析造成裂缝性碳酸盐岩储层伤害的机理主要在于固相颗粒侵入伤害和滤液侵入伤害。

固相侵入伤害为主要伤害：固相颗粒侵入伤害即在钻井、完井、试油和改造等各生产环节中工作液携带的固相颗粒进入裂缝，堵塞裂缝中较细通道，降低较宽通道的宽度，进而继续伤害较宽通道。固相颗粒的侵入深度与固相颗粒大小、裂缝宽度、固相粒径与缝宽的关系等有关，在缝宽较大、固相颗粒较细时，工作液将大量侵入或漏入裂缝，对裂缝伤害深度大，伤害程度高；而裂缝较窄时，固相颗粒可能会在缝口处逐渐形成"架桥"堵塞，减小伤害深度，降低伤害程度，同时在一定生产压差下使伤害解除。

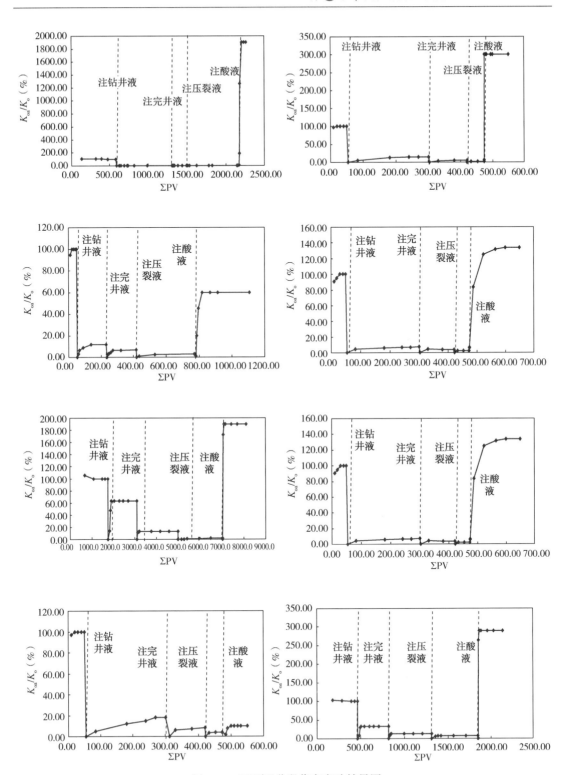

图 2-7 "四液"分段伤害实验结果图

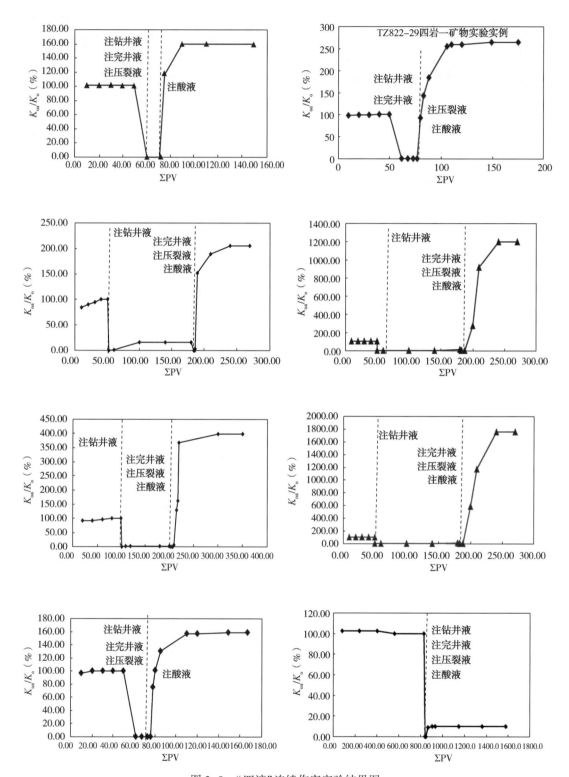

图 2-8 "四液"连续伤害实验结果图

滤液侵入伤害为次要伤害：在各种工作液进入裂缝的同时，侵入的滤液与储层中的矿物发生物理化学作用，引起储层渗透率的敏感性变化，包括常规五敏。

裂缝性储层敏感性伤害较大：从实验结果看，裂缝性碳酸盐岩储层岩心随着有效压力的增加，裂缝宽度和渗透率都急剧下降，而且在有效应力为20MPa之前的下降速率很大，而超过20MPa之后，裂缝宽度下降减慢。此外，越是初始裂缝宽的岩心，应力敏感越严重。大裂缝容易闭合，但最终大裂缝还有较高的渗透率，而小裂缝的最终渗透率则很低。从这个角度来看，虽然大裂缝应力敏感强，小裂缝应力敏感弱，但有效应力对小裂缝的影响远大于大裂缝。当有效应力增加10~20MPa时，储层的渗透率将下降50%左右。

二、钻井液对裂缝性储层伤害程度研究

从实验结果看，钻井液中固相颗粒对裂缝性碳酸盐岩储层伤害最大，且伤害程度很严重，甚至高达90%以上。分析出现这一实验结果的原因可能是固相颗粒与裂缝宽度的尺寸匹配差，在伤害缝口一定距离内不能形成桥堵，导致钻井液颗粒进入裂缝，返排难度大，伤害程度高。部分实验反映无固相、低固相钻井液体系并不比聚磺钻井液体系优越，这些实验结果与现场严重不符；现场试油过程中也没有太明显的应力敏感特征，为本质上认识缝洞型碳酸盐岩储层伤害类型与程度，指导试油与改造工作，必须深入研究现场钻井液（含固相颗粒的主要工作液）对不同宽度裂缝储层的伤害规律及裂缝性碳酸盐岩储层应力敏感伤害规律。

1. 碳酸盐岩储层不同缝宽与渗透性的关系研究

在伤害规律实验中，要得到不同裂缝缝宽的伤害规律，需要大量的裂缝宽度测量工作，而裂缝宽度测量难度大、误差大，因此需要解决裂缝宽度的测量问题。而裂缝导流能力与裂缝宽度存在很好的相关关系，塔里木碳酸盐岩储层基质几乎无渗流能力，裂缝既是储集空间，又是主要的渗流通道。因此，裂缝性岩心的渗透率可以代表裂缝的导流能力，通过测量岩心裂缝宽度与岩心渗透率，可以建立裂缝性岩心渗透率与裂缝宽度的函数关系，在大量实验中直接测量裂缝岩心的渗透率来得到裂缝宽度值，可以简化工作，并提高准确率。

实验采用注入裂缝低熔点合金（合金熔点70℃，密度8.876g/cm^3）的方法来测取裂缝的平均有效宽度，并测取裂缝宽度与渗透率的关系，从而建立裂缝性岩心渗透率与裂缝宽度的函数关系。具体试验方法为：

（1）用模拟地层水饱和裂缝岩心，然后用煤油驱替束缚水。

（2）在束缚水存在的条件下，应以不大于50%的临界流速注入煤油，测定岩心裂缝渗透率K_0与初始平衡压差p_0。

（3）向缝内注入低熔点合金，稳定注入后停止注入并冷却。

（4）将合金溶解并去除杂质，称重。

（5）计算裂缝的平均厚度，即裂缝的平均有效宽度。

实验测出的为合金能够通过的裂缝空间，其反映的是裂缝的有效流动空间，从而找出有效裂缝宽度与渗透率的关系。实验结果如图2-9所示。

由实验得到裂缝宽度与渗透率的关系为：$K = 33.331e^{0.0431x}$，相关系数0.9384。

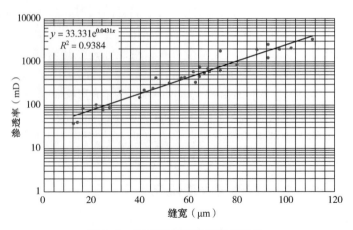

图2-9　裂缝宽度与渗透率相关性

2. 碳酸盐岩储层不同缝宽的伤害程度规律(短岩心实验)

1) 实验室裂缝宽度分级

为准确分析含固相颗粒的钻井液体系对裂缝性碳酸盐岩储层的损害，找出其损害的内在机理，实验对不同宽度范围的裂缝进行分别评价。参考目前对裂缝性碳酸盐岩裂缝宽度的地面分级(表2-2)。实验室对裂缝进行了分级(表2-3)。

表2-2　裂缝性碳酸盐岩储层裂缝宽度地面分级表

裂缝宽度 x		定名
（mm）	（μm）	
$x > 10$	$x > 10000$	巨缝
$5 < x \leqslant 10$	$5000 < x \leqslant 10000$	大缝
$1 < x \leqslant 5$	$1000 < x \leqslant 5000$	中缝
$0.1 < x \leqslant 1$	$100 < x \leqslant 1000$	小缝
$0.01 \leqslant x \leqslant 0.1$	$10 \leqslant x \leqslant 100$	微缝
$x < 0.01$	$x < 10$	超微缝

表2-3　裂缝性碳酸盐岩储层裂缝宽度实验分级表

缝宽实验级别	裂缝宽度 x		定名
	（mm）	（μm）	
第1级	$0.5 < x \leqslant 1$	$500 < x \leqslant 1000$	小缝1
第2级	$0.2 < x \leqslant 0.5$	$200 < x \leqslant 500$	小缝2
第3级	$0.1 < x \leqslant 0.2$	$100 < x \leqslant 200$	小缝3
第4级	$0.01 \leqslant x \leqslant 0.1$	$10 \leqslant x \leqslant 100$	微缝
第5级	$x < 0.01$	$x < 10$	超微缝

2) 钻井液体系的固相颗粒分布特征

塔里木盆地使用的钻井液体系主要有两种：一种为聚磺钻井液体系，另一种为无固相钻井液体系，两种钻井液配方见表2-4和表2-5。

表2-4 聚磺钻井液体系配方

材料名称	材料代号	浓度（kg/m³）
膨润土	膨润土	35~45
烧碱	NaOH	2~5
纯碱	Na_2CO_3	根据需要
小苏打	$NaHCO_3$	根据需要
磺化酚醛树脂	SMP-1	30~50
磺化褐煤树脂	SPNH	20~40
低荧光防塌剂	WFT-666/CX-505	10~30
低荧光润滑剂	MHR-86D	10~25
乳化剂	SP-80	1~3
油溶性树脂	FB-2	10~20
细目碳酸钙1型	YX-1	10~20
细目碳酸钙2型	YX-2	10~20
加重剂	石灰石粉	

表2-5 无固相钻井液体系配方

材料名称	材料代号	浓度（kg/m³）
烧碱	NaOH	1~4
增黏剂	CX-216	2~5
降失水剂	SJ-2/JMP	5~15
提切剂	PF-PRD	5~15
加重剂	KCl	40~80
加重剂	NaCl	80~200（根据密度情况）
加重剂	$CaCl_2$	8~10（根据密度情况）

为准确评价钻井液及完井液体系对裂缝性碳酸盐岩储层的伤害机理，实验室对两种钻井液体系用激光粒度分析仪进行了固相颗粒粒度大小及分布特征分析。

受激光粒度仪分析粒度范围影响，聚磺钻井液体系固相颗粒粒径大于500μm的粒子无法分析其含量，从分析结果看，聚磺钻井液体系固相颗粒粒径分布范围主要集中在1~100μm，固相颗粒的粒度中值为22.94μm，小于500μm的90%的固相颗粒分布在221.97μm以内；无固相钻井液体系大于100μm的固相颗粒几乎不存在，全部的固相颗粒粒径分布范围主要集中在1~100μm，固相颗粒的粒度中值为8.57μm，90%的主要固相颗粒分布在37.16μm以内。

3）短岩心实验

不同宽度范围裂缝的短岩心伤害评价实验结果如图2-10所示。实验表明，对于每一种钻井液体系，裂缝宽度越大，其影响程度越小，而裂缝宽度越小，其伤害程度越严重，

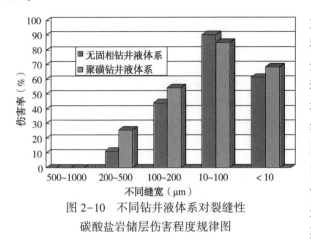

图2-10　不同钻井液体系对裂缝性
碳酸盐岩储层伤害程度规律图

尤其对于 $10\sim100\mu m$ 宽度的裂缝，两种钻井液体系对裂缝岩心的伤害最大。分析认为，由钻井液内含有的固相颗粒与裂缝宽度的关系所致，表现在固相颗粒侵入最难驱替出来。两种钻井液体系对比结果表明，多数情况下无固相钻井液体系伤害较小；但在 $10\sim100\mu m$ 宽度的裂缝时，无固相钻井液体系的伤害略大。在地层条件下，漏失进入大裂缝的固相颗粒将严重影响其内部较细通道和其中分布的小裂缝，最终形成对储层的较大伤害。

3. 钻井液体系对裂缝性碳酸盐岩储层伤害深度

为准确评价钻井液体系对裂缝性碳酸盐岩储层伤害深度，找出其伤害规律，分别对不同宽度范围的裂缝进行了长岩心的伤害深度实验（图2-11）。实验结果表明，伤害深度的一般规律为：三个区内无固相钻井液体系与聚磺钻井液体系伤害程度差别小，多数缝宽级别内无固相钻井液体系侵入深度略大。固相颗粒中值/裂缝宽度值与伤害深度的一般关系为：Ⅰ区：固相颗粒中值/缝宽比值大于1（对应裂缝宽度一般小于 $10\mu m$）时，伤害深度在5cm左右，两种体系均能形成桥堵，伤害深度小，易解除；Ⅱ区：固相颗粒中值/缝宽比值介于 $0.1\sim1.0$（对应裂缝宽度范围 $10\sim100\mu m$）时，伤害深度在 $10\sim32cm$，两种体系均不能形成有效桥堵，且两种体系伤害程度差别不大；Ⅲ区：固相颗粒/缝宽比值小于0.1（对应裂缝宽度范围一般大于 $100\mu m$，但不包括实验未涉及的 $500\mu m$ 以上缝宽的裂缝体系）时，伤害深度大于32cm，两种体系均不能形成有效桥堵，且无固相钻井液体系伤害程度略小。

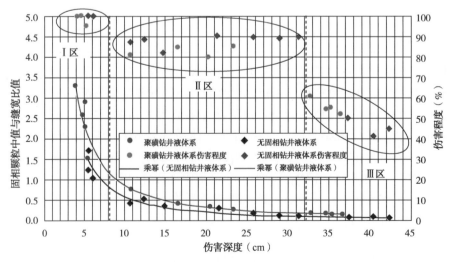

图2-11　不同钻井液体系对裂缝性碳酸盐岩储层伤害深度规律图

第二节　高温碳酸盐岩储层酸化液体体系优化

一、清洁自转向酸酸化酸压机理

1. 缔合增黏机制

自转向酸是利用黏弹性表面活性剂独有的特性：在高浓度的鲜酸中不能缔合成胶束，以单个分子存在，不改变鲜酸黏度；酸液与储层岩石发生酸岩化学反应后，生成大量的钙镁离子，同时，使酸液酸度大幅度降低，导致表面活性剂分子在残酸液中首先缔合成柱状或棒状胶束，形成的柱状或棒状胶束，由于大量钙镁离子的存在，对极性的亲水基团产生吸附，使柱状或棒状胶束形成集合体，并相互连接形成巨大的体型结构，从而导致残酸体系的黏度急剧增大，由鲜酸的十几毫帕秒增大到近 $400\sim800\mathrm{mPa\cdot s}$。清洁自转向酸的增黏机理如图 2-12 所示。

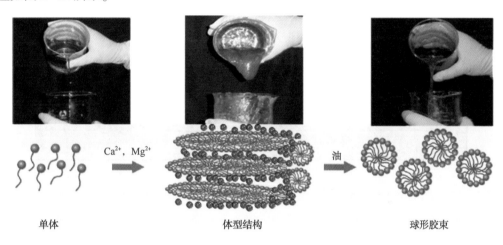

单体　　　　　　　　　　体型结构　　　　　　　　球形胶束

图 2-12　自转向酸理论分析

2. 自转向机制

黏弹性表面活性剂转向酸在被高压挤入地层之后，首先会沿着较大的孔道进入渗透率较大的储层，与碳酸盐岩发生反应。由于反应，酸液 pH 值升高并产生 $\mathrm{Ca^{2+}}$，清洁自转向酸在其特殊表面活性剂的作用下，大孔道和高渗透层中由于酸液黏度大幅增高，其相对渗透率变差，流动阻力增加，对大孔道和高渗透地层产生堵塞作用，对应的泵压增高；由于酸岩反应发生前，清洁自转向酸的黏度很小，因此，刚注入的鲜酸开始进入较低渗透率的地层，实施酸化作用；另外，残酸对较大渗透率的储层进行暂堵，迫使注入酸液泵注压力上升，由于上升的泵注压力，新注入的鲜酸会被迫进入渗透率更小的储层，并再次与储层岩石进行反应，并再次发生黏度升高，注入酸液泵压持续升高，直到上升的压力使酸液冲破对渗透率较大的大孔道的暂堵，酸液才会继续重复以上过程。以上过程的重复作用，酸液不仅使渗透率较大的储层得到酸化改造，也自动转向到渗透率较小的储层产生酸化作用，如图 2-13 所示。

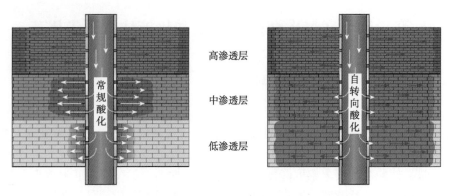

图2-13　常规酸化与清洁自转向酸化对比示意图

在进行酸压施工中，如果油藏温度较高，酸岩反应速度大，加之酸蚀蚓孔及天然裂缝发育导致的高滤失作用，使常规酸压的酸蚀裂缝穿透距离受到限制，酸压改造沟通储集体概率和提高泄流的能力会降低，影响酸压效果。清洁自转向酸在与地层碳酸盐岩发生作用之后，其黏度大幅增加，滤失速度得到控制，酸岩反应速率也将减慢，从而可以使酸液在地层中远距离作用，产生较长的油气通道，提高酸压改造效果，如图2-14所示。

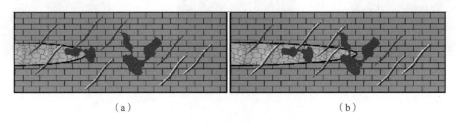

（a）　　　　　　　　　　　　（b）

图2-14　常规酸压(a)与清洁自转向酸压(b)对比示意图

3. 清洁改造机制

清洁自转向酸的清洁改造机制基于3个方面：

（1）清洁自转向酸破胶彻底。清洁自转向酸液体系中黏弹性表面活性剂分子形成的棒状胶束遇到烃类物质时，胶束自行破坏，残酸黏度大幅降低，有利于返排、保护储层和提高酸化改造的效果。常规酸压与清洁自转向酸压清洁性对比如图2-15所示。

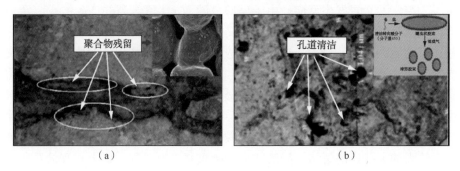

（a）　　　　　　　　　　　　（b）

图2-15　常规酸压(a)与清洁自转向酸压(b)清洁性对比

（2）清洁自转向酸不含聚合物。清洁自转向酸基于表面活性剂的胶束缔合增黏技术，体系中不含任何聚合物，清洁率高，对孔隙型和天然裂缝型储层伤害小；酸液体系能够满足广泛含有硫化氢的碳酸盐岩储层的改造。

（3）清洁自转向酸的降滤性能。清洁自转向酸在地层中反应后会产生很高的黏度，在一定程度上具有降滤失效果，减少工作液侵入储层，起到保护储层作用。

二、清洁自转向酸化液配方

1. 酸液类型及浓度确定

清洁自转向酸液增黏的机理受酸液与碳酸盐岩反应控制，酸化改造技术主要应用于碳酸盐岩储层及碳酸盐岩含量较多的储层。多种酸液都可以与其发生酸岩反应。考虑到酸对碳酸盐岩的溶解能力及成本，清洁自转向酸体系的酸液类型选用盐酸。

2. 黏弹性表面活性剂确定

清洁自转向酸的技术核心为其特殊的黏弹性表面活性剂，选择合适的黏弹性表面活性剂是转向酸液体系研究的关键。在选择表面活性剂时，主要应考虑两方面因素：其一，考虑表面活性剂具有良好的抗温性能，表面活性剂在各种浓度的酸中具有良好的溶解性，并具有良好的稳定性；其二，表面活性剂在酸岩反应过程中，随着酸液组分的变化，表面活性剂分子可以缔合形成胶束，缔合形成的胶束形态为棒状，在钙镁离子等的作用下，体系有利于形成胶束集合体，从而大幅提高酸液黏度。

（1）依据表面活性剂的聚集态和酸溶性筛选。

清洁自转向酸中使用的黏弹性表面活性剂具有独有特性，根据清洁自转向酸机理要求，研制了12个不同的酸液转向剂，并对其性能进行了评价。根据12个表面活性剂样品的酸溶性实验确定VHP-Ⅱ，DCA-L，VPS-Ⅰ，DCA-M和DCA-H这5个表面活性剂为清洁自转向酸的转向剂。

（2）依据表面活性剂在残酸中形成胶束的黏度筛选。

清洁自转向酸的主要优点就是就地自转向，就地自转向是通过特殊表面活性剂在残酸中形成棒状胶束及其体型结构来实现的。在转向剂筛选过程中，最重要的指标就是表面活性剂在残酸中形成胶束的黏度。

将VPH-Ⅱ，DCA-L，VPS-Ⅰ，DCA-M和DCA-H这5个表面活性剂配制成表面活性剂浓度为5%的酸液。使用碳酸钙粉末对各酸液进行中和，将其pH值均中和调整到1。使用CSL2-500高温高压流变仪，分别在25℃，60℃，90℃和120℃4个不同温度以及剪切速率170s^{-1}条件下测试以上5个配方的残酸黏度，每个温度点进行3次重复实验，实验结果见表2-6。为了研究各种表面活性剂配制的残酸在不同温度下的胶束结构情况，对表2-6中各种残酸在每个温度点的胶束黏度值进行分析处理，以备研究确定不同储层温度所需的转向剂。

图2-16为各种表面活性剂配制的残酸在温度25℃和剪切速率170s^{-1}下的黏度。由实验结果看出，在25℃温度条件下，这5种表面活性剂均可配制成清洁自转向酸。

图2-17为各种表面活性剂配制的残酸在温度60℃和剪切速率170s^{-1}下的黏度。由实验结果结合残酸黏度和成本综合考虑，DCA-L适合作为低温(在60℃左右)清洁自转向酸的转向剂。

表 2-6　不同转向剂残酸黏度

序号	酸液配方	不同温度下残酸在剪切速率170s⁻¹时的黏度（mPa·s）							
		25℃		60℃		90℃		120℃	
		单点	平均值	单点	平均值	单点	平均值	单点	平均值
1	20%HCl+5%VPH-II	90	89.7	120	119.7	21	20.3	5.5	5.3
		91		121		19		5	
		88		118		11		5.5	
2	20%HCl+5%DCA-L	200	202.7	477	474.0	31.5	32.5	7.5	8.0
		206		472		33		8	
		202		473		33		8.5	
3	20%HCl+5%VPS-I	123	124.2	187.5	187.5	26.5	24.8	6	5.8
		124.5		186		24		5.5	
		125		189		24		6	
4	20%HCl+5%DCA-M	119	119	512	510.3	320	319.7	18	18.3
		120		510		322		19	
		118		509		316		18	
5	20%HCl+5%DCA-H	249	247	653	650.7	334	332.3	198	199.7
		247		650		333		200	
		245		649		330		201	

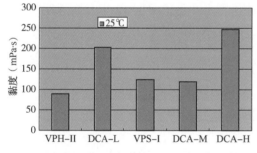

图 2-16　转向剂残酸在25℃和170s⁻¹下的黏度

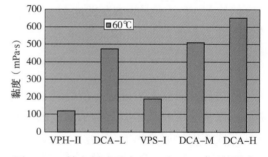

图 2-17　转向剂残酸在60℃和170s⁻¹下的黏度

　　图 2-18 为各种表面活性剂配制的残酸在温度 90℃和剪切速率 170s⁻¹下的黏度。由实验结果结合残酸黏度和成本综合考虑，DCA-M 适合作为中温（在 90℃左右）清洁自转向酸的转向剂。

　　图 2-19 为各种表面活性剂配制的残酸在温度 120℃和剪切速率 170s⁻¹下的黏度。由实验结果看出，DCA-H 较为适合作为高温（120℃左右）储层的清洁自转向酸的转向剂。

　　由上，确定不同温度储层清洁自转向酸的转向剂如下：

　　（1）60℃左右的低温碳酸盐岩储层，选用 DCA-L 表面活性剂作为自转向酸转向剂；

　　（2）90℃左右的中温碳酸盐岩储层，选用 DCA-M 表面活性剂作为自转向酸转向剂；

　　（3）120℃左右的高温碳酸盐岩储层，选用 DCA-H 表面活性剂作为自转向酸转向剂。

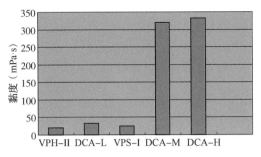

图 2-18 转向剂残酸在 90℃和 170s⁻¹下的黏度

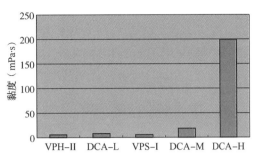

图 2-19 转向剂残酸在 120℃和 170s⁻¹下的黏度

3. 缓蚀剂的确定

(1)常规缓蚀剂用于清洁自转向酸的适应性评价。

实验收集了多种用于常规酸液的缓蚀剂,评价其在清洁自转向酸液体系的缓蚀效果。实验结果反映多种缓蚀剂的缓蚀效果都很好,缓蚀率都达到了95%以上。但是在进行酸液体系变黏实验中发现,20%HCl+5%DCA-M酸液体系加入这些缓蚀剂后,都影响体系的黏度即影响体系的转向性能。所以清洁自转向酸液体系必须研究新型的缓蚀剂。

(2)新型缓蚀剂的研究与评价。

按照缓蚀剂评价标准方法,对研制的 KMC-16,KMC-14,KOF-16,KRL-300,KOJ-2,KRJ-2,DCA-6 和 KOB-2 共 8 种缓蚀剂的缓蚀评价实验结果见表 2-7。可以看出,除 KMC-14 外,其余 7 种缓蚀剂的缓蚀效果都很好,缓蚀率都可以达到95%。但是,KMC-16,KOF16 和 KRL-300 都需比较高的加量,加量1%以上缓蚀率才可以达到95%。相比之下,KOJ-2,KRJ-2,DCA-6 和 KOB-2 四种缓蚀剂的缓蚀效果更好,加量仅0.5%缓蚀率就可以达到98%以上,其中尤以 DCA-6 效果为最好,缓蚀率达到了99.2%,所以,根据实验结果选择 DCA-6 作为清洁自转向酸液体系的缓蚀剂。

表 2-7 不同转向酸缓蚀剂对 20%HCl+5%DCA-M 清洁自转向酸的缓蚀评价结果

缓蚀剂名称	不同缓蚀剂浓度下平均腐蚀速率[g/(m²·h)]			不同缓蚀剂浓度下平均缓蚀率(%)		
	0.5%	1.0%	1.5%	0.5%	1.0%	1.5%
KMC-16	—	8.50	3.32	—	98.43	99.39
KMC-14	—	88.70	—	—	83.67	—
KOF-16	—	25.99	3.67	—	95.21	99.32
KRL-300	—	17.49	2.62	—	96.78	99.52
KOJ-2	9.15	—	—	98.32	—	—
KRJ-2	6.27	—	—	98.85	—	—
DCA-6	4.37	—	—	99.20	—	—
KOB-2	6.76	—	—	98.76	—	—

根据以上对酸液类型的选择,转向剂和缓蚀剂筛选实验结果,考虑到室内配液与现场

的差异，确定不同温度的清洁自转向酸体系的配方如下：

①低温（60℃）清洁自转向酸配方为 20%HCl+4%DCA-L+1%DCA-6。

②中温（90℃）清洁自转向酸配方为 20%HCl+5%DCA-M+1.5%DCA-6。

③高温（120℃）清洁自转向酸配方为 20%HCl+6%DCA-H+2%DCA-6。

三、清洁自转向酸性能

1. 残酸流变性能

清洁自转向酸残酸流变性能研究，主要是实验评价清洁自转向酸残酸的抗温性能（温度对其黏度的影响）、抗剪切性能（剪切对其黏度的影响）。

1）残酸抗温性能评价

中温清洁自转向酸的残酸在剪切速率分别为 $50s^{-1}$，$100s^{-1}$ 和 $170s^{-1}$ 下的黏度测定结果如图 2-20 至图 2-22 所示。

高温清洁自转向酸的残酸在剪切速率分别为 $50s^{-1}$，$100s^{-1}$ 和 $170s^{-1}$ 下的黏度测定结果分别如图 2-23 至图 2-25 所示。

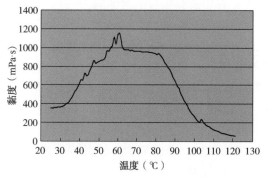

图 2-20　中温配方残酸在剪切速率 $50s^{-1}$ 下的黏温曲线

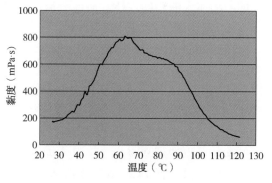

图 2-21　中温配方残酸在剪切速率 $100s^{-1}$ 下的黏温曲线

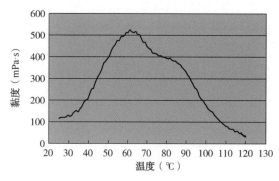

图 2-22　中温配方残酸在剪切速率 $170s^{-1}$ 下的黏温曲线

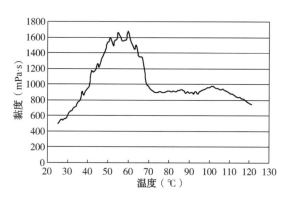

图 2-23　高温配方残酸在剪切速率 $50s^{-1}$ 下的黏温曲线

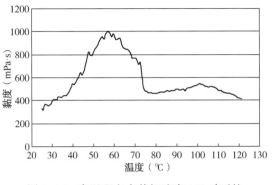

图 2-24 高温配方在剪切速率 100s^{-1} 下的
黏温曲线

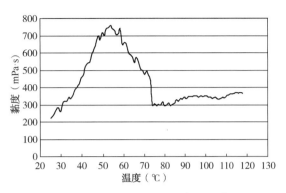

图 2-25 高温配方在剪切速率 170s^{-1} 下的
黏温曲线

2）残酸抗剪切性能评价

根据已建立的清洁自转向酸残酸流变实验的评价方法，配制清洁自转向酸残酸，使用 RS-600 型流变仪，在一定温度（根据酸液的抗温性能确定）、剪切速率 170s^{-1} 下，连续剪切 60min，测量转向酸残酸的表观黏度随时间的变化情况。实验结果：中温清洁自转向酸的残酸抗剪切性能在 90℃下测定，实验结果如图 2-26 所示；高温清洁自转向酸的残酸抗剪切性能在 120℃下测定，实验结果如图 2-27 所示。

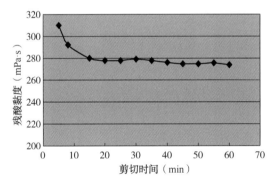

图 2-26 中温自转向酸在 90℃、170s^{-1} 下的
抗剪实验结果

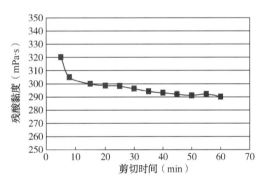

图 2-27 高温自转向酸在 120℃、170s^{-1} 下的
抗剪实验结果

由图 2-26 实验结果可以看出：（1）中温体系残酸在 90℃和 170s^{-1} 下剪切 60min，仍具有较高的黏度，其黏度大于 280mPa·s。（2）残酸的黏度随着剪切时间增加而减小，但减小的幅度不大，在剪切的前 10min 内降低幅度较大，当剪切时间大于 30min 后，剪切时间延长，残酸黏度基本不变。（3）中温清洁自转向酸残酸具有良好抗剪切性能。

由图 2-27 的实验结果可以看出：（1）高温体系残酸在 120℃和 170s^{-1} 下剪切 60min，仍具有较高的黏度，黏度为 290mPa·s 左右。（2）残酸的黏度随着剪切时间增加而减小，但减小的幅度不大，在剪切的前 10min 内降低幅度较大，当剪切时间大于 30min 后，剪切时间延长，残酸黏度基本不变。（3）高温清洁自转向酸残酸在 120℃和 170s^{-1} 下具有良好的抗剪切性能。

3）微观聚集态描述

对清洁自转向酸的鲜酸和残酸的微观形态进行电镜扫描，观测到鲜酸中的表面活性剂分子只有少量聚集，尺寸仅 2nm 左右，而残酸体型结构胶束体达 2000nm 以上，如图 2-28 所示，清洁自转向酸鲜酸与残酸微观聚集态的这种特征也反映了酸液变黏的内在原因。

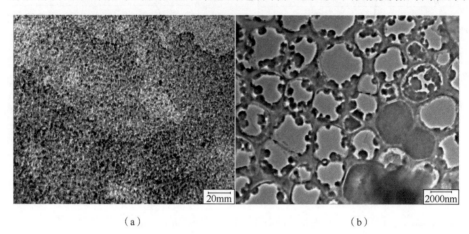

（a） （b）

图 2-28　清洁自转向酸鲜酸(a)与残酸(b)的电镜扫描照片

2. 储层保护性能

实验方法：（1）选取具有代表性的储层岩心，使用标准盐水测定其渗透率。（2）在低于岩心的最低临界流速的注入速率下，将破胶后的清洁自转向酸的残酸反向注入岩心 3 倍孔隙体积。（3）再使用标准盐水，测定被残酸伤害后岩心的渗透率，确定残酸保护储层性能。

实验结果：表 2-8 给出了 90℃中温清洁自转向酸残酸破胶后的储层岩心流动实验结果，表 2-9 给出了 120℃高温清洁自转向酸残酸破胶后的储层岩心流动实验结果。

表 2-8　中温转向酸破胶液伤害储层评价结果

岩心号	初始渗透率（mD）	伤害后渗透率（mD）	渗透率恢复值（%）	渗透率伤害率（%）
7#	51.47	51.47	100	0
8#	38.98	38.36	98.43	1.57
9#	27.42	26.99	99.21	0.79
平均值			99.21	0.79

表 2-9　高温转向酸破胶液伤害储层评价结果

岩心号	初始渗透率（mD）	伤害后渗透率（mD）	渗透率恢复值（%）	渗透率伤害率（%）
7#	29.34	28.85	98.33	1.67
8#	57.67	56.32	97.66	2.34
9#	87.12	86.18	98.92	1.08
平均值			98.30	1.70

由表 2-8 中的实验结果可以看出：中温清洁自转向酸破胶后的残酸液对三块岩心的渗

透率恢复值都很高，最高达到 100%，最低也达到 98.43%，平均渗透率恢复值达到99.21%，岩心的渗透率伤害率平均仅为 0.79%，说明岩心的渗透率基本没有受到伤害。中温清洁自转向酸液破胶液伤害岩心渗透率很小，保护储层效果好。

由表 2-9 中的实验结果可以看出：高温清洁自转向酸破胶后的残酸液对三块岩心的渗透率恢复值都很高，最高达到 98.92%，最低也达到 97.66%，平均渗透率恢复值达到98.30%，岩心的渗透率伤害率平均仅为 1.7%，可以说岩心的渗透率基本没有受到伤害，可见，高温清洁自转向酸液破胶液伤害岩心渗透率很小，保护储层效果好。

中温清洁自转向酸残酸和高温清洁自转向酸残酸破胶液的储层岩心流动实验结果表明：清洁自转向酸对储层具有良好的保护作用，是一种清洁的储层酸化改造液。

3. 自转向性能

就地自转向性能是该酸液体系最重要的性能，酸化的效果在很大程度上依赖于酸液的就地自转向性能。采用如下程序对清洁自转向酸的就地自转向性能进行评价：

（1）选取实验岩心，并按实验规程进行三组岩心并联流动实验；

（2）根据岩心流动实验的压力数据，评价清洁自转向酸的转向效果；

（3）根据不同渗透率级别岩心酸液改造效果对比，评价清洁自转向酸的转向效果；

（4）用德国生产的 SONATA 核磁扫描仪（图 2-29）对酸化后的岩心进行核磁扫描，观察酸化后岩心酸蚀蚓孔情况，评价清洁自转向酸的转向效果；

（5）综合评价清洁自转向酸的转向效果。

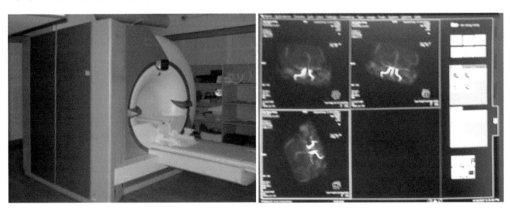

图 2-29 SONATA 核磁扫描仪主机及图像处理系统

实验结果：为了对比清洁自转向酸的转向效果，实验选取 3 组不同渗透率级差的岩心，分别使用常规酸和自转向酸进行岩心流动实验。岩心基础资料见表 2-10。

表 2-10 转向性能评价所用岩心基础资料

岩心号	组别	岩心直径(cm)	岩心孔隙度(%)	渗透率(mD)
1#		2.54	9.8	26.4
2#	常规酸	2.54	12.1	48.7
3#		2.54	14.2	99.2

续表

岩心号	组别	岩心直径(cm)	岩心孔隙度(%)	渗透率(mD)
4#	转向酸 A	2.54	6.03	20.2
5#		2.54	5.9	41.1
6#		2.54	6.06	78.7
7#	转向酸 B	2.54	6.11	15.2
8#		2.54	6.12	29.8
9#		2.54	5.91	56.7

（1）使用岩心流动实验的压力数据，评价清洁自转向酸的转向效果。

一组常规酸岩心注酸和两组清洁自转向酸注酸实验的注酸压力—注酸体积结果在图 2-30 中给出，注酸压力对比在表 2-11 中给出。可以看出，清洁自转向酸的注入压力是常规酸注入压力的 20 倍左右，注酸量是常规酸的 1.5 倍左右，可见，清洁自转向酸具有明显的转向效果。

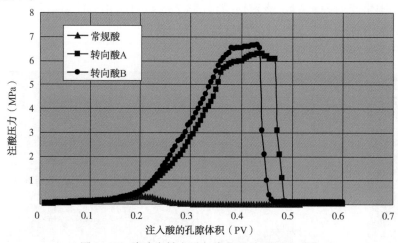

图 2-30　清洁自转向酸与常规酸注酸压力对比

（2）使用岩心酸化前后渗透率提高倍数，评价清洁自转向酸的转向效果。

用一组常规酸酸化后岩心的渗透率提高倍数与两组清洁自转向酸酸化后岩心的渗透率提高倍数进行比较，来评价清洁自转向酸的转向效果。实验结果见表 2-12。可以看出，在三块高渗透率、中渗透率和低渗透率并联岩心的酸化实验中，常规酸对渗透率相对低的岩心，酸化后渗透率只提高了 18%，而清洁自转向酸对渗透率相对低的岩心，酸化后渗透率提高了 80%~93%，平均提高了 86.5%，转向酸酸化提高率是常规酸酸化提高率的 4.44~5.12 倍，平均为 4.8 倍；常规酸对渗透率为中等的岩心，酸化后渗透率只提高了 43%，而清洁自转向酸对渗透率为中等的岩心，酸化后渗透率提高了 108%~118%，平均提高了 113%，转向酸酸化提高率是常规酸酸化提高率的 2.74~2.51 倍，平均为 2.62 倍；由常规酸和清洁自转向酸酸化效果对比可以得到，清洁自转向酸具有明显的自转向效果。

表 2-11　清洁自转向酸与常规酸注酸压力对比

岩心号	组别	V_i	$\sum V_i$	Q_H	Q	N	p_{max}	转向压力倍数
1#	常规酸	2.98	10.88	2.17	2.88	1.00	0.32	1.00
2#		3.61						
3#		4.29						
4#	转向酸 A	2.78	10.39	4	4.88	1.69	6.3	19.69
5#		3.50						
6#		4.11						
7#	转向酸 B	2.69	10.03	3.81	4.36	1.51	6.67	20.84
8#		3.57						
9#		3.77						

注：V_i—岩心孔隙体积，mL；$\sum V_i$—总孔隙体积，mL；Q_H—酸通时注酸量，mL；Q—总注酸量，mL；N—酸通时转向酸量是常规酸的倍数；p_{max}—达到的最大压力，MPa。

表 2-12　清洁自转向酸与常规酸改造效果对比

岩心号	组别	酸液类型	渗透率（mD）		η（%）	N
			酸化前	酸化后		
1#	低渗透率	常规酸	26.4	31.1	18.00	1.00
4#		转向酸	20.2	36.4	80.00	4.44
7#		转向酸	15.2	29.4	93.00	5.12
2#	中渗透率	常规酸	48.7	69.5	43.00	1.00
5#		转向酸	41.1	89.7	118.00	2.74
8#		转向酸	29.8	62.3	108.00	2.51
3#	高渗透率	常规酸	99.2	>3000	>3000	—
6#		转向酸	78.7	>3000	>3500	—
9#		转向酸	56.7	>3000	>5000	—

注：η—酸化渗透率提高率，%；N—转向酸酸化提高率/常规酸酸化提高率。

（3）使用酸化后岩心核磁资料，评价清洁自转向酸的转向效果。

将经过常规酸和清洁自转向酸酸化后的岩心进行核磁扫描，得到这三组岩心核磁扫描结果，如图 2-31 和图 2-32 所示。图 2-31 给出了这三组岩心酸化后的横向核磁扫描照片（将每个岩心 10 等分横截扫描），图 2-32 给出了第二组岩心（清洁自转向酸 A）酸化后的纵向核磁扫描照片。

由实验结果可以看出：①无论是常规酸还是清洁自转向酸酸化后，渗透率较高的那块岩心均被很好地酸蚀改造，10 张照片均可见到酸蚀孔。②常规酸酸化后渗透率相对低和中等的两块岩心，改造程度相对低，渗透率相对低的 1# 岩心只在第一张照片见到酸蚀孔，渗透率中等的 2# 岩心也只在第一张照片和第二张照片上见到酸蚀孔。③清洁自转向酸对三块岩心均有较好的改造效果，渗透率相对低的 4# 和 7# 两块岩心的横向核磁照片可以看到 8 张有酸蚀蚓孔，渗透率中等的 5# 和 8# 两块岩心的横向核磁照片可以看到 9 张有酸蚀蚓孔。

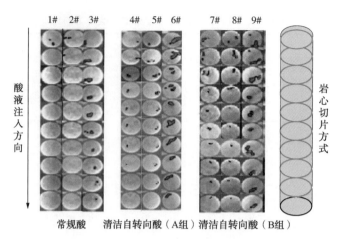

图 2-31　常规酸与清洁自转向酸酸化后岩心核磁照片对比（横切）

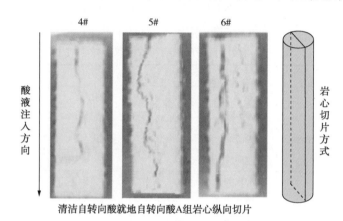

图 2-32　常规酸与清洁自转向酸酸化后岩心核磁照片对比（纵切）

④从转向酸 A 组的三块岩心纵向核磁扫描的照片看出，渗透率相对低的 4#岩心的酸蚀蚓孔长度占岩心总长度的 70%，渗透率为中等的 5#岩心的酸蚀蚓孔长度占岩心总长度的 90%。⑤常规酸与清洁自转向酸酸化后岩心核磁实验结果对比说明，清洁自转向酸具有良好的就地自转向性能。

第三节　高效酸化技术

一、高效酸化施工优化设计研究

1. 清洁自转向酸酸化酸压工艺思路

（1）优选井层方面，清洁转向酸更适合应用于非均质性强、大段目的层、油水同层、微裂缝较发育、温度较高等类储层的转向改造或深穿透改造。

（2）工艺应用方面，清洁转向酸与其他类油田工作液配伍性好，可与压裂液、胶凝酸、温控变黏酸等组合应用；清洁转向酸的性质决定其更适合在酸液前段注入用以深部穿透、减轻滤失等。

（3）对于大段井眼碳酸盐岩储层酸压施工，可于前期低排量注入进行全井段布酸，降低低渗透段破裂应力，提高高渗透层注液压力，以利对大段目的层的整体改造；

（4）现场施工时与醇醚酸配套应用，以确保酸压后残酸破胶。

2. 清洁自转向酸径向流动模式下的酸化模型建立

常规酸径向流动模式下的酸化模型为：

$$\frac{\partial r_{wh}}{\partial t} = \beta \frac{1}{\Theta_{wh} v_r r_{wh}} \frac{v_r r_{wh}}{\phi_0} \quad (2-1)$$

式中：β 为拟合系数；r_{wh} 为酸蚀蚓孔前缘离井眼的径向距离，m；t 为时间，s；Θ_{wh} 为蚓孔突破岩心时注入酸液的孔隙体积倍数，无量纲；ϕ_0 为岩心的初始孔隙度，无量纲；v_r 为平均径向流动速度，m/s。

利用式(2-1)可以对常规酸径向流动模式进行预测，现将其推广到自转向酸径向流动情形。假定在径向流动条件下，蚓孔前缘移动的距离 r_{wh} 以及蚓孔前缘的阻抗区移动的距离 r_r，可以采用类似于式(2-1)的方法通过这些前缘附近的平均达西速率来确定。

对于一给定岩石、给定酸液和给定的温度，有：

$$\frac{\partial r_{wh}}{\partial t} = \beta \frac{1}{\Theta_{wh} v_r r_{wh}} \frac{v_r r_{wh}}{\phi_0} \quad (2-2)$$

$$\frac{\partial r_r}{\partial t} = \beta \frac{1}{\Theta_r v_r r_r} \frac{v_r r_r}{\phi_0} \quad (2-3)$$

式中：r_r 为阻抗区前缘的径向距离，m；Θ_r 为压降—时间曲线发生拐弯时（对应酸液转向分流）的注入酸液的孔隙体积倍数，无量纲。

对于 $r \in [r_{wh}, r_r]$，有：

$$\mu_r(r) = \mu_d \frac{R_p(v_r r)}{S_{wh}^r(v_r r)} \quad (2-4)$$

式中：μ_d 为被驱替流体的有效黏度，mPa·s；μ_r 为阻抗区流体的有效黏度，mPa·s；R_p 为转向压力参数，无量纲。阻抗区相对厚度 S_{wh}^r 定义为：

$$S_{wh}^r(v_r r) = \frac{\Theta_{wh} - \Theta_r}{\Theta_{wh}}(v_r r) \quad (2-5)$$

对于径向流，流速随 r 变化，因此，阻抗区中的有效黏度 μ_r 随距离而变化。若计算阻抗区中的压降，则需要对自转向酸的总流度进行积分。

$$Q = 2\pi h K_0 (p_{wh} - p_r) \left[\int_{r_{wh}}^{r_r} \mu_r(r) d\ln r \right]^{-1} \quad (2-6)$$

式中：Q 为注入酸液流速，m³/s；K_0 为岩心初始渗透率，mD；p_{wh} 为井底压力，MPa；h 为径向形岩心的厚度，m；p_r 为阻抗区油藏压力，MPa；π 为圆周率。

这个方法可以用实验数据进行验证。首先，在相同温度、相同岩心以及较大范围流量的条件下，通过表面活性剂基自转向酸线性岩心驱替实验来建立 Θ_{wh}、Θ_r 和 R_p 的关系式。然后，在尽可能接近的条件下使用相同的表面活性剂的自转向酸（用15%盐酸）进行两组实验，以评价流动实验的可重复性。

［实验1］$r_e = 7.01$cm，$r_w = 0.328$cm，$h = 5.13$cm；$K_0 = 40.6$mD，$\phi_0 = 0.14$；$Q = 13$mL/min，$p_b = 10.3425$MPa；$T = 65.6$℃。

［实验2］$r_e = 7.01$cm，$r_w = 0.325$cm，$h = 5.558$cm；$K_0 = 40.6$mD，$\phi_0 = 0.14$；$Q = 13$mL/min，$p_b = 10.3425$MPa；$T = 65.6$℃。

测量井眼与岩心外围之间的压降 Δp。图 2-33 将实验测定的 Δp 与从式(2-2)至式(2-6)预测的 Δp 进行了对比。

除了端部效应以外，可以看到模型与实验之间具有较好的一致性。模型又一次预测了早期的压力上升，这可能是由于"初始的平稳时期"（酸化过程中黏度是逐渐增大的过程）或"时间延迟"所致。在这些实验中，发现在式(2-2)和式(2-3)中 β 将有下面值：

$$\beta = \beta_{exp} = 1.1 \tag{2-7}$$

这比常规酸中的 β 值低了大约20%。图 2-34 给出了这两组实验的 CT 扫描结果，从中可以断定开始出现了"突破时的压力不连续性"。同时，还可以看到井筒附近的某些区域出现了尺度明显的蚓孔。然而，每个 CT 扫描薄片的可视分析显示这些区域为多条小尺寸蚓孔在垂向上的重叠。对于这些实验，正如实验 1 和实验 2，当蚓孔到达大约距离外围一半距离时，可以认为突破时的不连续开始出现。

为了进一步验证由式(2-2)至式(2-6)所构建的模型，进行了一组径向平行的岩心驱替实验。

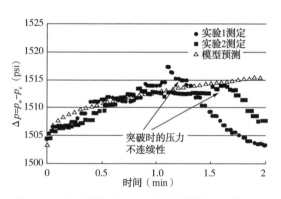

图 2-33　实验测定的 Δp 与模型预测的 Δp 的对比

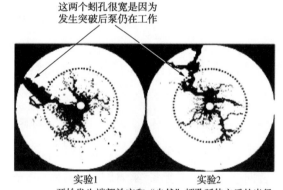

这两个蚓孔很宽是因为发生突破后泵仍在工作

实验1　　　　　实验2

……开始发生端部效应和"自然"蚓孔延伸之后的半径

图 2-34　表面活性剂基酸液酸化产生蚓孔类型

［实验3］$Q = 13$mL/min，$p_b = 10.3425$MPa；$T = 65.6$℃。

低渗透岩心：$r_e = 7.04$cm，$r_w = 0.3302$cm，$h = 5.64$cm；$K_0 = 10.9$mD，$\phi_0 = 0.15$。

高渗透岩心：$r_e = 7.04$cm，$r_w = 0.3302$cm，$h = 5.64$cm；$K_0 = 116.6$mD，$\phi_0 = 0.15$。

泵注的酸液是一种表面活性剂基的自转向酸，HCl 浓度为 15%。采用相应的实验条件，可以通过线性岩心驱替实验确定 Θ_{wh}，Θ_r 和 R_p 之间的关系。

实验是将两块岩心轴向重叠放入一块圆柱状岩心夹持器中，岩心之间用一金属圆盘隔离开来。通过使用橡胶垫片与加围压来密封金属圆盘。这两个岩心拥有相同的井眼，因此有相同的井筒压力和相同的回压。当泵注酸液时，总流速（13mL/min）被分到两块岩心中。对每一岩心，解式(2-2)至式(2-6)，在每一时刻，$Q_{low} + Q_{high} = Q$，其中 Q_{low}（Q_{high}）是通过低渗透(高渗透)岩心的速率，可以将模型预测结果与实验结果进行对比。图 2-35 为该实验的示意图。

图 2-36 将模型模拟的 Δp 与实验得到的 Δp 进行了对比。

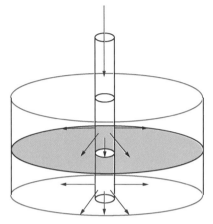

图 2-35　径向流动实验示意图

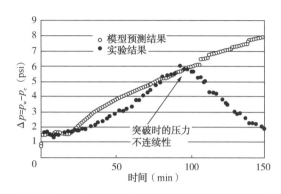

图 2-36　双岩心径向流实验结果与模型预测结果的对比

图 2-37 是两块岩心中的蚓孔形态。尽管突破仅发生在高渗透岩心中，实验时还是实现了一定程度的转向，因为实验停止后，低渗透岩心的渗透率测定为 18.5mD；这转换成有效的 r_{wh} 大约等于井筒半径 r_w 的 3.5 倍。这与模型的预测值(3.2 倍)相接近。实验表明，突破大约发生在 100s 左右，这个时间停止模拟，就得到了模型的预测值(3.2 倍)。超过 100s 后，实验不能观察到端部效应，因此模型也不能预测超过 100s 后的实验结果。在高渗透岩心中一旦发生突破，低渗透岩心中的蚓孔就不再扩展。结果的验证需要在突破之前停止实验。在这个研究中没有被考虑。这些模拟也表明当使用自转向酸时，低渗透岩心中的有效蚓孔体积比使用 15% 的常规 HCl 酸化时(相同的溶蚀力)要大 20 倍。这是由于在这种情况下使用常规酸时，蚓孔穿透非常浅。图 2-36 表明实验方法得到的 Δp 不能很好地与这种情况相匹配，但是模拟的 Δp 仍与实验结果较为接近。鉴于这些实验的小尺寸以及岩心中非均质性程度的不确定性会影响小尺寸物理模型中的蚓孔动力学，我们认为在一定程度上这些结果是可以接受的。

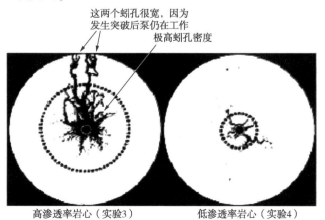

高渗透率岩心（实验3）　　　　　低渗透率岩心（实验4）

图 2-37　表面活性剂基酸液酸化产生蚓孔类型

3. 清洁自转向酸施工参数优化

1）最大施工排量计算

酸化施工中，排量越大，酸液的有效作用距离越大，理想情况下的最大施工排量可以用达西方程确定：

$$q_{max} = \frac{2\pi Kh \cdot \Delta p}{\mu B \ln(r_e/r_w + S)} a \tag{2-8}$$

$$\Delta p = p_{max} - \Delta p_s - p_i \tag{2-9}$$

式中：q_{max} 为最大施工排量，m^3/d；K 为地层渗透率，mD；μ 为地层流体黏度，$mPa \cdot s$；r_e 为处理井的泄油半径，m；r_w 为井筒半径，m；S 为表皮系数，无量纲；a 为单位换算系数，一般取 86.4；Δp 为最大注入压差，MPa；p_{max} 为地层破裂压力，MPa；p_i 为地层压力，MPa；Δp_s 为安全压力余量，一般为 1.4~3.5 MPa。

因此，酸化时施工排量 Q_{it} 应满足 $Q_{it} \leqslant 0.8 q_{max}$；同时，基于图 2-38 综合考虑。

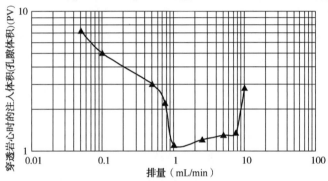

图 2-38　施工排量的优化

2）酸液用量及泵注时间的确定

在自转向酸酸化分流中，可以引入黏性表皮系数来量化分流效果。

对于完善井，黏度为 μ 的油藏流体的产量计算公式为：

$$q_o = \frac{2\pi Kh(p_e - p_{wf})}{\mu B\left(\ln \dfrac{r_e}{r_w}\right)} \tag{2-10}$$

当变黏后的 VES 酸液注入油层时，有：

$$q = \frac{2\pi Kh(p'_{wf} - p_e)}{B\mu_a \ln \dfrac{r_a}{r_w} + B\mu \ln \dfrac{r_e}{r_a}} \tag{2-11}$$

利用式（2-9）和式（2-10），令 $q_o = q$，来求解表皮系数。

黏性流体造成的附加压降为：

$$\begin{aligned}
\Delta p_{vis} &= p_{wf} - p'_{wf} \\
&= \frac{qB}{2\pi Kh}\left(\mu_a \ln \frac{r_a}{r_w} + \mu \ln \frac{r_e}{r_a} - \mu \ln \frac{r_e}{r_w}\right) \\
&= \frac{q\mu B}{2\pi Kh}\left(\frac{\mu_a}{\mu} - 1\right) \ln \frac{r_a}{r_w}
\end{aligned} \tag{2-12}$$

令

$$S_{vis} = \left(\frac{\mu_a}{\mu} - 1 \right) \ln \frac{r_a}{r_w}$$

则

$$\Delta p_{vis} = \frac{q\mu B}{2\pi Kh} S_{vis} \qquad (2-13)$$

S_{vis} 即为黏性流体在井眼附近形成的黏性表皮系数。

黏性表皮系数 S_{vis} 为:

$$S_{vis} = \left(\frac{\mu_a}{\mu} - 1 \right) \ln \frac{r_a}{r_w} \qquad (2-14)$$

式中:μ 和 μ_a 分别为地层流体黏度和黏性流体黏度,mPa·s;r_w 和 r_a 分别为井眼半径和黏性流体侵入半径,m。

对 S_{vis} 进行分析,μ_a 越大,r_a 越大,则黏性表皮系数越大,表明封堵效果好,则注入单层的总黏性流体体积 V_a 为:

$$V_a = \pi\phi h (r_a^2 - r_w^2) \qquad (2-15)$$

式中:ϕ 为孔隙度;h 为单层厚度,m。

黏性流体的作用距离为:

$$r_a = \sqrt{r_w^2 + \frac{V_j}{\pi\phi}} \qquad (2-16)$$

式中:V_j 是注入层段单位厚度上的注入流体体积。

所以,黏性表皮系数可以表达为:

$$S_{vis,j} = \left(\frac{\mu_a}{\mu} - 1 \right) \left[\frac{1}{2} \ln \left(r_w^2 + \frac{V_j}{\pi\phi} \right) - \ln r_w \right] \qquad (2-17)$$

注入 j 层段的吸液能力为:

$$q_j = \frac{2\pi\alpha h_j K_j (p_{wf} - p_i)}{\mu B \left\{ \ln \frac{r_e}{r_w} + S_{0,j} + \left(\frac{\mu_a}{\mu} - 1 \right) \left[\frac{1}{2} \ln \left(r_w^2 + \frac{v_j}{\pi\phi} \right) - \ln r_w \right] \right\}} \qquad (2-18)$$

式中:q_j 为 j 层段的吸液能力,m³/min;α 为单位换算系数,取值 0.06;h_j 为 j 层段的厚度,m;K_j 为 j 层段的渗透率,D;p_{wf} 和 p_i 分别为井底流压和地层压力,MPa;r_e 为泄油半径,m;$S_{0,j}$ 为 j 层段的初始表皮系数。

在注入量 q 一定的情况下,如改造段为 n 个小层,当这 n 个小层的吸液能力相同时,q 的排量被这 n 个小层平分,每个小层的吸液能力为 q/n,则根据式(2-18),就可以得出 j 层的注入体积 V_j。

然后再根据注入的体积求得自转向酸的停注时间。

注入层段 j 的黏性流体体积随时间的变化率为:

$$\frac{dV_j}{dt} = q_j = \frac{2\pi a h_j K_j (p_{wf} - p_e)}{\mu B \left\{ \ln \left(\frac{r_e}{r_w} \right) + S_{0,j} + \left(\frac{\mu_a}{\mu} - 1 \right) \left[\frac{1}{2} \ln \left(r_w^2 + \frac{V_j}{\pi\phi} \right) - \ln r_w \right] \right\}} \qquad (2-19)$$

令

$$b_{1j} = \ln r_{\mathrm{e}} - \frac{\mu_{\mathrm{a}}}{\mu} \ln r_{\mathrm{w}} + S_{0,j}$$

$$b_{2j} = \frac{1}{2}\left(\frac{\mu_{\mathrm{a}}}{\mu} - 1\right)$$

$$b_{3j} = \frac{2\pi h_j K_j (p_{\mathrm{wf}} - p_{\mathrm{i}})}{\mu B}$$

$$b_{4j} = \frac{1}{\pi \phi}$$

则，可以得到：

$$\frac{\mathrm{d}V_j}{\mathrm{d}t} = \frac{b_{3j}}{b_{1j} + b_{2j}\ln(b_{4j}V_j + r_{\mathrm{w}}^2)} \tag{2-20}$$

对式（2-19）进行积分：

$$\int b_{3j}\mathrm{d}t = \int \left[b_{1j} + b_{2j}\ln(b_{4j}V_j + r_{\mathrm{w}}^2) \right]\mathrm{d}V_j \tag{2-21}$$

得：

$$b_{3j}t_j = (b_{1j} - b_{2j})V_j + b_{2j}\left(V_j + \frac{r_{\mathrm{w}}^2}{b_{4j}}\right)\ln(b_{4j}V_j + r_{\mathrm{w}}^2) \tag{2-22}$$

把上步求得的注入体积代入式（2-22），就可以求得自转向酸的停注时间。

对于非均质性多层储层酸化，总的视表皮系数为：

$$S_{\mathrm{vis},\,j} = \frac{\displaystyle\sum_{j=1}^{J} h_j S_{\mathrm{vis},\,j}}{\displaystyle\sum_{j=1}^{J} h_j} \tag{2-23}$$

厚度为 h_j 没有入浸分流剂的区域 $S_{\mathrm{vis},j}$ 视为 0，所以 $\displaystyle\sum_{j=1}^{J} h_j$ 即是酸化层段的总厚度。

3）实现转向均匀酸化时酸液黏度的确定

首先考虑微元体的酸的平衡。假设稳态、层流、不可压缩、牛顿流体，酸的质量守恒方程有：

流入的质量−流出的质量=质量的变化

$$\pi\left[(r+\Delta r)^2 - r^2 \right]\Delta t\left(uC + D\frac{\partial C}{\partial x}\right)\Big|_x + 2\pi r\Delta x\Delta t\left(vC - D\frac{\partial C}{\partial r}\right)\Big|_r +$$

$$\pi\left[(r+\Delta r)^2 - r^2 \right]\Delta t\left(uC + D\frac{\partial C}{\partial x}\right)\Big|_{x+\Delta x} + 2\pi r\Delta x\Delta t\left(vC - D\frac{\partial C}{\partial r}\right)\Big|_{r+\Delta r} \tag{2-24}$$

$$= C\pi\left[(r+\Delta r)^2 - r^2 \right]\Delta x\,\Big|_{t+\Delta t} - C\pi\left[(r+\Delta r)^2 - r^2 \right]\Delta x\,\Big|_t$$

式中：C 为酸的浓度；D 为由 Hung 在 1987 年定义的扩散系数；μ 和 v 是流体的速度组成，由 Yuan 和 Finkelstein 定义。

酸平衡方程的最终形式由式（2-25）给出：

$$\left(1 - \frac{2Re_{\mathrm{w}}}{Re}\xi\right)f'(\zeta)\frac{\partial C_{\mathrm{D}}}{\partial \xi} + \frac{2Re_{\mathrm{w}}}{Re}f(\zeta)\frac{\partial C_{\mathrm{D}}}{\partial \zeta} = \frac{Re_{\mathrm{w}}}{RePe_{\mathrm{w}}}\left(\frac{\partial C_{\mathrm{D}}}{\partial \zeta} + \zeta\frac{\partial^2 C_{\mathrm{D}}}{\partial \zeta^2}\right) \tag{2-25}$$

其中

$$C_D = C/C_o$$

$$\xi = x/r_{wh}$$

$$\zeta = r/r_{wh}$$

$$Re = \frac{u(0)r_w}{v}$$

$$Re_w = \frac{v_w r_w}{v}$$

$$Pe_w = \frac{v_w r_w}{D}$$

式中：C_o 为注入酸的浓度；Re 为雷诺数；Re_w 为进口基于平均速度的雷诺数；Pe_w 为基于流体扩散系数的皮克利特数。

边界条件：

$$\xi = 0 \text{ 时}, \quad C_D = 1$$

$$\zeta = 0 \text{ 时}, \quad \frac{\partial C_D}{\partial \zeta} =0$$

$$\zeta = 1 \text{ 时}, \quad C_D = 0$$

酸平衡方程的解析解在 1987 年由 Hung 给出。通过分离变量法得到方程的解，偏微分方程被转换为两个常微分方程，其中一个是简单的酸浓度和轴向距离的指数关系式。另一个是 Sturm-Liouville 边界条件方程。这样问题就很容易地简化为寻找特征值和他们相对应的特征解。式（2-26）就是酸平衡的解。

$$\overline{C} = - 2C_o \sum_{n = 0}^{\alpha} \left\{ K_n \left(1 - \frac{2 Re_w}{Re}\xi \right)^{\frac{\lambda_n^2}{2Pe_w}} \left[\frac{B_n^-(1)}{\lambda_n^2 + 2 Pe_w} \right] \right\} \tag{2-26}$$

这个酸的平均浓度的解的限制条件是 $0.001<Re<1.0$ 并且 $Pe<8$。式（2-25）所描述的 5 个条件是为了保证合理的精度。

由式（2-25）可确定蚓孔中酸液的浓度变化，即可反应酸液的黏度，则需结合室内实验加以确定。

4）实现转向均匀酸化时酸化级数的确定

在给定转向酸液黏度为 200mPa·s 的条件下，在规定井段上的均匀酸化指数大于 0.5 条件下，对给定的储层条件（物性与损害情况）和井段长度，确定实现转向均匀酸化时的酸化级数为：

$$0.5 \leqslant \frac{r_{whmin}}{r_{whmax}} = \frac{r_{wh1}}{r_{wh2}} = e^{\frac{2\pi\Delta p(h_2 K_2 Q_1 - h_1 K_1 Q_2)}{Q_1 Q_2 \mu_d}} \leqslant 1 \tag{2-27}$$

优化设计时，考虑一级酸化（即一段转向酸、一段常规酸），应用式（2-27）验证是否均匀酸化；若不满足则采取两级酸化（即转向酸、常规酸两级交替注入），再次应用式（2-27）验证是否均匀酸化；若不满足则采取三级酸化，依此类推。

4. 清洁自转向酸破胶工艺研究

对于油藏来说，可以借助返排过程中残酸与原油接触来破坏残酸中的增黏胶束结构，基本可以实现破胶；而对于气藏来说，天然气破坏胶束结构的效果较差，必须辅以适当的破胶剂，才能达到较好的破胶效果。所以，为了保证现场破胶彻底，应当对破胶剂及其使用工艺进行研究，为此，研制出醇醚破胶剂。

将配好的清洁自转向酸的残酸，加入一定量的醇醚破胶剂，使用 RS-600 型流变仪，在室温剪切速率 $170s^{-1}$ 下测定其黏度，实验结果如图 2-39 所示。

由图 2-39 中的实验结果可以看出，随着清洁自转向酸残酸中加入醇醚破胶剂量的增加，残酸的黏度急剧下降，即黏度降低率迅速增加。可见，醇醚可以破坏清洁自转向酸残酸中特殊表面活性剂形成的胶束结构。当残酸中醇醚破胶剂浓度大于 2.5% 时，若再继续增加其浓度，清洁自转向酸残酸的黏度降低率增加幅度不大，所以确定清洁自转向酸使用醇醚破胶剂的浓度为 2.5%~3.5%。

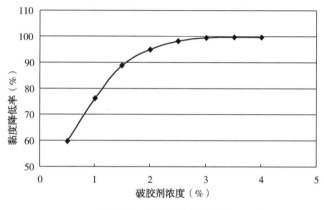

图 2-39　破胶剂加量优选

在清洁自转向酸中先期加入破胶剂，会影响其特殊表面活性剂在残酸中形成胶束，影响残酸黏度增加，而影响转向效果。因此，研究了分级注入工艺来破胶，即清洁自转向酸与含有醇醚破胶剂的破胶液分段多级交替注入，第一级为清洁自转向酸，后面接着一级是含有醇醚破胶剂的破胶液，第三级又是清洁自转向酸，后面接着一级又是含有醇醚破胶剂的破胶液，使用这样多级注入工艺，来确保其破胶。

5. 清洁自转向酸降阻工艺研究

清洁自转向酸降阻的设计原理就是在酸液中加入线型聚合物，在泵注清洁自转向酸施工时，线型聚合物在泵注管线的管壁形成膜降阻。

在液体中溶入微量的链型高分子溶质，可以大幅度降低液体运动的阻力，即 Toms 效应。20 世纪 60 年代初，Hoyr 和 Fabula 发现浓度为 10mg/kg（1mg/kg 为溶液质量的百万分之一）的聚氧化乙烯（PEO）水溶液与纯水相比阻力降低 70%，PEO 的这种异常性能引起了广泛注意。具有减阻能力的高分子聚合物都存在一个浓度阀值，称为临界浓度。该数值因高分子聚合物不同而异，其最小值称为最小临界浓度。Toms 发现以聚甲基丙烯酸甲酯为减阻剂，达到减阻效应时，所用在氯苯中的临界浓度约为 2000mg/kg。酸液胶凝剂是较好的酸液降阻剂，它已被广泛地应用。实验研究了酸液胶凝剂在清洁自转向酸中作为降阻剂的使用浓度，其实验结果如图 2-40 所示。

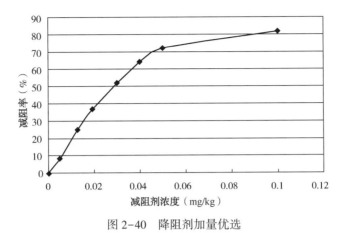

图 2-40　降阻剂加量优选

由图 2-40 中的实验结果可以得出，随着酸液胶凝剂（降阻剂）浓度的增大，清洁自转向酸的降阻率增大，当酸液胶凝剂（降阻剂）浓度大于 0.05mg/kg 时，再继续增加其浓度，清洁自转向酸的降阻率增加不大。考虑到现场与实验室的差异，确定清洁自转向酸液中加入酸液胶凝剂的浓度为 0.1%~0.2%。

二、非均质碳酸盐岩储层高效酸化酸压应用

1. 清洁自转向酸酸化酸压现场总体应用情况

清洁自转向酸现场应用 32 井次，施工主要集中在塔里木油田的塔中、轮古、哈拉哈塘和英买力等碳酸盐岩油藏区块。施工井一般为深层高温井，深度最大的井接近 7000m，温度最高达 170℃。井型有直井、侧钻井和水平井，完井方式主要为裸眼完井方式，其次也有套管射孔完井和筛管完井。酸压施工井有气井、稀油井和稠油井，从压后效果看，清洁自转向酸酸压施工效果较好，压后最高的油产量达 200m³/d（轮古 352 井），最高气产量达 400000m³/d（轮古 353 井），总体施工有效率较高，仅有 4 口井为无效井或低效井（表 2-13）。

表 2-13　清洁自转向酸酸液体系现场应用统计表

序号	井号	施工井段（m）	施工时间	求产方式	定产制度（油嘴）	油压（MPa）	压后产量（m³/d）			试油结论
							油	气	水	
1	轮古 11-H1	5204.86~5533	2008.1.28	反掺稀	φ7mm	11	165	0	0	稠油层
2	轮古 352 井	5988.44~6110	2008.7.1	自喷	φ6mm	20	200	32000	—	油气层
3	英买 7-H11	5232.26~5604.00	2008.8.4	自喷	φ6mm	7.24	140	3770	0	油层
4	轮古 101-1C 井	5492.29~5663.37	2008.8.19	自喷	φ6mm	30.26	31.18	112037	残液	油气层
5	英买 321-H1 井	5424.0~5696.0	2008.10.23	自喷	φ5mm	6.2	47.2	5684	48.7	油层
6	轮古 1-4C 井	5442.0~5510.0	2008.12.15	自喷	φ5mm	37.13	48.96	125000	26.4 残液	油气层
7	英买 322-H2	5468.96~5717.39	2009.1.4	自喷	φ8mm	3.84	135.24	3655	109.76	含水油层

序号	井号	施工井段(m)	施工时间	求产方式	定产制度(油嘴)	油压(MPa)	压后产量(m³/d) 油	气	水	试油结论
8	轮古1-2井	5188.08~5230.0	2009.1.20	自喷	φ5mm	19.8	129.38	13806	少量残酸	油层
9	轮古353井	6628.0~6667.0	2009.1.23	自喷	φ8mm	42.5	25	400000	62残液	凝析气层
10	轮古45-1井	5748.08~5762.00	2009.2.13	反掺	φ7mm	4.1	46.34	0	28.95	油水同层
11	轮古15-31C井	5724.46~5800	2009.2.14	掺稀	φ6mm	3	70	0	0	稠油层
12	轮古15-40井	5775.0~5815.0	2009.4.4	掺稀	φ5mm	7.5	98.28	0	残酸	稠油层
13	轮古15-41井	5731.0~5760.0	2009.5.5	掺稀	φ8mm	5	77.38	0	残酸	稠油层
14	轮南634-1井	5578.0~5618.5	2009.5.26	自喷	φ5mm	34	24.16	191088	0	凝析气层
15	英买322-H4	5546.92~5668.50	2009.7.24	自喷	φ6mm	6.4	94.18	4940	0	油层
16	英买322-H5	5504.38~5536.37	2009.8.14	自喷	φ5mm	5.6	63.66	3770	13.38	含水油层
17	英买2-H1井	6000.32~6233.38	2009.9.29	自喷	φ5mm	3.24	160	少量	5	含水油层
18	轮古7-2C井	5268.94~5332	2010.1.4	自喷	φ4mm	15.88	59.07	230	0	油层
19	轮古7-16井	5143.28~5209	2010.1.24	自喷	φ5mm	3.2	6.76	7397	10.3	含水油气层
20	塔中4-6-3井	3561~3582.5	2010.3.2	自喷	φ8mm	6.7	5.7	62428	0	油气层
21	轮古15-27井	5743~5753	2010.3.6	自喷	φ5mm	6	28.41	0	31.02	含水油层
22	哈15井	6591.25~6668	2010.4.28	自喷	φ5mm	10.63	52.5	0	0	稠油层
23	哈7-1井	6509.02~6575.0	2010.7.16	反掺	φ4mm	13.17	58.56	0	0	稠油层
24	新垦1井上返	6647.36~6666.0	2010.9.16	自喷	φ6mm	0	少量极稠油	0	残液	稠油层
25	新垦4井上返	6842.0~6850.0	2010.9.18	自喷	φ4mm	19.5	100	4000	0	油层
26	哈702井	6594.06~6660.0	2010.9.24	自喷	φ4mm	15.12	108	4567	0	油层
27	哈601-1C井	6831.76~6985.0	2010.11.2	气举	敞放	0	油花	0	3.8	干层
28	英买2-21井	5989.0~6010.0	2010.11.12	自喷	φ4mm	0.78	7.2	264	2.64残液	油层
29	哈602井	6613.0~6780.0	2010.12.2	自喷	φ5mm	0.1	0	0	5.28残液	干层
30	轮古15-16井上返	5660.0~5714.0	2010.12.9	掺稀	φ6mm	7	54.93	0	0	油层
31	哈7-3井上返	6527.59~6550.0	2010.12.25	自喷	敞放	0	0	0	少量	干层
32	轮古7-7C井	5506.0~5526.0	2011.2.12	自喷	φ4mm	10.2	72	2496	0	油层

2. 清洁自转向酸酸化酸压典型井例

1) 轮古353井裂缝型储层酸压施工

轮古353井钻井基本钻至"串珠"反映的缝洞储集体的顶部，井底基本位于储集体的中心，如图2-41和图2-42所示。钻井见到好的油气显示。FMI解释裂缝发育，措施井段见高角度裂缝19条，裂缝孔隙度为0.136%~0.654%。该井受两条近东西向断层夹持，距井约800m，两侧断层进一步增强了裂缝发育及溶蚀作用。最大主应力方位为北东—南西向，与天然裂缝方位一致，酸压人工缝延伸至断层的可能性小，断层也并非北东—南西向的深大断裂，导致沟通深部水层的可能性小。

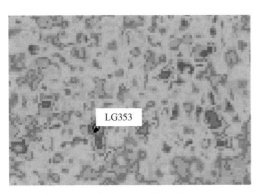

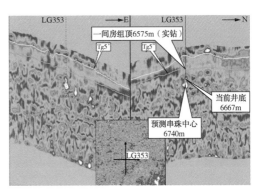

图 2-41　轮古 353 井平面振幅图　　　　图 2-42　轮古 353 井分频十字剖面图

　　轮古 353 井改造的出发点是尽可能大范围疏通钻遇的洞顶裂缝系统，同时争取沟通下部的缝洞储集体的主体(串珠主体)，努力实现酸压后的高产与稳产。酸压改造采用较大规模前置液酸压，沟通近井广泛发育的裂缝系统，用大排量争取裂缝向下的足够延伸，沟通缝洞储集体的主体；酸液采用清洁自转向酸体系，利用清洁自转向酸的高粘及转向作用，尽可能对广泛发育的裂缝体系形成高效的"网络"酸化的效果，并减小对酸蚀缝的污染伤害。

　　轮古 353 井酸压施工曲线和酸压后求产曲线分别如图 2-43 和图 2-44 所示。酸压后用 $\phi 8mm$ 油嘴求产，油压 37.7MPa，套压 2.71MPa，日产油 31.7m³；日产气 401520m³，日排残酸 46.7m³。试油结论为油气层。

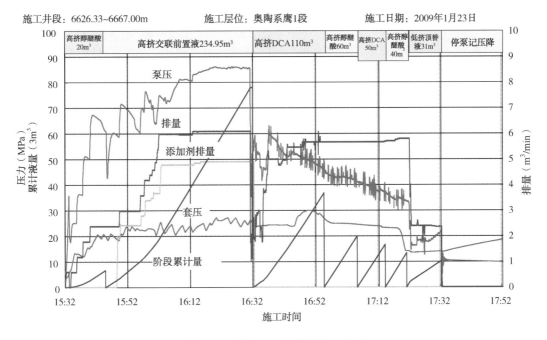

图 2-43　轮古 353 井酸压施工曲线

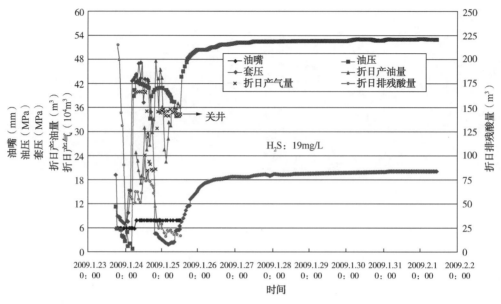

图 2-44　轮古 353 井酸压后求产曲线

2）轮南 11-H1 井酸化+酸压施工

轮南 11-H1 井是轮南潜山中部斜坡带的一口水平开发井。该井井眼轨迹在平面上局部强振幅发育，地震剖面上串珠反射明显，酸压目的井段为 5204.86～5533.00m，长 328.14m。受筛管完井影响，无法分段改造。物探资料如图 2-45 显示该井最好的储层发育段有 4 段：B 点、A 点附近、AB 点之间及套管脚以下（图 2-46 中所标①—④指示井段）。酸压工艺思路：优化管柱管脚位于①②段之间，从油管大排量注入使①②段处尽量得到改造，从环空注入实现③④段的改造；为防止早期在目的井段形成大缝大洞，造成工作液的局部突破，影响全井段的改造效果，该井的主体改造思路设计为清洁自转向酸酸化+变黏酸酸压的组合模式。该井酸压施工曲线如图 2-47 所示，酸压后期有明显沟通大缝洞显示。该井酸压后生产 386 天，累计产油 $4.44×10^4$t，生产曲线如图 2-48 所示。

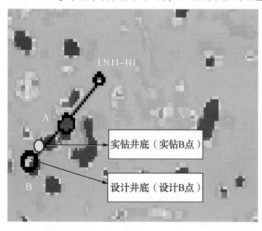

图 2-45　轮南 11-H1 井平面振幅图

三、非均质碳酸盐岩储层暂堵转向酸化酸压技术

1. 暂堵转向酸化酸压机理

碳酸盐岩储层一般天然裂缝和溶洞发育，非均质性强，基质物性差，由于目前的物探手段还无法准确地确定缝洞的具体位置，钻井就无法保证钻遇天然裂缝和溶洞系统直接投产，自然投产率低，大多需进行储层改造方可投产。

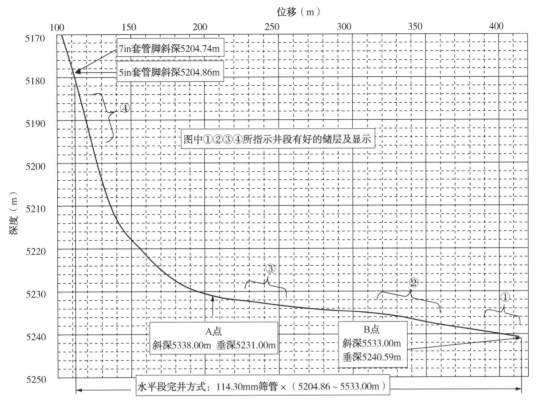

图 2-46 轮南 11-H1 井眼储层发育示意图

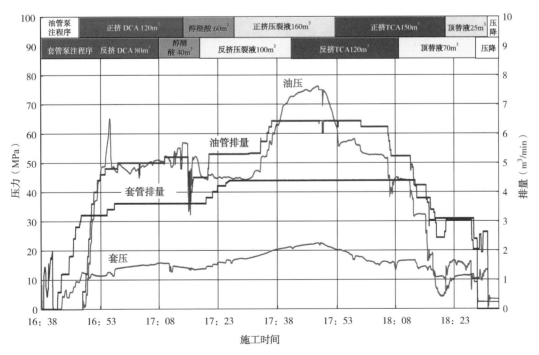

图 2-47 轮南 11-H1 井酸压施工曲线

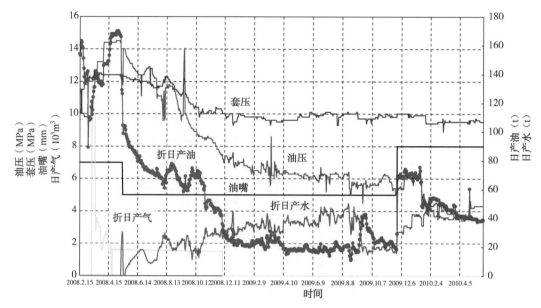

图 2-48　轮南 11-H1 井酸压后生产曲线

对于缝洞型储层，酸压主要目的是沟通缝洞，只有酸压裂缝沟通到缝洞系统，酸压才能达到预期效果。酸压裂缝受天然裂缝与应力控制，当应力及天然裂缝方位与储集体方位匹配差时，井筒距储集体较近也无法沟通储集体。

当应力方位、天然裂缝方位与储集体方位匹配差时，酸压裂缝受应力、天然裂缝发育控制，酸压无法沟通缝洞系统，常规的方法是进行开窗侧钻，对于埋深 5000~6000m 的碳酸盐岩气藏而言，进行开窗侧钻工程风险大，费时、费用高。

如果在第一次酸压裂缝没有沟通到缝洞系统，人为对第一次酸压的裂缝在不同处进行暂堵，压开新的人工裂缝，如在裂缝中间某部位进行暂堵，阻止裂缝在原有的方位上延伸，裂缝的净压力增加，迫使在裂缝较薄弱处重新开启裂缝，使裂缝转向；或在裂缝的缝口形成暂堵，使在井眼处其他方位开启裂缝。可以进行多次重复暂堵，这样形成的多条转向酸压裂缝，就可以增加沟通储集体的概率，由于是暂堵，在酸压施工结束后，所有暂堵材料降解(颗粒状、片状、纤维状，其中一种、两种或三种组合)，所有被封堵的裂缝全部打开，也增加了酸压裂缝系统对碳酸盐岩气藏的接触面积。

强制裂缝转向的转向剂暂堵旧裂缝强制裂缝在新的方向上开启，而新方向上裂缝的开启、延伸和方向上的变化是受地应力场以及天然裂缝影响的。最大和最小主应力方向发生偏转，转向压裂过程中裂缝就有可能转向。压裂后生产的井，受人工裂缝、孔隙弹性应力、邻井注水/生产活动、支撑剂嵌入等因素的影响，地应力可能发生改变。水力压裂人工裂缝的转向半径同时也和地应力差值、压裂液黏度、压裂排量等多个参数有关。地应力的差值越小，压裂液黏度越大、压裂排量越高，则裂缝的转向半径越大。针对以上分析，转向压裂应当选择井筒周围可能有较大的地应力改变的井采用合适的工艺进行转向改造，如图 2-49(a) 所示。

在均质条件下，人工裂缝的扩展方向总是垂直于现今地应力场的最小主应力。但在非均质裂缝性碳酸盐岩储层，人工裂缝的扩展方向除了受现今地应力方位及大小控制外，还会受古应力场作用下形成的天然裂缝的控制，人工裂缝最终的取向是复杂的。为了实现酸压时的裂缝转向以及为设计提供参数依据，理论计算和实验模拟了天然裂缝性岩块中人工裂缝起裂规律和裂缝的延伸规律。

在天然裂缝发育的井壁，人工裂缝将在什么方向起裂呢？裂缝性碳酸盐岩储层中发育高角度裂缝时，由于天然裂缝的抗张强度小于岩石的抗张强度，酸压施工时天然裂缝可能会优先张开并延伸形成压裂人工缝，使压裂裂缝不再严格地沿着最大主应力方向延伸。现场成像测井资料也多反映酸压缝是沿井底存在裂缝的扩张与延伸。

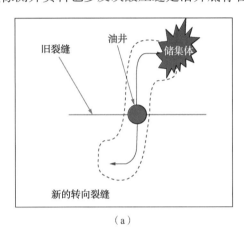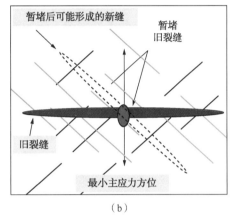

图 2-49　裂缝转向示意图

而从理论上讲，在不考虑压裂液渗流所引起的井壁附近应力场改变条件下，则天然裂缝的抗张强度、岩石的抗张强度、水平最大与最小主应力差及裂缝面与水平最大主应力间夹角将起主导作用。在应力状态 $\sigma_1 > \sigma_2 > \sigma_3$ 且 σ_2 近直立的情况下，设水平最大主应力 σ_1 与裂缝面法线夹角为 α，则裂缝面与水平最大主应力间夹角 $\beta = \pi/2 + \alpha$，作用在裂缝面上的正应力 σ_n 为：

$$\sigma_n = (\sigma_1 + \sigma_3)/2 - [(\sigma_1 - \sigma_3)\cos 2\beta]/2 \tag{2-28}$$

裂缝张开的极限破裂压力为：

$$p_{ff} = \sigma_n + S_f - p_p \tag{2-29}$$

沿最大主应力方向形成新裂缝的极限破裂压力为：

$$p_{fR} = \sigma_3 + S_R - p_p \tag{2-30}$$

式中：p_p 为油层孔隙压力，MPa；S_R 为岩石抗张强度，MPa；S_f 为裂缝抗张强度，MPa；σ_1 和 σ_3 分别为最大、最小水平主应力，MPa；σ_2 为最大垂直主应力，MPa。

当施工破裂压力 $p_f > p_{ff}$ 或 $p_f > p_{fR}$ 时，裂缝张开或岩石破裂，形成人工裂缝。显然，天然裂缝张开或是沿最大主应力方位形成新缝的条件取决于 p_{ff} 与 p_{fR} 的相对大小。在某些地质条件下，如果 p_{ff} 与 p_{fR} 相差较小，则通过一定的工艺措施使裂缝转向成为可能，如图 2-49(b)所示。

而在裂缝延伸过程中，人工裂缝与天然裂缝相交时，人工裂缝的取向也类似于以上井眼处的情况，如果天然裂缝张开或沿最大水平主应力方位张开裂缝的压力差别不大，则在缝内加入暂堵转向剂，增大已张开裂缝的进液压力，则在另一个方向有可能形成新的裂缝，新的裂缝在下一个选择点(穿越天然裂缝的交叉点)再次选择，有可能形成形态复杂的曲折裂缝，如图2-55(b)所示。新裂缝在每个选择点的取向规律受人工裂缝与天然裂缝夹角、天然裂缝抗张强度、天然裂缝与最大水平主应力方位的夹角等因素的影响。

2. 暂堵转向酸化酸压工艺思路

暂堵转向酸化酸压设计的主体思路为：

(1) 首先考虑裂缝受应力控制沿有利方位延伸，则优化设计一定规模的前置液造缝(确保沟通至有利储层处)，若有明显沟通显示，则注入转向液使之起分流降滤作用，克服与人工裂缝大角度截交的天然裂缝系统的滤失影响，争取深度造缝以连接更多的天然裂缝系统。

(2) 若第一级前置液无明显沟通，则裂缝的起裂和延伸可能主要受天然裂缝系统的影响，裂缝的延伸方向上优质储层不发育，则低排量注入转向液，封堵使之起裂缝重新转向；即使转向液起不到转向作用，其进入人工缝后会大大降低滤失，保证第二级压裂液泵注时会形成更深的延伸沟通，增大沟通概率。

(3) 为实现裂缝的重新转向，第二级前置液的前面设计一段高黏压裂液，在转向液到位后以高排量造缝，形成高的延伸压力，确保造缝方位的重新定向。

(4) 酸液体系优选黏度高、降滤好、高缓速的DCA酸液体系，克服天然裂缝发育对沟通距离的不利影响，争取酸液深度穿透并疏通更广泛的裂缝体系。

(5) 转向液采用可降解或可溶解的线性粒子与颗粒组成，加强对裂缝的封堵作用与封堵强度。

3. 非均质碳酸盐岩储层暂堵转向酸化酸压应用

在非均质碳酸盐岩酸压施工中，当地应力方位、天然裂缝方位、储集体方位与钻井井眼方位不相匹配，且存在转向造缝的可能时(地应力差较小)，可通过高浓度纤维暂堵旧裂缝，提高注入压力，迫使裂缝在其他方向开裂并延伸，以增加沟通概率来提高酸压效果。纤维转向酸压施工采取使用较低排量充填、提高缝内净压力、多次加纤维暂堵等手段提高纤维转向效率。由于塔里木盆地高温高压碳酸盐岩油气藏非均质性强、天然裂缝和溶洞体分布不一、地应力各向异性强，为了提高酸压沟通缝洞体概率，采用纤维转向酸压工艺，共进行了85口井次施工，转向压力(即净压力增加值)最高可达40MPa，增产效果明显。

试验区块储层特征及物性参数：储层岩石类型主要为颗粒灰岩和礁灰岩。颗粒灰岩的颗粒含量大于70%。储集空间以岩心级别的溶蚀孔洞为主，少量大型溶洞及裂缝。根据岩心样品的测试数据统计，孔隙度范围为0.099%~12.74%，平均孔隙度为2.03%，渗透率分布范围为0.002~840mD，平均为8.39mD。

[实例1] A井是塔里木盆地塔北隆起英买力低凸起英买2号大型背斜构造上的一口评价井，钻井、录井油气显示一般，实钻井眼轨迹偏离了油气储集体，从目的井段至储集体

中部距离为 150m, 如图 2-50 所示。套管射孔完井后测试开井 36h 产少量油（0.02m³），关井曲线反映近井储层致密，导数曲线后期下掉并趋平，试井解释认为远井存在良好储集体。该井酸压改造虽然主应力方位有利，但高角度天然裂缝发育方向不利，且储集体距离井眼较远，采用纤维暂堵转向酸压提高沟通缝洞体概率，同时扩大改造范围。

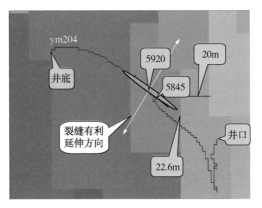

图 2-50 井均方根振幅平面图

第一级压裂无明显沟通显示；纤维暂堵转向液到位后泵压上升 5.8MPa，第二级压裂液造缝泵压明显增高（高出第一级 14MPa），转向造缝明显，且后期观察到明显沟通迹象，分析认为转向裂缝沟通油气层；注酸后酸沟通作用明显，泵压下降达 15MPa 以上，沟通效果好。

酸压后用 φ6mm 油嘴放喷排液；累计排残酸 156.81m³ 后开始产油，累计排残酸 259.43m³ 后无残酸排出；后期日产油 100m³，折日产气 11000m³。试采中日产油达 110t，日产气为 4400m³，不产水，酸压后获得显著的增产效果。

A 井井下压力计关井曲线反映酸压后恢复速度明显比措施前加快，双对数诊断图上有明显 1/2 斜率曲线的人工缝特征，且双对数图后期下掉，裂缝沟通了有利储集体（表现为恒压边界特征）；用垂直裂缝、不稳定状态模型进行拟合分析：井到储集体的距离为 94m。第一级前置液与第二级前置液规模相同，但第一级前置液泵注结束无明显沟通显示，通过新型转向液转向后，第二级压裂液在有利的方位上沟通了距离井眼 94m 的储集体，并获得了商业油流。

［实例 2］B 井是某油田的一口水平开发井，酸压目的层段为 643m，且不同井段储层发育状况差别较大，A 点附近（5850.6m）和 B 点附近（5920.5m）表现为串珠状反射，气测显示高。A 点附近井段在钻井过程中漏失大量钻井液，中间层段表现为弱反射特征且油气显示好。酸压原则是尽力使长水平段的多个储层发育段获得有效改造，考虑采用人工裂缝强制转向酸压工艺，争取形成多条裂缝、获得多处沟通：首先泵注一定规模前置液造缝；然后注入纤维转向液（DCF）形成暂堵，继续注入前置液争取在另一井段形成新的裂缝；再注入酸液对形成的人工裂缝及其连通的天然缝洞系统进行酸蚀疏通，建立高效的导流通道。

根据酸压施工曲线，第一级前置液造缝后无明显沟通显示，在注入 DCF 转向液过程中排量稳定时，泵压呈上升趋势，反映 DCF 转向液在井底缝口的积聚暂堵过程，将排量提高至每一级前置液水平时泵压有一定增加，说明纤维对人工裂缝起到了暂堵转向作用；注入酸液进入地层后泵压下降，酸蚀效果明显。压后用 φ4mm 油嘴放喷求产，油压 20MPa，日产油为 90.7m³，日产气为 9032m³，不产水。

［实例 3］C 井是塔里木盆地塔北隆起轮南奥陶系潜山背斜西围斜哈拉哈塘富油气区带上的一口裸眼探井，井型：直井，目的层是奥陶系一间房组及鹰山组一段。先打底水泥塞，塞面深度控制在 6700m（测井深度）。然后对一间房组 6in 裸眼井段 6675~6695m（测井

深度）进行钻杆传输射孔；再对奥陶系6618.5~6700.0m进行酸压改造。物探资料反映井眼已钻入串珠状反射体中，平面图上反映井底向南东偏移串珠中心55m，如图2-51所示，目的层段位于强振幅区。

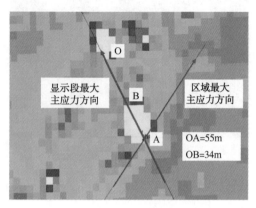

图2-51　C井均方根振幅平面图

采用C井油层段6680~6700m井段声波时差数据，依据地应力计算公式，得出此井6680~6700m井段最大水平主应力为136~153MPa，平均值为144.8MPa；最小水平主应力为136~152MPa，平均值为143.7MPa，应力差值为0~3MPa，平均值仅为1.1MPa。

根据C井施工曲线，第一级压裂破裂后，泵压持续升高（76.8MPa升至88.4MPa），未沟通到储集体；泵注第二级压裂液过程中，排量低于第一级排量，但泵压高于第一级，两次泵压不相同，说明可能是产生了转向裂缝导致两级泵压有差异。

从施工压力曲线中读出两级压裂的破裂压力（转换成井底压力），第二级破裂压力比第一级破裂压力高出约25MPa，根据转向判定数值模拟结果，第二级破裂压力至少比第一级高出12.2MPa才能产生转向裂缝，两次张性破裂压力不同，结合注酸后泵压大幅度下降及压后返排残酸情况，有力地说明第二级压裂产生了转向裂缝。纤维进入地层后泵压升高了20MPa，说明纤维起到了暂堵裂缝作用，之后注入第二级压裂液，破裂点明显。

C井储集体与地应力方位匹配图显示本区最大主应力方向为NE40°左右，A井储层段最大主应力方向为NW300°~330°，两者之间的夹角为85°左右，储集体在显示段最大主应力方向上距离井眼55m。模拟了C井的转向裂缝形态，产生了转向半径为62m、与初压缝相垂直的转向裂缝，当转向裂缝距初压缝的垂向距离超过62m后，应力场恢复到远场地应力状态，转向裂缝延伸方向与初压缝方向相平行。

综合上述分析，模拟的转向裂缝启裂角约为90°，转向半径为62m，C井储层段最大主应力方向与区域最大主应力方向夹角为85°，井眼距离串珠55m，两者结果基本接近。

C井酸压施工虽有明显沟通，但储集体内流体为水。酸压后残酸排净，见少量气，ϕ4mm油嘴，油压0.45MPa，日产水23.92m³。测试结论：含气水层。

四、大斜度井、水平井非机械方式均匀布酸技术

磨溪构造龙王庙组气藏采用大斜度井和水平井进一步提高气井单井产量，由于气井产量大、地层压力高、含硫化氢，采用完井投产一体化技术，分段改造工艺受到很大限制。针对射孔和衬管两种不同完井方式，利用井眼方向表皮系数、吸酸剖面预测，优化非均质储层施工规模，同时结合试油投产一体化管柱，形成暂堵球和转向酸两种均匀布酸工艺技术。

射孔完井方式下，对于层间物性差异较大的井段，采用可降解暂堵球暂堵射孔孔眼，将后续酸液转向至低渗透带储层，实现分层改造；衬管完井方式下，通过不同转向强度的

转向酸进入地层后黏度的变化，暂堵高渗层，改造低渗层，实现分层改造。

1. 大斜度井、水平井非机械方式均匀布酸现场总体应用情况

磨溪龙王庙组气藏大斜度井/水平井非机械方式均匀布酸工艺已进行 30 口井，改造后最高测试产气量 $263.47×10^4m^3/d$，累计测试产气量 $4488.72×10^4m^3/d$，井均测试产气量 $149.62×10^4m^3/d$。

2. 大斜度井、水平井非机械方式均匀布酸典型井例

1）磨溪 009-X1 井射孔完井均匀布酸施工

该井射孔井段为 4750～5000m，在龙王庙组钻井过程中用密度 1.76～1.83g/cm³钻井液见油气显示 11 层，其中气测异常 5 层、气侵 4 层、气测异常+井漏 1 层、井漏 1 层，总共漏失钻井液 94.9m³。

磨溪 009-X1 井改造的出发点是解除钻完井过程中钻井液及压井液对储层段造成的表皮堵塞伤害，恢复井的自然产能，实现大斜度水平段上均匀布酸。施工采用转向酸+可降解暂堵球实现缝内和段间的均匀布酸；提高施工排量，增大酸液覆盖面积。

磨溪 009-X1 井酸化施工曲线如图 2-52 所示，施工规模为 460m³ 转向酸+600 颗可降解暂堵球，酸液进入地层后，施工压力下降 17.8MPa，解除近井地带堵塞，转向酸进入地层后暂堵压力上升 5.6MPa，暂堵球暂堵上升 4.1MPa。酸化前初测产气量 $137.4×10^4m^3/d$，酸化后测试产量 $263.5×10^4m^3/d$。

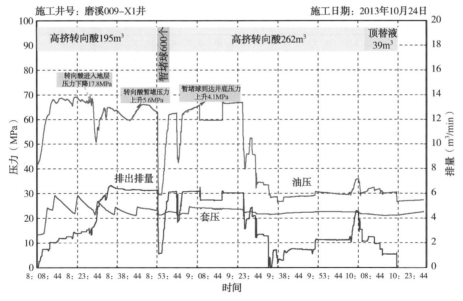

图 2-52 磨溪 009-X1 井酸化施工曲线

2）磨溪 008-H1 井衬管完井均匀布酸施工

磨溪 008-H1 井改造井段 4699.45～5436.00m，割缝衬管完井。在龙王庙组钻井过程中用密度 1.78～1.80g/cm³钻井液 4 次气侵，3 次气测异常显示。

该井改造的出发点为实现长水平段上均匀布酸，解除钻完井过程中钻井液及压井液对储层造成的伤害，改善渗流条件，恢复井的自然产能。采用不同转向剂加量的转向酸进行

均匀布酸；尽量提高施工排量，增大酸液覆盖面积。

磨溪 008-H1 井酸化施工曲线如图 2-53 所示，施工规模为 520m³ 转向酸，酸液进入地层后，施工压力下降 8.6MPa，解除近井地带堵塞，转向酸进入地层后不断地改善高渗透，暂堵转向低渗透，实现了均匀布酸的施工目的。酸化前初测产气量 $78.7×10^4 m^3/d$，酸化后测试产量 $182.77×10^4 m^3/d$。

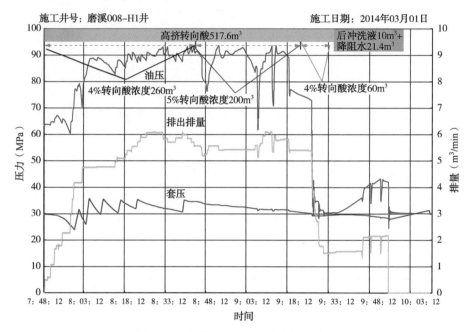

图 2-53　磨溪 008-H1 井酸化施工曲线

第四节　现场应用及评估

DCA 酸液体系以实现高效改造并兼顾保护为出发点，将缓速降滤、就地自转向、储层保护等性能结合于一体，通过缔合增黏、就地自转向、清洁改造三个关键机制实现高效改造与清洁改造。形成适用于不同温度储层的多个温度系列酸液体系，基本满足了各区块井的酸化酸压需要，现场应用的最高温度已达 170℃，应用最深的井接近 7000m。新型酸液体系是碳酸盐岩潜山不同类型储层和水平井进行深度改造、高效改造与清洁改造的理想酸液体系。酸液体系已经在现场应用 32 井次，效果显著。

针大对斜度井和水平井，射孔和衬管两种不同完井方式，利用井眼方向表皮系数、吸酸剖面预测，优化非均质储层施工规模，同时结合试油投产一体化管柱，形成暂堵球和转向酸两种均匀布酸工艺技术。射孔完井方式下，对于层间物性差异较大的井段，采用可降解暂堵球暂堵射孔孔眼，将后续酸液转向至低渗透带储层，实现分层改造；衬管完井方式下，通过不同转向强度的转向酸进入地层后黏度的变化，暂堵高渗层，改造低渗层，实现分层改造。大斜度井、水平井非机械方式均匀布酸现场应用 30 口井，单井平均测试产气量达 $149.62×10^4 m^3/d$。

```
┌──────────┐
│  第三章  │
└──────────┘
```

海相碳酸盐岩储层深穿透酸压配套技术

酸压是酸化压裂（Acid Fracturing）的简称，是碳酸盐岩增产改造普遍采用的技术，其原理是以高于地层破裂压力的压力向目的层注入液体，在地层形成裂缝或张开地层原有裂缝，通过对地层挤酸，在裂缝壁面形成非均匀刻蚀而获得高导流油气渗流通道，达到提高泄流面积、改善缝域附近渗流条件，实现增产目的的技术。本章重点介绍了高温储层深度酸压工作液体系、高温储层酸岩反应机制、深穿透酸压改造工艺技术、水平井分段酸压改造技术、现场应用及评估等内容。

第一节　高温储层深度酸压工作液体系

一、GA 酸液体系

针对高温深井储层对酸液流变性能的要求，从酸液配制、高温下的黏度、酸液稳定性等各方面综合考虑，要求合成的胶凝剂具有以下特点：在酸液中高温下能够达到适宜的黏度（20mPa·s 以上）；酸岩反应后黏度有一定程度的下降以利于排液；高温下流变性能稳定，无成团交联等现象出现；在酸液中有较低的摩阻等。相对于以往的中低温下使用的胶凝剂，主要需解决的是提高胶凝酸的降解率及排液性能。经过大量的室内优化评价实验，形成了高温胶凝酸配方，见表 3-1。

表 3-1　高温胶凝酸液体配方

药剂名称	盐酸	高温胶凝剂	缓蚀剂	增效剂	转相剂	铁稳定剂	助排剂	黏土稳定剂
药剂代号	HCl	CT1-9B	CT1-3	CT1-5B	CT2-16	CT1-7	CT5-11	CT5-8
用量（%）	20	2.5	2.0	1.0	1.0	2.0	1.0	1.0

1. 高温降解及黏度、稳定性能

酸液及其残酸在高温下都有很好的稳定性能，不会出现成团、交联等现象。将配制好的高温胶凝酸在 150℃下放置 2~4h，取出后酸液均匀，无成团、交联等异常现象（图 3-1 和图 3-2）。高温降解及黏稳性能见表 3-2。

图 3-1 高温放置后的酸液

图 3-2 150℃反应后残酸

表 3-2 高温降解及黏稳性能

CT1-9B 浓度（%）	黏度（mPa·s）			150℃降解率（%）
	常温	90℃	150℃	
2.5	36~42	24~27	18~21	40~55

2. 高温缓速性能

通过旋转盘酸岩反应动力学试验求取了 150℃下高温胶凝酸和常规酸的反应方程，根据反应方程计算出了在此温度下的酸岩反应速率，见表 3-3，高温胶凝酸在 150℃下、20%酸浓度时的反应速率为 $1.0675×10^{-4}$ mol/（cm^2·s），而此时常规酸的反应速率为 $1.6054×10^{-4}$ mol/（cm^2·s）。

表 3-3 高温胶凝酸的反应速率

酸液	反应速率[mol/（cm^2·s）]	反应速率方程
高温胶凝酸	$1.0675×10^{-4}$	$J=4.1610×10^{-6}·C^{1.7525}$

注：J—反应速率，mol/（cm^2·s）；C—反应体系中酸液浓度，mol/L。

3. 高温缓蚀性能

胶凝酸高温缓蚀实验结果见表 3-4，平均腐蚀速率较低，满足施工要求。

表 3-4 腐蚀速率测定结果

腐蚀实验条件	评价条件	腐蚀速率（N80 试片）[g/（m^2·h）]
残酸腐蚀速率	150℃，16MPa，24h，H$_2$S 1500mg/L	3.23
新酸腐蚀速率	150℃，16MPa，4h	48.27

通过系列室内完善实验研究，高温胶凝酸具有如下性能特点：

（1）在储层温度 100~150℃下能够保持较高的黏度，达到 20mPa·s 以上；

（2）在 150℃下放置 2~4h，取出后酸液均匀，无成团、交联等异常现象，酸液在高温下放置反应后，降解率为 40%~50%；

（3）实验结果得出，150℃下的新酸动态腐蚀速率小于 60g/（m^2·h），腐蚀速率满足高温酸化要求，达行业一级标准；

（4）在150℃下、20%酸浓度时的反应速率为 $1.0675 \times 10^{-4} mol/(cm^2 \cdot s)$，比常规酸慢50.38%。

二、GCA 交联酸体系

地面交联酸酸液体系主要有酸用稠化剂和交联剂组成，同时配套交联酸用添加剂：助排剂、缓蚀剂、破乳剂、铁离子稳定剂、破胶剂等，共同形成优化的交联酸液体系。

1. 稠化剂 DMJ-130A 的研发

酸用稠化剂是交联酸体系的重要组成部分。交联酸用稠化剂是一种新型的可在酸中交联的高分子聚合物。通过大量的理论论证和实验探索，确定酸用稠化剂由4种单体组成，通过逐步分批加入，控制反应温度和时间。反应方程为：$mA+nB+pC+oD \longrightarrow (A)_m(B)_n(C)_p(D)_o \longrightarrow DMJ-130A$。

其中：能交联的阴离子单体比例增大；另三种为少量的非离子单体和阳离子单体。

最终形成的酸用稠化剂为粉状颗粒，与水和酸混溶，配制简单，性能稳定。在酸液中1h可溶胀充分，无鱼眼，黏度达到 $25 \sim 40 mPa \cdot s$。

1）稠化剂 DMJ-130A 的技术指标

稠化剂 DMJ-130A 的技术指标见表3-5。

表 3-5 稠化剂 DMJ-130A 技术指标

项 目	技术指标
外观	白色固体
细度（过 SSW0.9/0.45 筛量）（%）	≥90
细度（过 SSW0.18/0.125 筛量）（%）	≤10
视密度（g/cm³）	0.7~0.85
溶解性	与水和酸混溶
0.45%水溶液 pH 值	6.0~7.0
0.8%+20%HCl 溶液黏度（mPa·s）	25~40

2）溶解特性

稠化剂 DMJ-130A 为固体粉状颗粒，颗粒粒径 40~80 目，可直接加入 10%~28%工业盐酸中，搅拌、水合、溶解、增黏，增稠液体无色、无"鱼眼"、均匀。

3）基液性能

0.8%DMJ-130A：放置4h，黏度为 39mPa·s；

0.6%DMJ-130A：放置4h，黏度为 18mPa·s。

2. 交联剂 DMJ-130B 的研发

酸用交联剂是交联酸体系的关键，影响整个交联酸体系的性能。研发的 DMJ-130A 酸交联剂是一种有机金属化合物，与交联酸稠化剂共同作用，可在 10%~28%的酸液浓度中，通过改变交联比，调节冻胶性能。DMJ-130B 酸交联剂由3种化合物反应制得，合成温度 50~70℃，合成时间为 6~8h，反应方程为：$A+B+C \longrightarrow DMJ-130B$。

DMJ-130B 酸用交联剂产品是无色透明液体，pH 值为 4~6，通过添加交联调节剂，可调交联时间 7~240s，耐温能力不大于 140℃，是高效强酸高温交联剂，与稠化剂 DMJ-130A 形成交联冻胶体系，具有良好的耐温耐剪切性能，在国内外未见同类产品报道。交联剂 DMJ-130B 技术指标见表 3-6。

表 3-6　交联剂 DMJ-130B 技术指标

项　　目	技术指标	项　　目	技术指标
外观	无色液体	水溶性	与水和酸混溶
密度（g/cm³）	90	交联时间（s）	30~60
pH 值	2.0~4.0	耐温能力（℃）	≤140

图 3-3　胶囊破胶剂

3. 破胶剂

高分子冻胶耐温、耐剪切性能和破胶是一对矛盾。通过大量的筛选评价，使用一种无机氧化剂能有效地使交联酸破胶和聚合物高分子降解，为了不影响交联酸的性能，采用胶囊包裹技术对破胶剂进行包裹，确保在施工结束后裂缝闭合压碎或在地层温度的作用下使破胶剂释放（图 3-3）。

4. 缓蚀剂

地面交联酸是高分子聚合物与交联剂形成网络结构的新型酸液体系，选择配伍性良好的缓蚀剂非常重要。通过 8 种缓蚀剂的评价实验，筛选出与交联酸具有良好配伍性能和缓蚀性能的缓蚀剂 DJ-04，见表 3-7 和表 3-8。

表 3-7　缓蚀剂与交联酸体系的配伍性

缓蚀剂	DMJ-130A（%）	DMJ-130B（%）	缓蚀性能 [g/(m²·h)]	描述
1.5%DJ-04	0.5	0.5	3.218	无明显变化
	0.8	0	2.779	无明显变化
	0.8	0.8	2.341	无明显变化
2.0%DJ-04	0.8	0.8	2.075	无明显变化

注：20%盐酸+DMJ-130A+DMJ-130B+DJ-04。

表 3-8　缓蚀剂用量筛选（90℃）

缓蚀剂用量（%）	缓蚀性能 [g/(m²·h)]	结论
1.5	9.798	
2.0	6.489	2.0%DJ-04 具有较好的缓蚀性能
3.0	7.031	

5. 其他添加剂

其他添加剂包括助排剂、破乳剂、铁离子稳定剂，目前塔里木油田现场使用的这些添加剂技术性能相近，对于地面交联酸要考虑对成胶性能的影响。室内实验选用的添加剂为DJ系列产品，助排剂为DJ-02、破乳剂为DJ-10、铁离子稳定剂为DJ-07。

6. 地面交联酸酸液体系性能评价

1）交联性能

酸液能否交联是形成交联酸体系的关键。通过交联调节剂的研发，可实现酸液体系在10%~28%的酸液浓度中交联，交联时间控制在7~240s。GCA交联性能见表3-9，含20%HCl的GCA交联形态如图3-4所示。

表3-9　GCA交联性能

交联比	交联时间(s)	交联性能
100 : 0.8	40~90	冻胶弹性一般，挑挂成条
100 : 1.0	30~60	冻胶弹性好，挑挂性能好
100 : 1.3	16~30	冻胶弹性好，挑挂性能好，但放置后变稀

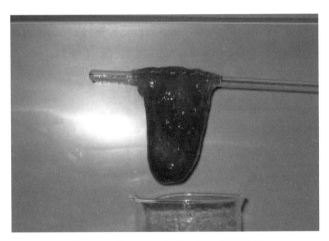

图3-4　含20%HCl的GCA交联形态

2）耐温耐剪切性能

图3-5为地面交联酸的黏温曲线，结果表明地面交联酸具有良好的耐温、耐剪切性能，图中剪切速率为$170s^{-1}$。

3）破胶性能

为减少对地层的伤害，储层改造后，要求快速、彻底返排注入地层的工作液，这就要求工作液体系快速、彻底地破胶。使用0.12%的破胶剂，不同交联比的交联酸破胶结果见表3-10。在适当的条件下，交联酸体系与岩石反应，可以在3h后彻底破胶水化，完全可满足施工后快速、彻底破胶返排的要求。

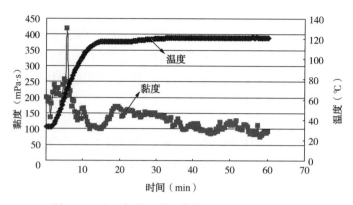

图 3-5　地面交联酸黏温曲线(交联比 100:1.3)

表 3-10　交联酸体系与岩心反应破胶结果(90℃)

交联比	破胶结果			
	1h	1.5h	2h	3.5h
100:0.8	分层,碎冻胶	反应结束,黏度为 20mPa·s	清液黏度小于 5mPa·s	
100:1.0	冻胶弹性,可挑挂	冻胶,不可挑	分层,黏度为 30mPa·s	反应结束,清液黏度小于 5mPa·s
100:1.3	冻胶弹性好,挑挂性好	冻胶,不可挑	分层,黏度为 40mPa·s	反应结束,清液黏度小于 5mPa·s

注：交联酸与 15g 实验岩心在 90℃ 条件下进行反应。

三、DCA 智能酸体系

DCA 酸液体系以实现高效改造并兼顾保护为出发点,将缓速降滤、就地自转向、储层保护等性能结合于一体,通过缔合增黏、就地自转向、清洁改造三个关键机制实现高效改造与清洁改造。

自转向酸是利用转向剂——黏弹性表面活性剂独有的特性:在高浓度的鲜酸中不能缔合成胶束,以单个分子存在,不改变鲜酸黏度;酸液与储层岩石发生酸岩化学反应后,生成大量的钙镁离子,同时使酸液酸度大幅度降低,导致表面活性剂分子在残酸液中首先缔合成柱状或棒状胶束,形成的柱状或棒状胶束,由于大量钙镁反离子的存在,对极性的亲水基团产生吸附,使柱状或棒状胶束形成集合体,并相互连接形成巨大的体型结构,从而导致残酸体系的黏度急剧增大,由鲜酸的十几毫帕秒增大到近 $400\sim800$mPa·s,这就是清洁自转向酸的增黏机理。

黏弹性表面活性剂转向酸在被高压挤入地层之后,首先会沿着较大的孔道,进入渗透率较大的储层,与碳酸盐岩发生反应。由于反应,酸液 pH 值升高并产生 Ca^{2+},清洁自转向酸在其特殊表面活性剂的作用下,大孔道和高渗透层中由于酸液黏度大幅增高,其相对渗透率变差,流动阻力增加,对大孔道和高渗透地层产生堵塞作用,对应的泵压增高;由于酸岩反应发生前,清洁自转向酸的黏度很小,因此,刚注入的鲜酸开始进入较低渗透率的地层，实施酸化作用；另外，残酸对较大渗透率的储层进行暂堵，迫使注入酸液泵注压力上升，由于上升的泵注压力，新注入的鲜酸会被迫进入渗透率更小的储层，同时再次与储层岩石进行反应，同时再次发生黏度升高，注入酸液泵压持续升高，直到上升的压力使酸液冲破对渗透率较大的大孔道的暂堵，酸液才会继续重复以上过程。以上过程的重复作用，使酸液不仅使渗透率较大的储层得到酸化改造，也自动转向到渗透率较小的储层产生酸化作用。在进行酸压施工中，如果油藏温度较高，酸岩反应速度大，加之酸蚀蚓孔及天然裂缝发育导致的高滤失作用，使常规酸压的酸蚀裂缝穿透距离受到限制，酸压改造的沟通储集体概率和提高泄流的能力会降低，影响酸压效果。清洁自转向酸在与地层碳酸盐岩发生作用之后，其黏度大幅增加，滤失速度得到控制，酸岩反应速率也将减慢，从而可以使酸液在地层中远距离作用，产生较长的油气通道，提高酸压效果清洁自转向酸的清洁改造机制基于3个方面：

（1）清洁自转向酸破胶彻底。清洁自转向酸液体系中黏弹性表面活性剂分子形成的棒状胶束遇到烃类物质时，胶束自行破坏，残酸黏度大幅降低，有利于返排、保护储层和提高酸化改造的效果。

（2）清洁自转向酸不含聚合物。清洁自转向酸基于表面活性剂的胶束缔合增黏技术，体系中不含任何聚合物，清洁率高，对孔隙型和天然裂缝型储层伤害小；酸液体系能够满足广泛含有硫化氢的碳酸盐岩储层的应用。

（3）清洁自转向酸的降滤性能。清洁自转向酸在地层中反应后会产生很高的黏度，在一定程度上具有降滤失效果，减少工作液侵入储层，起到保护储层有作用。

在研制出 DCA 酸体系主剂的基础上，形成了新型清洁自转向酸体系，其配方为：20%HCl+8%~10%DCA 主剂+2%缓蚀剂+适量降阻剂。

利用清洁自转向酸深度酸压改造理论，进行清洁自转向酸酸压工艺设计，结合酸液性能主控因素及其影响规律，提出清洁自转向酸酸压优化工艺。

清洁自转向酸酸压工艺优化思路：

（1）优选井层方面，清洁转向酸更适合应用于非均质性强、大段目的层、油水同层、微裂缝较发育、温度较高等类储层的转向改造或深穿透改造。

（2）工艺应用方面，清洁转向酸与其他类油田工作液配伍性好，可与压裂液、胶凝酸、温控变黏酸等组合应用；清洁转向酸的性质决定其更适合在酸液前段注入用以深部穿透、减轻滤失等。

（3）对于大段井眼碳酸盐岩储层酸压施工，可于前期低排量注入进行全井段布酸，降低低渗段破裂应力，提高高渗透层注液压力，以利对大段目的层的整体改造。

（4）现场施工时与醇醚酸配套应用，以确保酸压后残酸破胶。

四、HDGA 加重酸体系

1. 加重酸酸液体系配方组成

经过室内大量实验，最终筛选出的加重酸配方如下。

（1）加重降阻酸体系：20%HCl+4%HW-6+1.5%HW-57+3%HX-3+2%助排剂+2%BD2-12+2%缓速度增效剂 2+密度调节剂。

（2）加重胶凝酸体系：20%HCl+4%HW-6+1.5%HW-57+1%转相剂+2.5%HX-1+2%SD2-9+2%BD2-12+缓速增效剂2+密度调节剂。

2. 加重酸主要性能

1）加重降阻酸体系性能

加重降阻酸体系综合性能见表3-11。

表3-11 加重降阻酸体系综合性能

性能名称	性能指标
配伍性	各添加剂之间相溶性、配伍性良好，无沉淀和析浮现象
密度（g/cm³）	1.2~1.5
黏度（20~28℃，170s⁻¹）（mPa·s）	10
腐蚀速率（150℃）[g/(m²·h)]	63.7
残酸表面张力（mN/m）	28.6
稳铁抗硫能力	80
抗温能力	150℃下恒温4h未出现絮凝物
降阻率（%）	50~60

2）加重胶凝酸体系性能

加重胶凝酸体系综合性能见表3-12。

表3-12 加重胶凝酸体系综合性能

性能名称	性能指标
配伍性	各添加剂之间相溶性、配伍性良好，无沉淀和析浮现象
密度（g/cm³）	1.2~1.5
黏度（20~28℃，170s⁻¹）（mPa·s）	45
腐蚀速率（150℃）[g/(m²·h)]	67
反应速率（150℃）[mg/(cm²·s)]	0.0672
残酸表面张力（mN/m）	27.7
稳铁抗硫能力	80
抗温能力	150℃下恒温4h未出现絮凝物

五、HTEA乳化酸体系

乳化酸是一种油和酸的分散体系，通常为油包酸乳液，油为柴油，油中添加乳化剂；酸为15%~28%的盐酸，酸中添加剂包括缓蚀剂、铁离子稳定剂、助排剂。乳化酸与常规酸相比，由于油膜的阻挡，酸液不能直接与地层反应，只能经过一定时间，在地层温度的作用下，油膜破坏或受机械力的挤破，或因乳化剂在岩石壁面上的吸附而破坏，酸液才能与岩石反应，酸岩反应速度仅为常规酸的1/10~1/8，而胶凝酸反应速度为常规酸的1/3，从而提高酸液的作用距离。同时，乳化酸的特性引起非均匀刻蚀，有利于获得高导流等。对于越来越多的深井，乳化酸的高摩阻制约着其应用，有必要进行乳化酸减阻方法研究。

1. 乳化酸性能研究

1）乳化酸的组成

乳化酸的核心技术是乳化剂。乳化酸包括：

（1）油相。柴油（0 号，-10 号）+5%~10%乳化剂 FAR-8。

（2）酸相。20%HCl+2%乳化酸专用缓蚀剂+1%助排剂+1%铁离子稳定剂。

油酸比：20∶80~30∶70。

2）乳化酸的配制

按上述配方配置油相和酸相，要求搅拌均匀，在油相搅拌的情况下，缓慢倒入配制好的酸相。特别注意：该体系要求酸相倒入油相，即在搅拌（循环）油相时加入酸相。

3）乳化酸的性能评价

乳化酸的稳定性决定酸液的缓速性能，因此，乳化酸的稳定性能是关键。在稳定的前提下是低摩阻，来保障施工顺利进行。

影响乳化酸稳定性能的因素很多，关键是乳化剂，其次是柴油型号、酸浓度、酸液添加剂、酸油比例、搅拌速度、环境温度等，其中乳化剂、酸浓度及酸液添加剂为可控因素，柴油的供应受气温的影响，环境温度随季节变化，酸油比例和搅拌速度受配制设备能力及操作的影响。通过大量的试验，围绕乳化酸的稳定性，研制了新型的乳化剂，确定酸液浓度为 20%HCl，筛选了相应的酸液添加剂（包括专用缓蚀剂、助排剂、铁离子稳定剂），在上述因素确定的前提下，试验考察了包括柴油型号、环境温度、酸油比例、搅拌速度等对乳化酸性能的影响。

（1）乳化酸稳定性。

① 放置稳定性。试验结果见表 3-13。新配制乳化酸及室温放置 48h 后外观如图 3-6 所示。

② 电导率与乳化酸的稳定性。电导率也是衡量乳化酸稳定性的重要参数，电导率越低，说明乳化效果越好。通过乳化酸电导率的测试，获得乳化酸的导电性能参数，并根据电导率值的大小，来判断油、酸的乳化程度。为了便于比较，测量了-10 号柴油的电导率为 $0.01\mu S/cm$，20%普通盐酸的电导率为 $2160\mu S/cm$。

表 3-13 乳化酸的基本性能

柴油型号	油酸比例	温度（℃）	搅拌速度	黏度（mPa·s）	电导率（μS/cm）		稳定性	
					2h	24h	室温 24h/25℃	水浴 2h/90℃
-10 号	20∶80	室温	中速	57	0.12	0.21	少量油析出	无析出
			高速	60	0.09	0.19	少量油析出	无析出
	30∶70	室温	中速	45	0.07	0.34	少量油析出	5%油
			高速	45	0.04	0.22	少量油析出	5%油
		3	中速	48	0.05	0.19	少量油析出	5%油
0 号	30∶70	室温	中速	54	0.04	0.14	少量油析出	无析出

注：中速搅拌为 250r/min，高速搅拌为 450r/min。

（a）新配置乳化酸　　　　　　　　（b）放置48h后乳化酸

图 3-6　乳化酸及室温放置 48h 后外观

试验测试了温度及乳化酸与大理石反应时乳化酸电导率的变化，从而考察乳化酸的热稳定性，及酸岩反应对乳化酸稳定性的影响。表 3-14 是 90℃ 条件下加热不同时间乳化酸的电导率，油酸比 30：70。由表 3-14 可以看出，加热乳化酸电导率增大，但是 90min 后，电导率仅为 1.6μS/cm，说明该乳化酸具有良好的耐温性。

表 3-14　加热对乳化酸稳定性的影响

加热时间（min）	0	10	30	60	90
电导率（μS/cm）	0.076	0.156	0.459	1.309	1.600

③ 微观结构与乳化酸的稳定性。为了更清晰地了解乳化酸的微观结构与其稳定性的关系，对不同条件下配制的乳化酸进行微观成像。把配制好的乳化酸滴到载玻片上制成薄片，放到显微镜下面观察颗粒大小，并读出颗粒直径的大小，照相是在显微镜放大 100 倍或 200 倍条件下进行的。

a. 搅拌速度对乳化酸稳定性的影响。由图 3-7 可知，搅拌速度对乳化酸液滴的大小、均匀程度都有一定的影响，速度越快，形成的大颗粒越少，且颗粒大小较均匀，就表示乳化酸更稳定，中速（250r/min）和高速（400r/min）条件下，颗粒差别不大，说明在中速搅拌条件下就可以达到较好的乳化效果。（油酸比为 20：80）

b. 不同油酸比对乳化酸稳定性的影响（中速搅拌）。由图 3-8 可知，酸油比越大，形成的颗粒越小，越均匀，且更加稳定。

c. 温度对乳化酸微观结构的影响。加热在一定程度上会影响乳化酸稳定性，未加热前，乳化酸颗粒大小为 2.5～15μm，加热 30min 时为 2.5～25μm，加热 60min 时为 2.5～30μm，但加热到 90min 时为 2.5～30μm，可见，乳化酸在 90℃ 条件下，性能比较稳定，颗粒没有很大变化。（酸油比为 80：20），如图 3-9 所示。

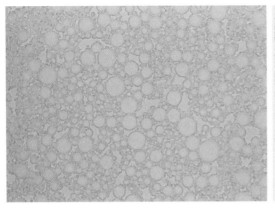

（a）慢速搅拌，乳化酸颗粒大小为2.5～45μm（200倍）

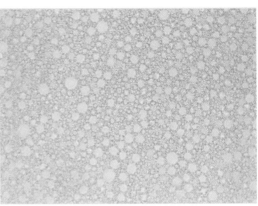

（b）中速搅拌，乳化酸颗粒大小为2.5～15μm（200倍）

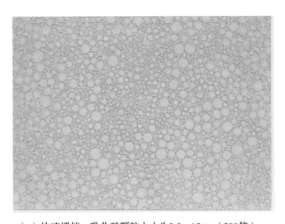

（c）快速搅拌，乳化酸颗粒大小为2.5～15μm（200倍）

图 3-7 搅拌速度对乳化酸稳定性影响

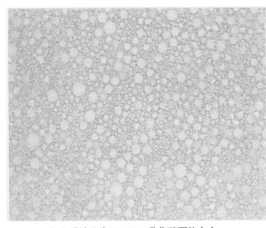

（a）酸油比为80：20，乳化酸颗粒大小
为2.5～15μm（200倍）

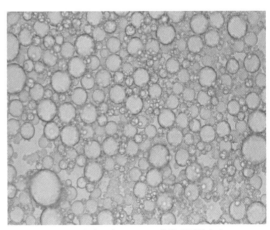

（b）酸油比为70：30，乳化酸颗粒大小
为2.5～45μm（200倍）

图 3-8 不同油酸比对乳化酸稳定性的影响

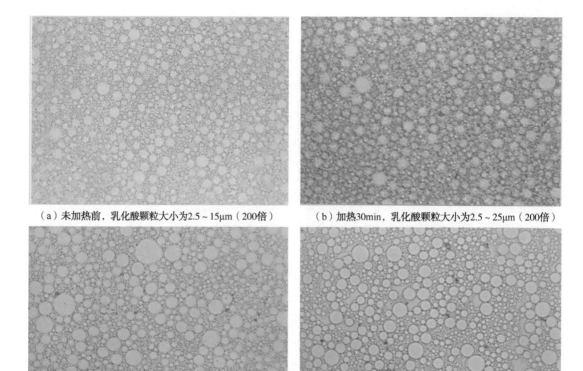

（a）未加热前，乳化酸颗粒大小为2.5~15μm（200倍）　　　（b）加热30min，乳化酸颗粒大小为2.5~25μm（200倍）

（c）加热60min，乳化酸颗粒大小为2.5~30μm（200倍）　　　（d）加热90min，乳化酸颗粒大小为2.5~30μm（200倍）

图3-9　温度对乳化酸微观结构的影响

（2）乳化酸的破乳性能。

在配制好的乳化酸中放入大理石块，观察酸岩反应对乳化酸稳定性的影响及乳化酸破乳过程。把54.7g大理石悬挂在200mL乳化酸溶液中，不同时间大理石的消耗量见表3-15。乳化酸反应过程中，酸液是边反应边破乳的；在常压90℃下，酸岩反应释放二氧化碳气体，加速乳化酸液滴的运动，导致酸液的聚集变大，乳化酸的颜色变深，黏度也降低，随着反应的进行，黏度降低到一定程度，就不再明显地降低，直到乳化反应导致酸和油开始析出，进一步反应，最终油和酸完全分离，具有清晰的界面。乳化酸及乳化酸破乳后照片如图3-10所示。图3-10中8个图分别为反应前、反应15min、反应30min、反应45min、反应60min、反应75min、反应90min、反应150min和反应完全的乳化酸外观，由图可知，从60min时开始析出油和酸，直到最后反应完全，形成清晰的两相。可见，通过与碳酸盐岩反应，乳化酸破乳彻底。

表3-15　反应过程中大理石消耗情况

反应时间（min）	0	15	30	45	60	75	90	120	150
大理石质量（g）	54.7	45.0	38.0	25.5	22.0	19.7	16.0	12.0	8.0
反应速率（g/min）		0.64	0.46	0.23	0.23	0.15	0.24	0.13	0.13

| (a) 反应前 | (b) 反应15min | (c) 反应30min | (d) 反应45min |
| (e) 反应60min | (f) 反应75min | (g) 反应150min | (h) 反应完全 |

图3-10 乳化酸及破乳后状态

对乳化酸反应2min，5min，10min和30min时的破乳情况进行照相。由图3-11可知，随着大理石反应的进行，乳化酸颗粒变大。加入碳酸钙时，颗粒大小为$2.5 \sim 15\mu m$，颗粒均匀，排列紧密，乳化较好；2min时，颗粒大小为$5 \sim 170\mu m$，颗粒不均匀；反应进行5min时，颗粒进一步变大为$5 \sim 200\mu m$；反应进行10min时，颗粒大小为$5 \sim 220\mu m$，由此可见，大理石与乳化酸反应，开始比较剧烈，然后逐渐趋向缓慢，直到最后破乳，从30min内的破乳照片来看，破乳过程不是立刻完成的，这样就可以达到缓速的目的，说明该乳化酸性能较好。另外，实际酸压过程中，酸液处于动态运移过程，相当于对酸液进行搅拌，因此，有利于延长乳化酸的稳定性。

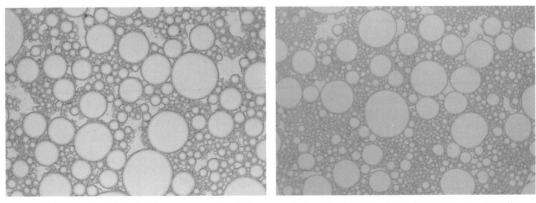

(a) 反应2min后乳化酸颗粒大小为$5 \sim 170\mu m$（100倍）　　(b) 反应5min后乳化酸颗粒大小为$5 \sim 200\mu m$（100倍）

图3-11 不同反应时间下乳化酸破乳照片

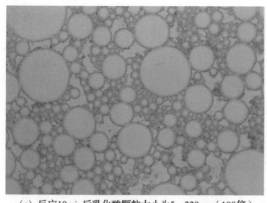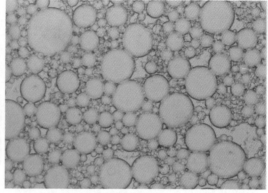

（c）反应10min后乳化酸颗粒大小为5～220μm（100倍）　（d）反应30min后乳化酸颗粒大小为5～220μm（100倍）

图3-11　不同反应时间下乳化酸破乳照片（续）

2. 乳化酸的摩阻与降阻方法研究

以往应用的乳化酸摩阻为清水的1～1.5倍，高摩阻一直制约着乳化酸在深井中的应用。在室内没有有效手段进行摩阻测试的情况下，为了降低乳化酸的摩阻，采用过油溶性高分子减阻剂，通过现场应用效果甚微。

为了降低乳化酸的摩阻，试验考察了采用稠化酸携带乳化酸的方法，即在施工过程中，采用稠化酸与乳化酸按一定的比例混注，利用稠化酸的低摩阻来携带乳化酸进入地层。基于上述思路，室内开展了一些试验，进行论证。

稠化酸携带乳化酸方法的可行性：一是确保泵注过程中，稠化酸在乳化酸外，不进入乳化液滴内，这样依靠稠化酸的低摩阻，实现携带乳化酸；二是不破坏乳化酸的稳定性，确保进入地层的是油包酸乳状液。

1）稠化酸与乳化酸混合稳定性

将稠化酸和乳化酸按90：10，80：20，70：30和60：40比例进行混合，然后高速搅拌，静止10min开始分层，30min后稠化酸与乳化酸完全分层（图3-12）。可见，稠化酸没有乳化到油相中，这样，稠化酸能起到减阻作用。

图3-12　乳化酸与稠化酸混合后现象

2）胶凝酸携带乳化酸摩阻测试

为了分析胶凝酸携带乳化酸对降低摩阻的影响，设计并组装了如图3-13所示的实验装置及流程。

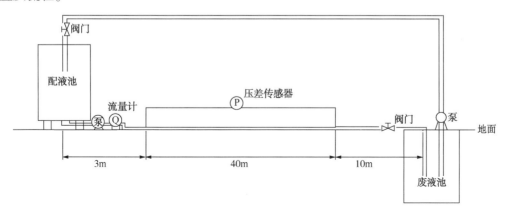

图3-13 胶凝酸携带乳化酸降低摩阻的实验装置设计示意图

该实验装置采用敞开式闭路循环系统，配液池和废液池的液面完全对环境敞开，容积都为1m³。整个循环系统的设备包括水箱、离心泵、阀门、压差传感器、流量计等。整个循环系统的驱动装置为一台耐腐蚀离心泵。为了保证溶液配置、泵的运行和维修的需要，在泵的进水管道上布置了阀门，而在辅助回路上也布置一个阀门，以满足连续调节的需要。整个流动流程叙述如下：待测液体从配液池底部流出，经由水泵、流量计到达废液池，然后由废液池泵送经回路返回配液池，完成一次循环。

（1）压差参数的测量。

在实验管段上开有两个用于进行压力测量的取压孔，开孔直径大小满足不影响管内流场的流动状态要求，其开孔位置为第一个取压孔距离入口3m，第二个距离废液池出口10m，测压的水平段为40m。压力的测量采用压差计系统综合测量，相对误差小于1.5%。

（2）流量参数的测量。

通过管道的流量采用电磁流量计进行测量，流量测量的相对误差小于±0.1%。

① 胶凝酸携带乳化酸降低摩阻的实验过程。

摩阻测试步骤具体如下：

a. 测清水摩阻。首先让管路充满液体进行零点校正，保证此时的差压传感器处于稳定的压力环境，然后进行循环测试，记录不同流量及其对应的压差。

b. 按照比例（油酸体积比为30∶70）先配乳化酸酸相，酸相为20%HCl+1%缓蚀剂+1%铁离子稳定剂，搅拌均匀后打入废液池待用。

c. 按照比例配乳化酸油相，油相为-10号柴油或零号柴油+2.5%乳化剂EA-150，搅拌均匀后将配好乳化酸酸相小排量打入已经配好的油相中，搅拌5~10min均匀后，测试乳化酸的摩阻，记录相应的流量和压差。乳化酸的油酸比为30∶70，在室温和剪切速率170s^{-1}条件下测得的黏度值为52mPa·s。

d. 测试乳化酸摩阻的同时，配胶凝酸液体（胶凝酸与乳化酸的比例为2∶8）。

e. 测完乳化酸的摩阻后，将乳化酸全部打入配液池，将配好的胶凝酸打入配液池与乳化酸均匀混合，搅拌均匀后测量胶凝酸携带乳化酸不同流量下的压差。

② 胶凝酸携带乳化酸的减阻效果研究。

为了研究胶凝酸携带乳化酸降低酸液体系摩阻的效果，优化出了胶凝酸酸液，如图 3-14 所示。使用该种胶凝酸携带乳化酸，胶凝酸和乳化酸的配比为 20：80 时，所配制流体的基本性能见表 3-16。

图 3-14　筛选优化的胶凝酸和所配制的乳化酸

表 3-16　胶凝酸的基本性能

性　　能	数　　值	性　　能	数　　值
酸液浓度(%)	20	酸液黏度(mPa·s)	52
酸液密度(g/m³)	1.1		

胶凝酸和乳化酸之比为 20：80 时测得不同排量和压差的关系如图 3-15 所示，比较清水、乳化酸、胶凝酸携带乳化酸 3 种配比工艺下排量与压差的变化曲线，在相同排量下采用胶凝酸携带乳化酸的工艺使得酸液体系的进出口压差明显降低，说明采用胶凝酸携带乳化酸的工艺能够使得乳化酸酸液体系的摩阻显著降低。

在相同排量下乳化酸的压差明显高于清水的压差，而清水的压差又高于胶凝酸携带乳化酸的酸液体系的压差，这进一步表明，与清水相比，乳化酸具有很高的摩阻，而胶凝酸携带乳化酸体系摩阻小于清水，说明胶凝酸携带乳化酸具有很好的降阻效果。

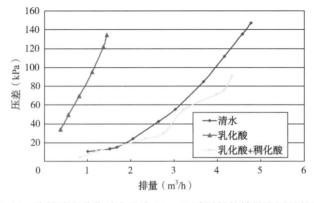

图 3-15　胶凝酸和乳化酸之比为 20：80 时测得的排量和压差的关系

为了进一步分析胶凝酸携带乳化酸的降阻效果，计算分析了胶凝酸和乳化酸之比为20：80时降阻率随剪切速率的变化趋势，如图3-16所示，随着剪切速率的增大，胶凝酸携带乳化酸的降阻率增大，当剪切速率高于400s^{-1}时，体系的降阻率基本保持不变，降阻率是清水的40%～50%。因为这一降阻率已经使得体系摩阻接近于胶凝酸本身的摩阻，达到了最佳的降阻效果。

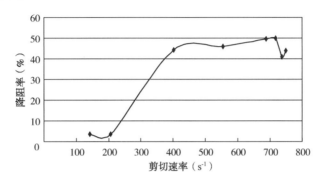

图3-16 胶凝酸携带乳化酸的降阻率(胶凝酸：乳化酸=20：80)

③ 不同管径对胶凝酸携带乳化酸降低摩阻的影响分析。

为了评价胶凝酸携带乳化酸降低摩阻的现场应用效果，选取了现场施工应用较多的3½in油管、4½in套管、5½in套管和7in套管，在工业化条件下研究了不同管径对胶凝酸携带乳化酸降低摩阻效果的影响，实验结果如图3-17所示。通过不同管径对胶凝酸携带乳化酸降阻效果的影响分析，可以得到如下结果：

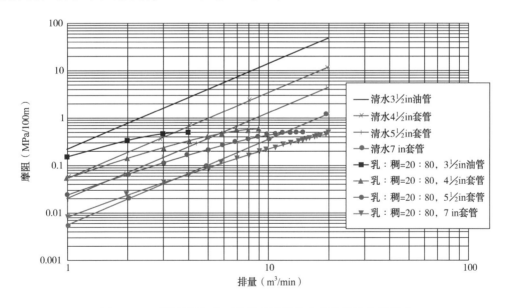

图3-17 不同管径条件下胶凝酸携带乳化酸降阻效果的影响

a. 相同管径条件下，清水的摩阻随着排量的增加而增加，胶凝酸携带乳化酸的摩阻也随着排量的增加而增加；清水的摩阻随着排量的增加而增加的幅度大于胶凝酸携带乳化酸的摩阻也随着排量的增加而增加的幅度。

b. 相同管径条件下，排量越大，胶凝酸携带乳化酸的摩阻比清水的下降的幅度越大，也就是胶凝酸携带乳化酸的降阻率随着排量的增加而增大，这和上一节所得结论一致。

c. 在相同管径条件下，随着排量的增加清水、胶凝酸携带乳化酸两种流体的摩阻都增加；但后者增加的幅度显著降低，也就是说，随着排量的增加，胶凝酸携带乳化酸的摩阻明显比清水低。

d. 低排量工况下，随着管径的增大，胶凝酸携带乳化酸的摩阻反而比清水高，若要胶凝酸携带乳化酸的摩阻比清水低，则需要较大的排量。

第二节　高温储层酸岩反应机制

一、GCA 交联酸酸岩反应速度研究

图 3-18 比较了常规酸、稠化酸和交联酸的溶蚀速率。在反应进行 10min 时，常规酸与岩心反应完全，稠化酸和交联酸只是少量参加了反应；反应进行 1h 时，稠化酸反应 90%，交联酸反应 20%；反应进行 2h 时，稠化酸反应 100%，交联酸反应 35%；在反应进行 3h 时，交联酸反应结束。可见，研发的新型交联酸体系较好地起到了延缓反应速度的作用，可使活性酸作用距离更远。

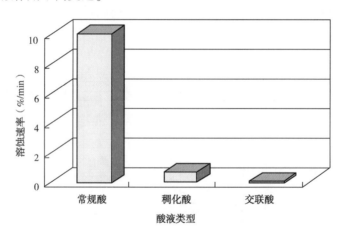

图 3-18　反应 10min 时溶蚀速率对比图

酸岩反应速度决定酸的有效作用距离和裂缝表面的刻蚀形态，从而决定酸压裂后的效果。酸岩反应速度可以用下述动力学方程表示：

$$J = KC^m \tag{3-1}$$

式中：J 为反应速度，$mol/(cm^2 \cdot s)$；K 为反应常数，$L/(cm^2 \cdot s)$；m 为反应级数，无量纲；C 为反应体系中酸液浓度，mol/L。

用 Temco 公司的 CRS-3 型旋转岩盘，对比研究交联酸与颗粒灰岩、含泥灰岩、白云岩的反应动力学参数；同时，对比研究胶凝酸与颗粒灰岩的反应。实验结果见表 3-17。

表 3-17　不同酸液体系与不同岩性的反应动力学参数

岩心	岩性	实验温度(℃)	酸液类型	动力学方程 $J=KC^m$ [mol/(cm²·s)]	20%HCl 反应速度 [mol/(cm²·s)]
TZ822 H1-2	颗粒灰岩	130	交联酸	$8.695×10^{-7}C^{1.8453}$	2.59
TZ822 H1-1	颗粒灰岩	130	胶凝酸	$1.987×10^{-6}C^{1.7082}$	4.8
TZ822 H2	含泥灰岩	130	交联酸	$5.109×10^{-8}C^{2.8497}$	1.1
TC1 H4	白云岩	130	交联酸	$4.221×10^{-8}C^{2.6202}$	0.332

实验结果表明，岩性都为颗粒灰岩，20%的盐酸浓度的胶凝酸的反应速度是交联酸的1.875 倍，交联酸的反应速度比胶凝酸低，交联酸的缓速性能优于胶凝酸；同样为交联酸，对于不同岩性，含泥灰岩和白云岩反应慢，尤其是含泥灰岩，尽管泥质含量为1%左右，但影响酸岩反应速度。

从反应后的岩心片看(图 3-19 至图 3-22)，胶凝酸、交联酸与颗粒灰岩反应不均匀刻蚀明显，但交联酸与含泥灰岩、白云岩反应没有明显刻蚀，基本为平面反应。

图 3-19　交联酸与颗粒灰岩反应后岩心表面刻蚀形态

图 3-20　胶凝酸与颗粒灰岩反应后岩心表面刻蚀形态

图 3-21　交联酸与泥灰岩反应后岩心表面刻蚀形态

图 3-22 交联酸与白云岩反应后岩心表面刻蚀形态

二、酸蚀裂缝导流能力研究

酸蚀裂缝导流能力实验是采用平行板岩心在地层温度和压力条件下，模拟不同酸压裂工艺方法，测定所得到的酸蚀裂缝导流能力。

实验采用从美国 STM-LAB 公司引进的酸蚀裂缝能力实验装置，分别模拟胶凝酸、交联酸鲜酸及残酸及闭合酸化对酸蚀裂缝导流能力的影响。

实验采用塔里木油田塔中地层岩心，为了便于比较，选用颗粒灰岩岩心，岩心岩性见表 3-18。加工尺寸：长×宽×厚 = 7in×1.5in×0.35~1.75in 的两端椭圆平行板岩心，岩样表面光滑；实验用酸液：胶凝酸、交联酸；实验温度 90℃。

实验过程：先用清水试压，再用 50mL/min 的流量注入 2000mL 酸液（相同体积的酸液，相同的流量，是为了酸液与岩石作用时间相同），然后用 2%KCl 盐水，在不同的闭合压力下测试裂缝导流能力，酸蚀裂缝导流能力实验结果见表 3-19。

表 3-18 导流实验用岩心岩性

实验编号	含量(%)	
	石英	方解石
1	0.5	99.5
2	0.3	99.7
3	0.2	99.8
4	0.7	99.3
5	0.9	99.1

表 3-19 酸蚀裂缝导流实验结果

实验编号	酸液类型	不同闭合压力下裂缝导流能力(D·cm)					
		0	10MPa	20MPa	30MPa	40MPa	50MPa
1	20%胶凝酸	128.76	101.87	70.69	38.43	18.66	8.40
2	10%胶凝酸	102.59	69.95	37.06	20.73	5.75	2.76
3	20%胶凝酸+闭合酸化	129.70	109.62	63.37	32.86	16.41 54.55	29.04
4	20%交联酸	455.18	252.10	138.50	86.3	67.3	45.3
5	交联酸残酸	358.8	198.7	108.24	66.74	46	38.9

实验 1 为盐酸浓度 20%胶凝酸鲜酸、实验 2 为胶凝酸加 $CaCl_2$ 模拟盐酸浓度 20%胶凝酸反应至盐酸浓度 10%的胶凝酸残酸、实验 3 为盐酸浓度 20%胶凝酸鲜酸，闭合酸化用盐酸浓度为 20%的普通酸，闭合酸为 200mL，注入排量为 20mL/min。比较 3 次实验结果，胶凝酸鲜酸能得到一定的导流能力，残酸导流能力远远低于鲜酸，说明酸液进入裂缝的深部刻蚀能力已经很低，实验 3 与实验 1 相比，说明闭合酸化能显著提高裂缝导流能力，但闭合酸化只能处理近井裂缝。实验 4 为盐酸浓度 20%交联酸鲜酸、实验 5 为实验 4 实验后的残酸，但该交联酸体系经过裂缝反应剪切后仍保持良好的流变性能，因为太稠无法取样滴定酸浓度。两次实验后平行板岩心的酸蚀溶孔道更为明显，而且酸蚀孔道的深度更深，具有更好的导流能力和抗压强度。对于颗粒灰岩，说明采用高黏度的交联酸，无须进行闭合酸化和多级注入工艺就可以获得高的导流能力，而且由于酸岩反应慢，活性酸能进入地层深部，是进行碳酸盐岩地层深部改造的理想酸液体系。

第三节　深穿透酸压改造工艺技术

一、GA 酸酸压技术

1. 活性水+胶凝酸酸压工艺

在高温地层中，酸—岩反应速度快，鲜酸有效作用距离短，如储层伤害较深，酸化可能无法完全消除污染带伤害。在酸化过程中，在胶凝酸前面向地层注入非反应性液体活性水，可以起到冷却地层、减缓酸—岩反应速度的作用。

活性水+胶凝酸酸压工艺把活性水的物理降温缓速与胶凝酸中耐高温缓速剂缓速结合起来，能更好地实现储层改造。

应用 FracproPT 软件模拟活性水+胶凝酸酸压工艺酸化过程，模拟结果表明，对一口地层温度为 150℃的井进行活性水+胶凝酸酸压措施，在胶凝酸用量为 60m³、活性水用量为 40m³ 的情况下，可以将酸液前缘的地层温度降低到 125℃，如图 3-23 所示。

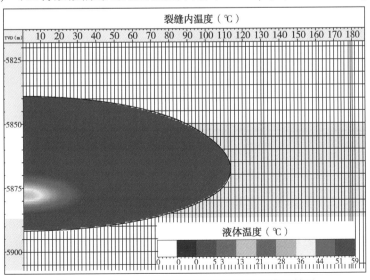

图 3-23　活性水+胶凝酸酸压工艺温度场模拟结果

2. 前置液+胶凝酸酸压工艺

用高黏非反应液体作为前置液，由于其黏度高，具有造壁降滤特性，这样可大大提高液体的造缝效率，从而形成较宽、较长的裂缝，大大减小了裂缝的面容比；另外，由于前置液与酸液黏度的差异，酸液在高黏前置液中黏性指进，极大地减小了酸与岩石的接触面积；此外，前置液还具有降温作用，从而降低酸—岩反应速度，提高活性酸的有效作用距离，如果储层含硫，前置液+胶凝酸酸压工艺中的前置液可起到一定的隔离作用，从而在一定程度上避免了硫与酸反应产物的接触，避免硫化物沉淀的生成。

应用 FracproPT 软件模拟前置液+胶凝酸酸压工艺，结果表明，这种工艺能获得较宽的酸蚀裂缝，在裂缝闭合后，缝口宽度可达 0.65cm，能大大提高油气渗流能力。

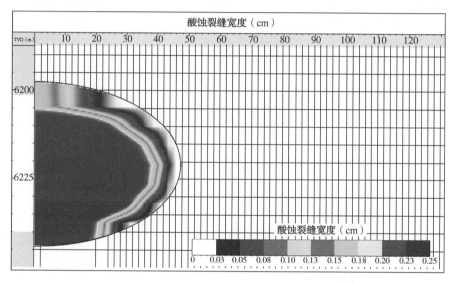

图 3-24　前置液+胶凝酸酸压工艺酸蚀裂缝剖面图

开展高温胶凝酸酸压试验 29 口井、39 井次施工，施工成功率为 89.28%。13 井次酸化后获得工业气流，3 口井酸化后产水。平均单井测试产量为 $30.51×10^4m^3/d$，累计测试产水 $972.42m^3/d$，增产有效率为 55.17%。

二、GCA 酸酸压技术

碳酸盐岩由于具有很强的非均质性，多数井无自然产能，储层改造成为此类油气藏发现储量和油井投产的主要技术手段之一。为了增大沟通缝洞发育带的概率、扩大渗流面积等，改造技术需要实现深穿透、高导流的目的。

经过科研攻关，形成了以地面交联酸的通过提高液体黏度降低酸液滤失、降低 H^+ 传质系数、减缓酸—岩反应速度的深穿透酸液体系，结合形成的酸液体系及其特性，基于室内机理研究、酸—岩反应动力学及酸蚀裂缝导流能力等方面研究，经过现场探索与实践，形成了较为成熟的酸压工艺方法。

1. 多级注入+闭合酸化工艺技术

从工艺上来讲，深度酸压技术主要靠"多级注入+闭合酸化"实现，多级注入酸压技术是指将数段前置液和酸液交替注入地层进行酸压施工的工艺技术，其工艺方法为："前置液+酸液+前置液+酸液+前置液+酸液+……+后顶液"。根据地层的不同特性，该项技术可以将非反应性高黏液体与各种不同特性的酸液组合，构成不同类型、不同规模的多级注入酸压技术。一般来讲，多级注入酸压的优势主要有：采用多级注入的压裂液减缓液体滤失、通过压裂液的注入降低地层温度减缓酸岩反应速度、通过压裂液与酸液的黏度差别形成黏性指进，实现高裂缝导流能力。

闭合裂缝酸化是针对较软储层（如白垩岩）以及均质程度较高的储层发展和应用的一种工艺技术。其特点是让酸在低于储层破裂压力的条件下流过储层内"闭合"裂缝，在低排量下注入的酸液，溶蚀裂缝壁面，产生不均匀溶蚀形成沟槽，在施工压力消除与裂缝闭合后，酸蚀通道仍然具有较好的导流能力。闭合酸化工艺技术适合于已造有裂缝的碳酸盐岩储层，这些裂缝主要以3种形式存在：闭合压裂酸化前压开的裂缝、以前压裂酸化施工造成的裂缝、天然裂缝。

"多级注入+闭合酸化"组合工艺是近年来国内外普遍采用的一种较新的酸化工艺，即先采用前置液造缝，再交替注入酸液和前置液段塞，随后在裂缝闭合情况下注入一定浓度的盐酸溶蚀裂缝壁面，形成高导流能力的流动通道，从而达到增产的目的。理论研究和现场实践均表明，它作为一项有效的深度酸压的先进工艺具有十分广阔的发展前途。塔里木油田在碳酸盐岩储层改造中也广泛使用此工艺方法。

2. 高黏酸酸压工艺技术

主要通过增大酸液黏度（地面或地下），有效控制酸液滤失，同时，降低酸—岩反应速度，从而实现深穿透的酸蚀裂缝，再结合闭合酸化技术可以实现高导流的目的。该技术已成为有效解决酸蚀裂缝短、有效期短的一种主要工艺方法，交联酸体系耐温耐剪切性能好，因此成为深度酸压的一种重要手段。

3. 等密度酸压

酸压施工酸液相对密度一般大于压裂液的相对密度，酸液进入地层后会有沉降现象，致使压裂液在人工裂缝的上部，酸液在人工裂缝的底部。如果地层存在底水或者高角度天然裂缝发育的储层，酸液沉入裂缝底部会导致人工裂缝沟通下面的水层，导致储层过早水淹。等密度酸压技术是采用前置液加重至与酸液密度相同，实现酸液在前置液中指进。

（1）典型井1——中古15井前置液+交联酸与胶凝酸二级注入酸压。

中古15井酸压改造井段6125~6138m，沉积相为台地边缘内侧的丘滩相沉积，处于断裂发育的有利区域；奥陶系良里塔格组顶Tg5′反射层下存在明显的地震相变带，为丘滩体反射特征。措施井段钻井液相对密度为1.10左右，气测显示好，全烃最高值为99.89%，钻时14~18min/m，有持续后效。测井解释6121~6138.5m共发育Ⅱ类和Ⅲ类储层14.5m/4层，孔隙度1.7%~2.5%，裂缝孔隙度0.001%~0.007%，成像测井解释孔洞较发育，储层类型为孔洞型—裂缝孔洞型。

酸压设计以造长缝沟通储层发育带，增大储层渗滤面积为主要原则。具体采用大型前置液和高黏交联酸与胶凝酸交替注入的酸压工艺，以形成具有一定长度和导流能力的人工酸蚀裂缝，改善和提高渗流能力，实现地质目的。酸压前油管敞放求产，油管压力0MPa，套管压力0MPa，无液无气。2009年5月18日，中古15井6125~6138m进行交联酸酸压施工曲线如图 3-25 所示，共注入地层总液量 529.8m³，其中前置液基液 50m³、交联前置液 170m³、交联酸 106m³、胶凝酸 50m³、混合酸 123.8m³、原井筒液 28.3m³、顶替液 1.7m³，施工排量 1.00～5.57m³/min，施工压力 12.4～80.0MPa，施工结束后测压降 10min，油管压力 8.3MPa 几乎不降，施工过程中有大幅的压力降落，人工裂缝沟通了储层发育带。

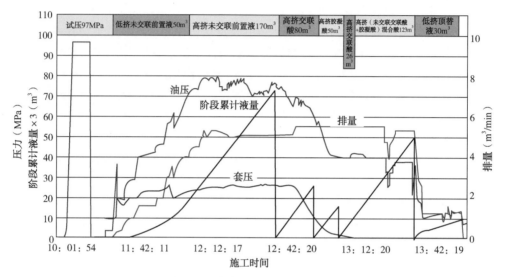

图 3-25　中古 15 井酸压施工曲线

ϕ6mm 油嘴求产，油压 31.98MPa，套压 26.77MPa，日产油 216.42m³，日产气 58335m³，日排残酸 7.00m³/d，pH 值 7，Cl⁻ 含量 37850mg/L，测试结论：挥发性油层。

（2）典型井 2——轮古 45 井等密度酸压。

轮古 45 井奥陶系鹰山组 5763.16～5770m 酸压改造使用了等密度酸压技术。

轮古 45 井是塔里木盆地塔北隆起轮南低凸起西部斜坡带上的一口预探井，改造井段 5763.16～5770m 为下奥陶统鹰山组，为风化壳储层；在地震剖面上显示为"串珠"异常反射特征，且该井正位于"串珠"对应的有利储层上，目前井底可能位于洞顶附近、裂缝发育。改造井段解释为 II 类储层共 1.5m/1 层。成像测井显示改造井段下部 5784～5789m 井段存在高角度裂缝，5782.5～5789.5m 井段电阻率较低，解释为油层(含水)，且 5821m 以下经实钻及测井解释均为水层，距离改造井段较近，这都给本次施工带来很大困难。

针对该井的以上情况，为解除近井伤害，形成一定长度的人工主裂缝，对储层进行改造，同时避免沟通下部水层，在不压开下部水层的前提下，本次改造采用中等规模前置液交联酸酸压体系进行改造；为控制缝高，采用等密度酸压工艺，并优化规模；在施工过程中适当控制排量；同时，为了提高缝口导流能力满足稠油生产需要，采用闭合酸化工艺。

轮古 45 井奥陶系鹰山组 5763.16～5770.00m 进行等密度酸压施工(图 3-26)，共注入地层总液量 201m³，包括前置液 86m³、交联酸 76m³、第一次施工回收酸 39m³，施工排量 0.54～2.88m³/min，施工压力 3.5～57.2MPa。停泵后测压力降落 10min，压力由 11.29MPa 降至 4.72MPa，计算压力耗散系数 0.657MPa/min。

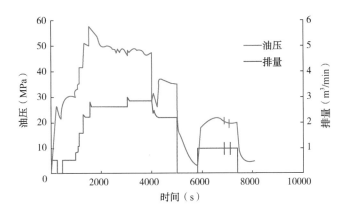

图 3-26 轮古 45 井等密度酸压施工曲线

从整个施工过程看，施工压力不高，地层容易吸液。酸液进入地层后，施工压力有明显的压力降落，酸液起到了改善储层物性的作用。从停泵压力低和停泵后压力降落快等特点看，人工裂缝沟通了储层发育带。

酸压后用 ϕ7mm 油嘴反掺稀油 7m³/h，注入稀油 168.40m³，油密度 0.82g/cm³，油压 6.60MPa，套压 14.00MPa，产混油 303.14m³（油密度：0.95g/cm³/20℃，0.93g/cm³/50℃），折日产油 134.74m³，测试结论为油层。求产曲线如图 3-27 所示。

求产期间未见地层水产出，除施工前打水泥塞堵水外，酸液和压裂液的等密度注入，施工中防止了酸液沉底，未沟通底部水层起到了很好的作用。

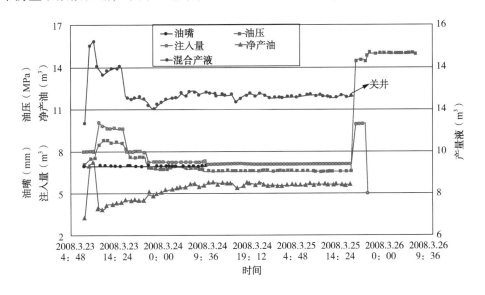

图 3-27 轮古 45 井等密度酸压求产曲线

三、DCA 智能酸转向酸压技术

DCA 智能转向酸压技术在本书第二章第二节已详细陈述，在此不再赘述。

四、HDGA 加重酸酸压技术

龙岗构造飞仙关组和长兴组部分井吸酸压力异常高，其中比较典型的是剑门 1 井。剑门 1 井采用密度 1.73~1.79g/cm³ 的聚磺钻井液钻开长兴组，储层压力 119.4MPa，预计初期吸酸压力达到 170MPa，如选择常规胶凝酸，经计算排量在 0.5m³/min 时，泵压即达到 97.10MPa，面临超压甚至压不开地层的风险（表 3-20）。为了提高井底处理压力，在常规密度胶凝酸中加入不同比例的密度调节剂，可将酸液密度加至 1.1~1.4g/cm³，对于深井，最大可增加地层净处理压力 25MPa 左右，满足了高破裂压力地层的储层改造需要，而且可选用的密度调节剂有 3 类，其性能和性价比不同，因此，可根据不同的储层改造对象，选择不同密度调节剂和不同加重密度的加重胶凝酸，有利于压开储层，进而沟通远井地带天然孔洞或者微细裂缝。

表 3-20 剑门 1 井长兴组下段基本参数

储层跨度（m）	19.9	射孔厚度（m）	21
有效厚度（m）	19.9	储层岩性	石灰岩、白云岩
储层类型	裂缝—孔隙型	渗透率	—
含水饱和度（%）	32~48	孔隙度（%）	7.5
地层压力（MPa）	119.41（预测）	储层温度（℃）	170~180（估算）

剑门 1 井酸压改造选用密度为 1.37~1.38g/cm³ 的 100m³ 加重酸 + 120m³ 耐高温胶凝酸。施工曲线如图 3-28 所示。

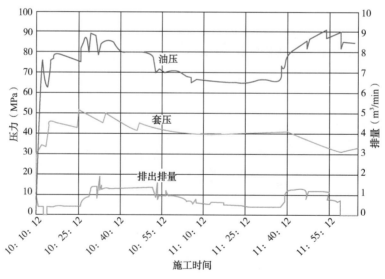

图 3-28 剑门 1 井长兴组施工曲线

从图 3-28 施工曲线可以看出，施工初期具有明显压开储层的显示，施工过程中，排量不断提升，施工泵压保持在 90MPa 左右，井底吸酸压力不断降低，充分反映了加重酸对此类高压储层先期解堵和压开储层起到的作用，酸化后获得测试产量 $4.726 \times 10^4 m^3/d$。

五、复合深度酸压工艺技术

1. 大酸量、高排量提高有效作用距离

通过建立酸液有效作用距离模型，结合酸岩反应速率、导流能力以及动态滤失实验测试，同时根据现场管柱设计，确定酸压施工的酸量、排量。

1）酸量排量的确定

（1）酸液有效作用距离计算。

假设施工排量 $Q=5\mathrm{m}^3/\mathrm{min}$，平均缝高 $h=50\mathrm{m}$，平均缝宽 $w=0.008\mathrm{m}$，酸液初始浓度 C_0，失效残酸浓度 C_t。

酸液在人工裂缝中的平均流速 u：

$$u=Q/(2wh)=4/(2\times0.008\times50)=5\mathrm{m}/\mathrm{min}=0.083\mathrm{m}/\mathrm{s} \tag{3-2}$$

单位体积在地层中的反应速率：

$$J_1=2JS/V\mu_\mathrm{s}/\mu_1(Q_\mathrm{s}/4)^{0.5} \tag{3-3}$$

式中：2 表示酸液与裂缝两个壁面同时反应；S/V 表示实验条件对应地层条件时面容比的换算，单位体积酸液的面容比 $S/V=2h\Delta x/(h\Delta xw)$，$h$ 为缝高，w 为平均缝宽，Δx 为单位长度；μ_s 表示实验酸液（鲜酸）黏度，$\mathrm{mPa\cdot s}$；μ_1 表示时间 1s 时酸液的瞬时黏度，根据酸液黏温曲线拟合的公式计算，$\mathrm{mPa\cdot s}$；Q_s 表示实验模拟排量，m^3。

酸浓度变化：

$$C_\mathrm{t}=C_0-J_1\Delta t \tag{3-4}$$

图 3-29 所示为酸液有效作用距离计算流程。

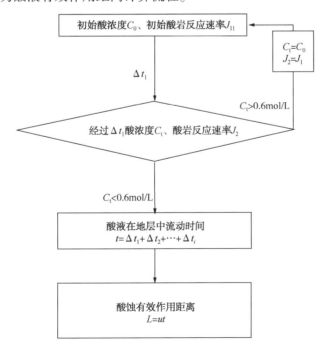

图 3-29　酸液有效作用距离计算流程

（2）酸液泵注排量的确定。

如图3-30和图3-31所示，通过模型计算分析排量与酸液有效作用距离的关系，并结合酸蚀导流能力测试。结果显示，随着酸压施工排量不断增大，酸液有效作用距离和酸蚀裂缝导流能力也随之增加，高闭合应力条件下施工排量对酸蚀裂缝导流能力的影响程度减弱。

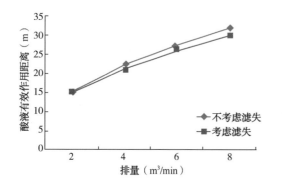

图3-30　排量与酸蚀有效作用距离关系

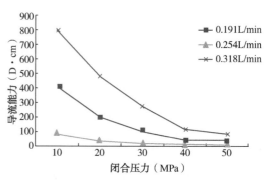

图3-31　排量与酸蚀裂缝导流能力关系

进一步开展酸岩反应平板流动实验，分别在40mL/min和120mL/min注入速率条件下进行测试。实验结果表明，与低注入速率相比，高注酸速率形成多而浅的蚓孔，可以降低酸液滤失，增加酸液作用距离(图3-32)。

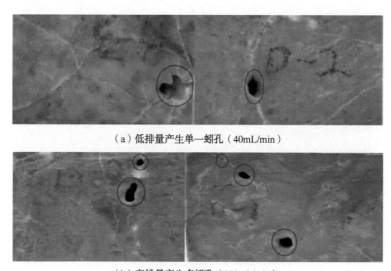

（a）低排量产生单一蚓孔（40mL/min）

（b）高排量产生多蚓孔（120mL/min）

图3-32　酸岩反应平板流动实验岩样

以长庆古生界奥陶系马家沟组为例，针对现场施工采用的管柱最大尺寸为3½in，井口压力预测分析(表3-21)表明，3½in管柱在井口限压下最大排量可达到5.0m³/min。因此，设计酸压施工的酸液排量为5.0m³/min。

表 3-21 $3\frac{1}{2}$in 管柱酸压井口压力预测分析

平均垂深（m）	平均裂缝延伸压力梯度（MPa/m）	施工排量（m³/min）	摩阻（MPa）	预测井口压力（MPa）
3950.0	0.018	2.0	9.1	40.7
		3.0	17.4	49.0
		4.0	27.4	59.0
		5.0	39.0	70.6
		6.0	52.0	83.6
		7.0	66.7	98.3

2）酸液用量的确定

分别在不同排量条件下，进行酸蚀导流能力测试。实验结果表明，相同闭合压力条件下，酸液用量越大、酸蚀效果越好；高闭合应力条件下，影响程度变弱，如图 3-33 所示。此外，拟合酸液用量、酸液有效作用距离与排量的关系，发现不同排量下酸液用量与酸蚀有效作用距离存在正相关性，如图 3-34 所示。

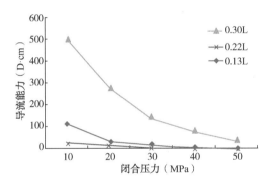

图 3-33 不同排量下酸蚀后导流能力对比

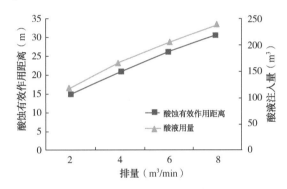

图 3-34 排量与酸液用量及有效作用距离关系

综合以上分析结果，针对长庆油田古生界奥陶系马家沟组，在 $3\frac{1}{2}$in 管柱条件下以 5.0m³/min 注入，优化的单层酸量为 150~200m³。

2. 多体系+交替注入提高改造体积

1）滑溜水沟通扩展天然裂缝及微细裂隙

酸液在酸压形成的人工裂缝内流动时，有少数较大的岩石孔洞与天然裂缝受到过量酸液的溶蚀而发生高速的酸岩反应，使岩石矿物发生溶蚀并形成特定的溶蚀通道，甚至会在原有的岩石孔隙基础上进行"酸蚀渗滤"，最终形成局部高渗透率的通道也就是现在所说的"蚓孔"。Daccord 等的研究成果表明，一旦酸压过程中产生蚓孔，就会引起酸液在蚓孔内的滤失，如图 3-35 所示。

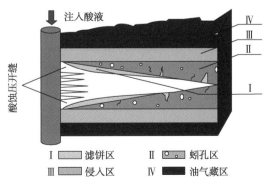

图 3-35 酸压过程中滤失区域分布图

结合水力压裂形成动态人工裂缝的构想，发展了前置液酸压工艺技术，通过向地层注入高黏低伤害的非反应性前置压裂液，然后注入各种酸液进行酸压改造。由于采用非反应流体，可以实现对酸液的滤失控制。

近年来，国外非常规储层改造工艺无论是采用滑溜水压裂还是混合水压裂，均采用低黏滑溜水造缝，这主要有三方面优势：一是注入液体黏度低，易进入天然裂缝及微细裂隙，有利于天然微裂缝的开启延伸及剪切缝的形成，提高裂缝的复杂程度、形成网状裂缝；二是滑溜水对储层及裂缝的伤害低，有利于增产；三是成本低，相对于酸液或压裂液胶液，滑溜水在致密储层的改造中滤失系数不大、造缝效率高，成本低。

（1）交联瓜尔胶压裂液滤失系数，以 C_3 为主：为 $3 \times 10^{-4} \sim 6 \times 10^{-4} \text{m/min}^{0.5}$。

（2）瓜尔胶基液滤失系数，以 C_1 为主：为 $5 \times 10^{-3} \sim 9 \times 10^{-3} \text{m/min}^{0.5}$。

（3）滑溜水压裂液滤失系数，通常黏度为 $1 \sim 10 \text{mPa} \cdot \text{s}$，$C_1$ 大幅度降低，由 C_2 主控，为 $1 \times 10^{-3} \sim 3 \times 10^{-3} \text{m/min}^{0.5}$。

图 3-36 所示为液体黏度对液体滤失的影响图。

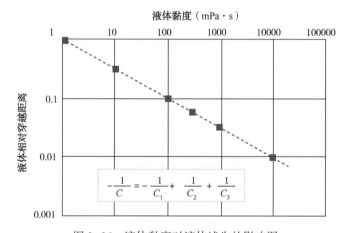

图 3-36　液体黏度对液体滤失的影响图

基于裂缝型储层增加改造体积的思路，提出了采用低黏非反应流体沟通碳酸盐岩储层天然裂缝及微细裂隙的思路。

2）缓速酸多级降低酸浓度刻蚀裂缝壁面提高酸蚀裂缝导流能力

通过岩石的酸溶蚀实验，了解不同岩石的溶蚀率，分析酸对岩石的溶解能力。溶蚀率与酸液类型及岩石矿物成分有关。

酸液配方：$10\% \text{HCl}$，$15\% \text{HCl}$，$20\% \text{HCl}$，$24\% \text{HCl}$；

岩样：陕395-马五$_1^4$、陕340-马五$_4^1$、陕340-马五$_1^3$、陕355-马五$_4^1$、陕362-马五$_2^2$井岩屑；

酸液用量：100mL；

实验温度：90℃；

溶蚀时间：2h。

溶蚀实验结果表明（图3-37），陕355-马五$_4^1$岩屑与盐酸溶蚀率仅有70%左右，其他岩屑与盐酸溶蚀率都超过90%，储层碳酸盐含量较高，具备酸压改造的良好物质基础。随着酸浓度的增加，盐酸对岩石的溶蚀率增大，但增加幅度不大。

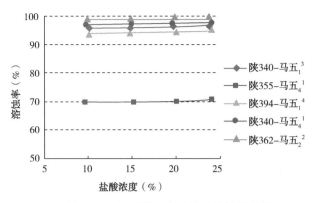

图 3-37 马五段各小层盐酸溶蚀率曲线

而通过室内实验测定：随着盐酸浓度的增加，反应速度存在一个最佳值（20%~25%），超过最佳酸浓度之后，酸岩反应速率反而呈降低趋势，如图 3-38 所示。所以在原酸浓度（28%）以下时，酸浓度越低，则酸岩反应速度越慢，在保留适度导流能力的条件下，可以提高酸液有效作用时间。

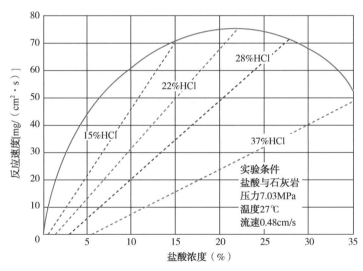

图 3-38 不同酸浓度条件下反应速度对比

同时，岩石表面不均匀刻蚀程度随酸液浓度的增加而上升。通过改变酸浓度，也一定程度上可以实现酸液在裂缝中的差异性刻蚀，提高非均匀刻蚀程度，从而增加裂缝导流能力。表 3-22 是旋转圆盘实验参数表。

表 3-22 旋转圆盘实验参数表

酸液类型	胶凝酸（0.5%胶凝剂）	酸液类型	胶凝酸（0.5%胶凝剂）
酸液（盐酸）浓度（%）	15%，20%，25%	压力（MPa）	7
岩心来源	马五$_1$	转速（r/min）	700
实验温度（℃）	100	反应时间（min）	10

图3-39是不同酸浓度条件下刻蚀效果对比图，图3-40是不同浓度酸随闭合应力条件下导流能力变化图。酸蚀裂缝导流能力随着闭合应力增加不断降低，而高浓度酸液形成的过度刻蚀形态在高闭合应力条件下不容易递减较快，在高闭合应力条件下，不同浓度酸刻蚀形成的导流能力差别不大。

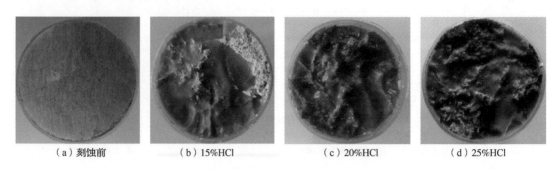

（a）刻蚀前　　　　　（b）15%HCl　　　　　（c）20%HCl　　　　　（d）25%HCl

图3-39　不同酸浓度条件下刻蚀效果对比

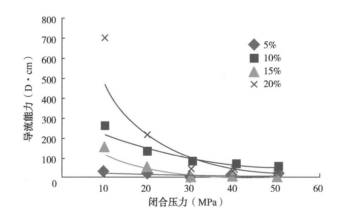

图3-40　不同浓度酸随闭合应力条件下导流能力变化图

3）清洁转向酸暂堵降滤提高酸液作用距离

为解决由于储层非均质性引起的酸液注入不均匀的难题，进一步提高酸液有效作用距离，提出了转向酸缝内暂堵转向的思路，即注入转向酸（或暂堵材料）对溶蚀通道暂时封堵，使后续注入酸液对储层深部裂缝网络沟通，最终实现裂缝改造体积最大化的目标。室内采用岩心滤失实验以及岩板酸刻蚀实验相结合的方式对转向酸缝内暂堵转向可行性进行了评价。

（1）岩心滤失实验测试。

采用岩心动态流动实验装置，对不同黏度酸液的滤失特征以及酸岩反应特征进行了系统的实验测试。为了与实际储层接近，选用含有天然裂缝的岩样进行实验测试，实验前通过电镜扫描以及CT扫描相结合的方式对裂缝开度、充填程度进行了表征。图3-41和图3-42为典型的转向酸与低黏酸滤失特征。

图 3-41　裂缝型岩样转向酸滤失特征

图 3-42　裂缝型岩样低黏酸滤失特征

从图 3-41 和图 3-42 的对比可以看出，降阻酸体系的酸液滤失速率以及酸岩反应速率快，天然裂缝作为主要滤失通道在酸液进入后快速反应使得裂缝开度大幅度增加，在恒定的滤失压差下，酸液滤失速率快速增加。而对于转向酸，其酸液黏度较高，同时具有的变黏特征，使得酸液在天然裂缝区域渗滤较小，未能形成贯穿天然裂缝的流动通道，多是使岩心端面大面积溶蚀，说明酸液滤失控制能力较强，酸液对裂缝的沟通能力较差，更趋向于均匀刻蚀。

（2）岩板酸刻蚀实验测试。

岩心实验能够从局部反映酸液滤失特征及酸液对天然裂缝的沟通特征，为了更为全面地认识不同类型酸液在裂缝内流动过程中对天然裂缝沟通能力，采用岩板酸刻蚀实验进一步开展研究（图 3-43 和图 3-44）。

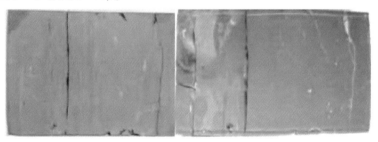

图 3-43　转向酸对裂缝系统沟通特征

图 3-44　低黏酸对裂缝系统沟通特征

从图 3-43 和图 3-44 的对比可以看出，转向酸在天然裂缝区域的溶蚀反应并未使裂缝开度出现明显变化，滤失管线的流量变化较小，而降阻酸在裂缝区域的溶蚀产生了多个大尺寸的酸蚀孔洞，使得酸液的侧向流动能力增加，滤失管线流量随时间大幅度增加。岩板实验进一步说明，转向酸具有较好的滤失控制能力。

4）多级交替组合注入，提高酸蚀改造体积

酸—岩反应速度是影响酸液有效作用距离的最主要因素，尤其是高温地层，酸—岩反应速度对酸压效果的影响更为显著。基于研究区实际地层岩心，采用 20% 盐酸体系，利用旋转圆盘试验仪，测定不同温度条件下酸浓度随反应时间的变化，进而研究反应温度对酸液有效作用时间的影响。

图 3-45 为不同温度条件下盐酸体系无量纲酸浓度随时间的变化。根据该测试结果，按照盐酸浓度降低到初始浓度的 10%（即无量纲酸浓度为 0.1）为残酸极限浓度，确定酸液的有效作用时间。整理成图 3-46。

由图 3-46 可以看出，常规盐酸体系在温度较低时，其有效作用时间较长，在 28℃ 和 40℃ 时可超过 140min，但随着反应温度升高，则有效作用时间明显缩短，在 80℃ 时其有效作用时间不超过 50min，由此外推，在 120℃ 条件下其有效作用时间实际不会超过 26min。但实际酸压时，由于大排量注液，往往井底和裂缝壁面温度会显著降低，根据以往模拟结果认为，在 $4\sim5m^3/min$ 的注液排量下，井底温度很快会降低到 90℃ 以下，因此，实际酸压施工时，常规盐酸体系有效作用时间可达到 50min。但是，如果考虑到酸液向天然裂缝中的滤失，则该时间应大打折扣。为了增大酸液的有效作用距离，提高酸压效果，需要采用缓速酸来降低酸—岩反应速度。

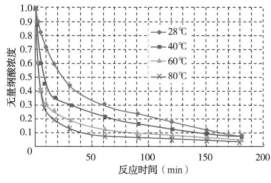

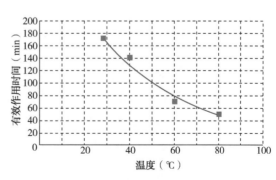

图 3-45　常规盐酸体系在不同反应时间无量纲浓度变化　　图 3-46　盐酸体系在不同温度条件下作用时间

在酸压中除了储层本身的温度以外，酸—岩反应也释放热量，对酸—岩反应的温度环境产生较大影响。综合酸压各模型条件，绘制了酸蚀反应完全后裂缝温度场的温度分布，如图3-47所示。可以看出，在距缝口相同的位置，考虑反应热的温度要高于不考虑反应热的情况，且在初始阶段温度上升的幅度较大。在考虑了反应热之后，放出的热量加速了酸液温度的升高，导致酸—岩反应速率在一定程度上加快。酸液在经过升温后，反应热对酸液温度的改变不那么明显，因此，实现温度增加幅度开始减小，而此时虚线的温度仍然有较大的增长。

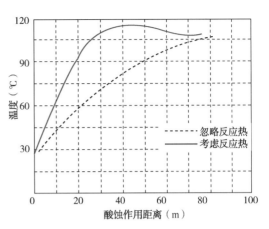

图3-47 裂缝中温度场剖面

同时，由于温度升高，反应速率加快，更多的酸在壁面反应，增加了滤失和壁面的岩石溶蚀，沿缝长方向的酸液浓度降低，所以实际的酸蚀距离比未考虑反应热的要短一些。

因此，综合考虑酸—岩反应中温度的影响，采用非反应流体与酸液的多级交替注入设计，每一级预先注入的前置液可以达到降低裂缝壁面温度、延缓酸岩反应速率、增大有效酸蚀裂缝作用距离的效果。

3. 应用效果及评价

1）总体效果

复合深度酸压技术在苏里格南区、苏里格东区和神木气田开展先导试验21口井，施工成功率100%。求产18口井平均无阻流量36.7×10⁴m³/d（大于100×10⁴m³/d的有2口），较邻近对比井增产60%以上，如图3-48所示。

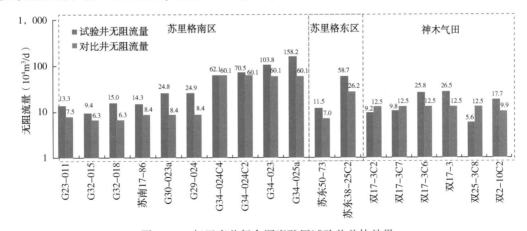

图3-48 气田直井复合深度酸压试验井总体效果

2）典型区效果

在苏里格南区集中选井7口下古生界单试井（图3-49），与邻近对比井物性及含气性相当，平均无阻流量65.6×10⁴m³/d；投产初期（1个月）平均日产量8.2×10⁴m³，较邻近井平均增产41.4%（表3-23）。

○试验井　○对比邻井　●未钻井　●骨架井

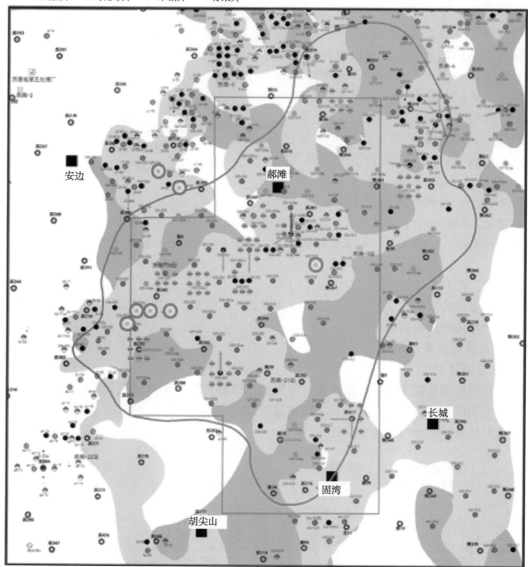

图3-49　苏里格南区复合深度酸压试验井分布图

表3-23　苏里格南区复合深度酸压试验井效果分析

井号	有效厚度 （m）	时差 （μs/m）	孔隙度 （%）	渗透率 （mD）	气饱和度 （%）	无阻流量 （10⁴m³/d）	初期日产量 （10⁴m³）	累计产气量 （10⁴m³/d）	套压 （MPa）
G32-018	5.9	161.4	3.99	0.080	52.2	15.0	1.8	54.74	21.9
G29-024	11.9	166.4	5.84	0.908	50.1	24.9	6.8	204.11	20.2
G30-023a	6.7	160.5	4.22	0.154	50.4	24.8	9.5	170.68	21.5

续表

井号	有效厚度 （m）	时差 （μs/m）	孔隙度 （%）	渗透率 （mD）	气饱和度 （%）	无阻流量 （10⁴m³/d）	初期日产量 （10⁴m³）	累计产气量 （10⁴m³/d）	套压 （MPa）
G34-025a	7.1	168.0	6.37	0.82	50.5	158.2	12.0	366.05	21.8
G34-023	12.3	172.1	6.27	1.000	48.7	103.8	10.9	327.75	23.0
G34-024C2	5.7	164.8	4.99	1.602	58.7	70.5	8.9	259.25	19.4
G34-024C4	3.4	166.7	5.70	0.591	61.9	62.1	7.3	220.17	20.6
试验井	7.6	165.7	5.34	0.736	53.2	65.6	8.2	228.96	21.2
对比井	7.9	165.6	5.30	0.775	48.0	25.9 （35口）	5.8 （38口）	164.69	20.5

3）典型井分析（G34-025a）

（1）基本概况。

G34-025a井为苏里格气田南区于2014年开发的井，完钻井深4503.00m，完钻层位为马家沟组。该井钻遇下古生界马家沟组马五$_5$储层厚度10.5m，测井解释气层3段厚度共2.7m，气水层一段厚度1.9m，含气水层一段厚度2.5m（表3-24）。

表3-24　G34-025a井复合深度酸压试验测井解释结果

层位	气层井段（m）		厚度 （m）	电阻率 （Ω·m）	声波 时差 （μs/m）	密度 （g/cm³）	泥质 含量 （%）	视孔 隙度 （%）	基质 渗透率 （mD）	含气 饱和度 （%）	综合 解释 结果
	顶界	底界									
马五$_5$	4404.9	4405.9	1.0	215.83	165.46	2.72	5.40	5.58	0.273	56.14	气层
	4408.0	4408.8	0.8	362.66	169.74	2.67	5.18	6.49	0.523	76.07	气层
	4409.9	4410.8	0.9	202.22	170.66	2.69	3.27	7.31	1.193	74.78	气层
	4416.1	4418.0	1.9	57.61	171.32	2.67	3.61	7.58	1.751	54.38	气水层
	4420.4	4422.9	2.5	63.01	165.07	2.74	3.94	5.39	0.278	28.41	含气水层

（2）酸压施工情况。

采用复合深度酸压设计思路，转向效果明显，采用限压变排量策略，第2级提高排量，后期由于酸罐吸入困难，排量提升难度大。G34-025a井压裂施工曲线如图3-50所示，通过转向酸增黏暂堵效果较明显，地面泵压提高5~7MPa。

（3）与邻近相似井对比。

G34-025井与试验井G34-025a井邻近，地质解释结果相当，试验井与对比井相比，储层条件略差，G34-025a井与G34-025井储层参数对比见表3-25。

表3-25　G34-025a井与G34-025井储层参数对比表

井号		层位	有效厚度 （m）	声波时差 （μs/m）	孔隙度 （%）	渗透率 （mD）	气饱和度 （%）
试验井	G34-025a	马五$_5$	7.1	168.03	6.37	0.815	50.51
对比井	G34-025	马五$_5$	9.8	171.56	6.69	3.546	59.26

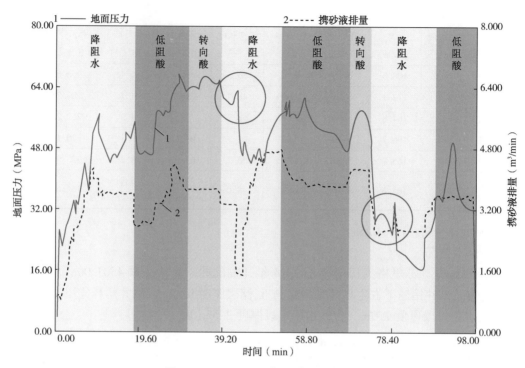

图 3-50　G34-025a 井压裂施工曲线图

G34-025a 井采用复合深度酸压工艺，试气无阻流量 158.19×10⁴m³/d，而对比井 G34-025 井采用常规组合酸酸压工艺，无阻流量 108.92×10⁴m³/d；G34-025a 井投产 30 天，平均日产气 12.2×10⁴m³，套压 21.8MPa，而对比井 G34-025 井投产 30 天平均日产气 11.7×10⁴m³，套压 18.6MPa。G34-025a 井与 G34-025 井投产效果对比如图 3-51 所示。

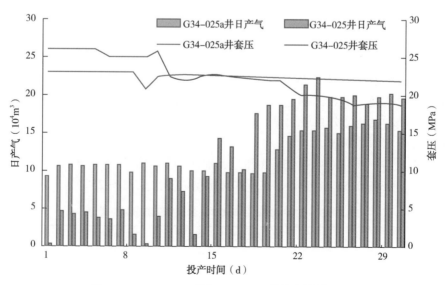

图 3-51　G34-025a 井与 G34-025 井投产效果对比

第四节　水平井分段酸压改造技术

碳酸盐岩水平井分段改造主要技术有投球选择性酸压技术、裸眼封隔器+滑套分段酸压技术和水力喷射分段酸压技术。主要介绍裸眼封隔器+滑套分段酸压技术和水力喷射分段酸压技术。

一、裸眼封隔器+滑套分段酸压技术

塔里木油田碳酸盐岩水平井分段改造技术主要为裸眼封隔器+滑套分段工艺，缝洞型碳酸盐岩储层分段设计方法。目前，塔里木油田水平井分段完井的目的：一是实现水平段的有效分段，二是为分段改造提供有利条件。分段完井改造工艺的核心在于分段完井管柱工具要能够顺利下入预定位置；封隔器可实现长期有效分隔作用；球座式分级压裂滑套能够按设计顺利打开；措施后通过放喷，把下面的分级球排出地面，形成生产通道。分段改造需要考虑的主要因素是工艺设计，不仅要保证施工的安全，而且要保证长期正常生产的安全；工艺设计、工具选型要满足施工需要，实现改造工艺成功及长期采油气的要求；分段改造工艺的程序要尽量优化，工具选型要降低成本；分段改造过程中尽可能减轻对储层的伤害。根据分段需要，优选了哈里伯顿公司的遇油膨胀封隔器+压裂滑套的水平井分段改造工艺(图3-52)。在塔里木塔中Ⅰ号气田碳酸盐岩水平井已经有多井次应用，该工艺施工作业的主要步骤有：

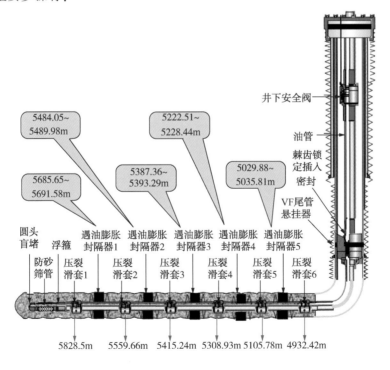

图3-52　分段酸压管柱结构及工具示意图

（1）测井后，通井刮壁，确保通井规下入裸眼水平段。

（2）下入2次模拟工具，顺利后循环完井液至井底。

（3）下入悬挂器+遇油膨胀封隔器+压裂滑套（关闭）+尾管入井+遇油膨胀封隔器+浮箍，浮鞋，用钻杆携带下入，每10柱灌完井液一次。

（4）正顶替轻质柴油入水平井段并覆盖VF上部，直接投球坐封VF悬挂器，坐封后管柱丢手，起出坐封工具管柱。

（5）油管回接插入尾管悬挂器。

（6）投1级球，通过平推泵送入球座，打开1级压裂滑套对底部1层进行改造。观察套管压力升高情况，需要打备压20~30MPa。

（7）投2级球，泵送入座，对底部2层改造。

（8）投n级球，泵送入座，对底部n层改造。

（9）在清蜡阀门上接放喷管线，可以放喷收球，清除井筒，排出压裂液等杂物后，导通翼阀直接进流程生产。

由于塔中碳酸盐岩储层主要储集体为一组或多组缝洞单元体组成，储集体之间可能连通或不连通，使得常规用于均质储层的基于油藏数值模拟优化的方法不再适用，因为其改造目的及目标完全不同。随着物探技术和缝洞雕刻技术的发展，逐渐形成了一种适合塔中缝洞型碳酸盐岩储层水平井改造分段设计方法，如图3-53所示。

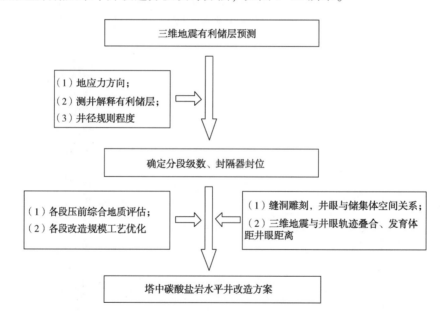

图3-53　塔中碳酸盐岩储层水平井改造分段设计方法步骤

下面以塔中62-11H井为例，介绍塔中碳酸盐岩储层水平井改造分段设计方法。

第一步，利用三维地震资料对有利储层的预测结果初步确定水平井分段方案。

由塔中62-11H井三维地震平面和剖面图上看，沿井眼轨迹井眼周围存在6个有效储集体，因此初步确定该井分为6段进行改造，如图3-54和图3-55所示。

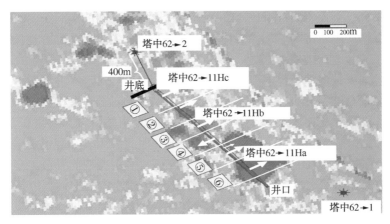

图 3-54 塔中 62-11H 井附近有利储层预测图

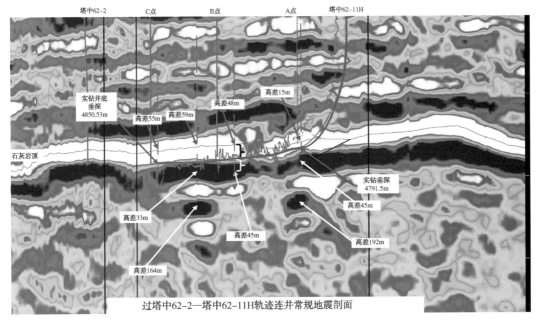

图 3-55 塔中 62-11H 井井眼距有利储层距离预测

第二步，根据地应力方向，测井解释有利储层，结合井眼轨迹情况最终确定封隔器封位、水平井分段方案。

塔中 62-11H 井最大主应力方向为北东—南西向，井眼轨迹方位为 320°～330°，该井能够沿井眼形成横切井筒的横向缝，并且有利于各段分别沟通有利储集体，显著增加单井控制储量，提高单井产量，因此可对各个储集体进行分段改造。测井解释对应 6 段发育储层，钻井过程中见良好显示，封隔器封位井径较规则，最终确定该井分为 6 段改造，以最大程度地对该井进行改造。

第三步，根据井眼轨迹及三维地震资料确定井眼与有利储集体之间的空间距离。

如图 3-56 和图 3-57 所示，在剖面上，位于缝洞储集体的顶部，距下部有利储集体分别 33～192m 不等；在平面上，距离有利储集体约 100m 左右，且第二段与井眼轨迹基本重叠；这样结合平面、剖面资料即可确定井眼与有利储集体之间的空间距离。

第四步，根据井眼轨迹与有利储集体空间距离，结合各段压前综合地质评估方法最终确定各段改造工艺和改造规模。

根据塔里木油田碳酸盐岩储层直井改造压前评估方法，对水平井各段进行压前地质评分，根据评分结果及储层分布，选择各段改造工艺和进行改造规模优化，如表3-26是塔中62-11H井各段评分及改造工艺，第一段评分65+（无测井资料，测井未评分）储集体较大，钻井过程中油气显示最活跃，已钻遇良好储层，因此采用较小规模前置液酸压；第二段评分80+，平面和纵向储层预测发育，但距离较远，采用大型前置液，交联酸与胶凝酸两级注入酸压；第三段评分79+，平面预测储集体规模较小，纵向储层可能与第二段储层连通，采用较小规模前置液酸压；第四段评分67+，井眼侧面有小串珠，采用中等规模前置液酸压；第五段评分78+，井眼轨迹侧面有串珠，钻井有良好油气显示，中等规模前置液，交联酸与胶凝酸二级注入酸压；第六段评分65+，储层下部有串珠，距离远，气测显示差，采用大规模前置液，交联酸与胶凝酸二级注入酸压。

表3-26　塔中62-11H井各段评分及改造工艺

序号	井段（m）	评分	前置液/交联酸/胶凝酸（m³）	工艺
1	5691.58~5843.00	65+	193/100/40	前置液酸压
2	5489.98~5685.65	80+	323/140/60	前置液+酸液多级注入
3	5393.29~5489.98	79+	220/100/40	前置液酸压
4	5228.44~5387.36	67+	250/60/60	前置液酸压
5	5035.81~5222.51	78+	270/130/40	前置液+酸液多级注入
6	4861.00~5029.88	65+	340/170/60	前置液+酸液多级注入

裸眼封隔器+滑套分段酸压是塔里木油田碳酸盐岩水平井分段改造主体技术之一，表3-27是部分井应用统计表，单井段数最多6段，最深井段达到6780m。

表3-27　塔里木油田碳酸盐岩水平井裸眼封隔器+滑套分段酸压统计表

序号	井号	井段（m）	分段数	工作制度	油压（MPa）	日产油（m³）	日产气（m³）
1	塔中62-7H	4957.86~5356.56	4	8mm	30.03	208.0	147351
2	塔中62-6H	4929~5188	3	8mm	40.37	124	264918
3	塔中62-11H	4861~5843	6	12mm	17.77	81.8	261258
4	塔中62-10H	5089.88~5690	4	10mm	9.817	49.3	30483
5	塔中83-2H	5541~6390	4	8mm	35.36	32.5	289508
6	中古162-1H	6094.83~6780	3	6mm	39.00	114.0	27123
7	塔中82-1H	5247.36~6280	2	5mm	42.41	59.6	117928
8	塔中62-H8	4418~5007.15	3	4mm	28.36	15.7	57600
9	塔中26-H6	4318~5592	4	4mm	69.00	42.0	47000
10	轮古2-H1	5367.67~5833.00	4	敞放	0	1.4	

（1）典型井1——塔中62-11H井裸眼封隔器+滑套分段最多的水平井。

塔中62-11H水平井分段酸压改造创下了塔里木油田水平位移最大、水平段最长、分段最多、规模最大、连续酸压一次成功等5项新纪录。塔中62-11H井4861.00~5029.88m，5035.81~5222.51m，5228.44~5387.36m，5393.29~5484.05m，5489.98~5685.65m和5691.58~5843.00m进行6段分段改造，共注入地层总液量2541.5m³，其中前置液1544.1m³、低浓度交联酸300.1m³、高浓度交联酸390.9m³、胶凝酸281.1m³、原井筒液+顶替液25.3m³，施工排量4.8~7.0m³/min，油压36.3~91.8MPa，酸压施工曲线如图3-56所示。酸后用φ12mm油嘴测试日产油82m³、气261258m³，求产曲线如图3-57所示。

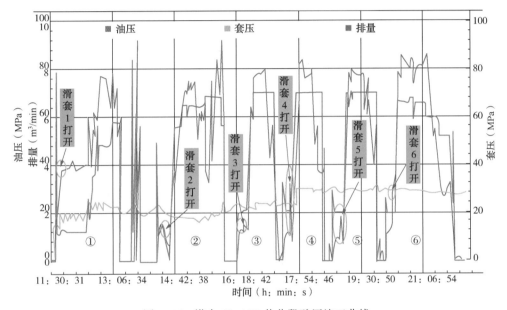

图3-56 塔中62-11H井分段酸压施工曲线

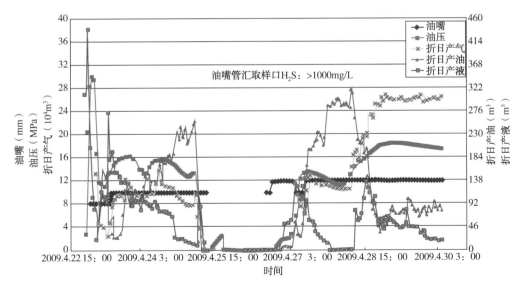

图3-57 塔中62-11H井求产曲线

（2）典型井2——中古162-1H井裸眼封隔器+滑套最深的水平井。

中古162-1H井创下了塔里木盆地碳酸盐岩水平井埋藏最深（测深6780.00m/垂深6320.24m）、Ⅲ类储层高产两项纪录。中古162-1H井奥陶系良里塔格组进行水平井分段改造，注入地层总液量2422.19m³，压裂液用量1977m³，酸液用量397m³；排量3.3～5.1m³/min，施工压力34.0～90.1MPa。中古162-1H井酸压施工曲线如图3-58所示。从三段施工曲线看，打开各级滑套的泵压响应非常明显，瞬间压降10～15MPa；总体上酸压施工困难，泵压较高；第一段沟通缝洞储集体的特征不明显，判断储集体充填严重；第二段和第三段施工后期压开地层的压降幅度逐渐增大，有明显沟通到缝洞储集体的迹象。酸压后用φ6mm油嘴定产，油压39MPa，套压18MPa，日产油114.08m³（油相对密度0.83/20℃，0.8/50℃），测试结论：油层，求产曲线如图3-59所示。

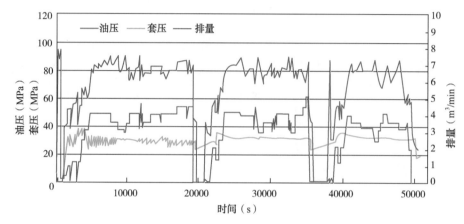

图3-58　中古162-1H井分段酸压施工曲线

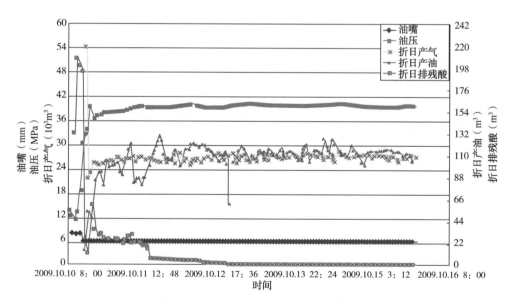

图3-59　中古162-1H井酸后求产曲线

二、水力喷射分段酸压技术

水力喷射分段酸压技术在长庆油田和塔里木油田进行应用，以长庆油田碳酸盐岩为基础，介绍水力喷射分段酸压工艺。

针对长庆气田下古生界碳酸盐岩水平井储层致密、钻遇岩性复杂、非均质性强的特点，应用水力喷射原理，结合酸压工艺提高水平井改造强度，提出了下古生界碳酸盐岩储层水平井水力喷射深度酸压技术。该工艺具有两个特点：(1)通过水力喷射的增压作用，可以提高酸液有效穿透距离；(2)气层连续性差，通过对长水平段多段水力喷射，充分挖掘物性较好储层增产潜力。如图3-60所示，靖平47-22井发育多段气层、含气层，水平段钻遇岩心复杂，非均质性强，通过对长水平段多段水力喷射，可以充分挖掘物性较好储层增产潜力。

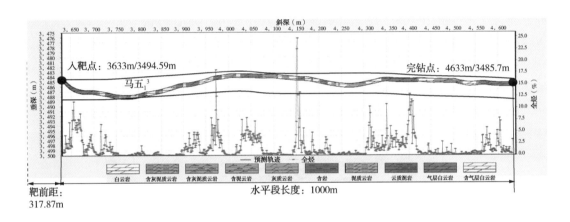

图3-60　靖平47-22井水平段解释成果图

1. 水力喷射位置优选

通过优选喷射位置，实现准确有效酸压；根据气测、钻完井、电性数据分析，优选喷射位置，采用水力喷射产生射流增压，有效提高改造深度。水力喷射位置确定原则：(1)物性相对较好；(2)具有相对连续的气层段；(3)喷点位置要求具有一定的连续厚度（一般大于8m）。

2. 工艺参数优化研究

对于长庆靖边气田，由于储层的低渗透、低压特征，气体的渗流能力相对有限，因此，必须要进行大规模的酸化/酸压改造，以形成深穿透酸蚀裂缝，扩大储层的泄流面积，进一步提高单井产量。如图3-61所示，提高排量，可以提高喷嘴增压。实验研究发现：(1)水力喷射均可实现4~10MPa射流增压；(2)施工排量1.8~2.7m³/min即可对地层产生有效作用。不同施工排量井口压力预测如图3-62所示。

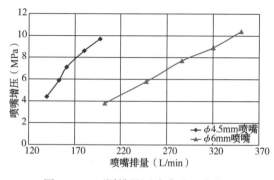

图 3-61 不同排量下喷嘴增压曲线图

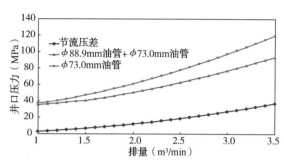

图 3-62 不同施工排量井口压力预测

3. 施工酸量

施工酸量对酸压改造非常重要，如图 3-63 所示，如果注入酸液太少，可能无法沟通储集空间，达不到酸压效果。通过开展酸液试验(图 3-64)研究发现：

（1）酸量增加，酸液的有效作用距离增加；

（2）增加酸液黏度可以降低酸岩反应速度，有效地提高酸液的有效作用距离。

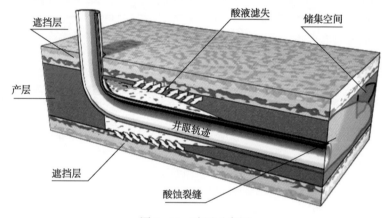

图 3-63 酸压示意图

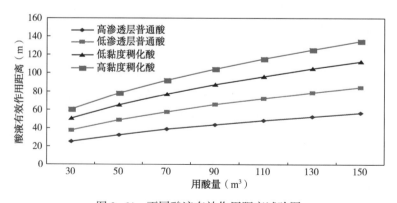

图 3-64 不同酸液有效作用距离试验图

（3）酸液的用量与裂缝形态的关系。

酸压改造必须达到两个目标：首先是实现有效的酸蚀峰长，其次要求裂缝具有较高的导流能力。室内试验研究发现，酸蚀裂缝长度、宽度及裂缝导流能力随着酸量的增大而增加，但当酸量超过 150m³ 以后（图 3-65 和图 3-66），裂缝长度和宽度的增加趋势逐渐变缓。为此，要求酸压每段酸液用量为 100~150m³。

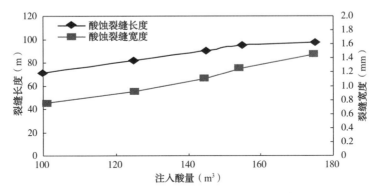

图 3-65　酸液用量与裂缝长度和宽度的关系

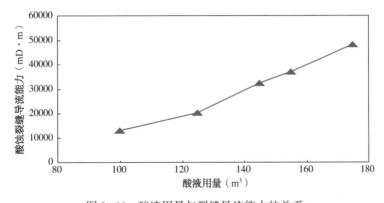

图 3-66　酸液用量与裂缝导流能力的关系

三、连续油管分段酸化+油管酸压工艺研究

水平井部署区储层致密、非均质性强，连续油管均匀酸化难以有效解除高渗透层钻井液伤害。为此，将连续油管均匀布酸改进为均匀布酸+分段挤酸，从而有效解除高渗透层钻井液伤害，提高改造效果，如图 3-67 所示。

1. 工艺参数优化

对于长庆靖边气田，由于储层的低渗透、低压特征，气体的渗流能力相对有限，因此，必须要进行更大规模的酸化/酸压改造，以在远离水平井筒的地带形成酸蚀裂缝，扩大水平井筒的泄流面积，以进一步提高单井产量。

理论研究表明，对于碳酸盐岩储层，要使储层改造后达到一定的表皮系数，需要使酸液有一定的有效作用距离，不同的表皮系数，对应的作用深度不同，如图 3-68 和图 3-69所示。

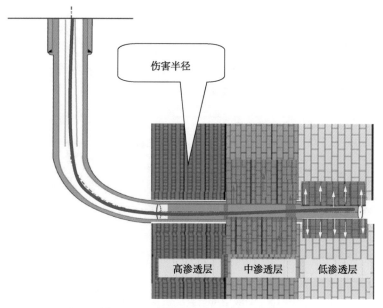

图 3-67 连续油管分段酸化示意图

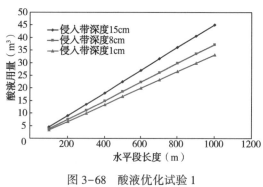

图 3-68 酸液优化试验 1

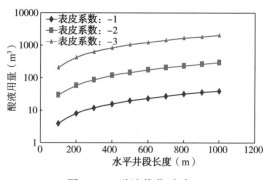

图 3-69 酸液优化试验 2

根据不同水平井钻遇储层情况，充分结合设备能力，优化连续油管布酸酸量、油管酸压酸量；同时，结合连续油管设备现状，确定合理的拖动速度。通过试验研究，得到了以下认识：

（1）在设备允许的情况下，尽可能提高注入排量，增加酸液穿透距离；

（2）分段挤酸，每段挤酸 10~15m³；

（3）酸压用酸量 600~900m³。

2. 挤酸位置优选

如图 3-70 所示，由于储层非均质性影响，使不同渗透率储层段钻井液污染程度不同。为提高钻井液污染严重井段的解除效果，在钻井液污染严重井段采用定点挤酸，结合酸液溶蚀试验，在重点井段挤酸 10~15m³，形成了重点段定点挤酸、全水平井段布酸、油管酸压工艺。

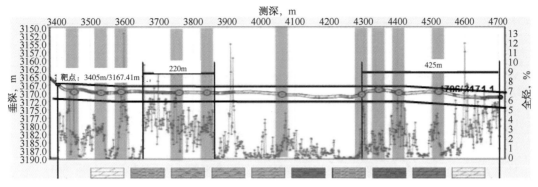

图 3-70 靖平 06-8 井水平段连续油管分段酸化挤酸位置

第五节 现场应用及评估

综上所述，针对碳酸盐岩储层改造，已形成 5 种适应不同储层特点的酸液体系：GA、GCA、DCA、HDGA 和 HTEA。形成 4 种深穿透酸压改造工艺技术：GA 酸酸压技术、GCA 酸酸压技术、DCA 智能转向酸压技术、HDGA 加重酸酸压技术；研究了胶凝酸携带乳化酸降阻评价方法，胶凝酸携带乳化酸大幅降低乳化酸摩阻，剪切速率高于 400s^{-1} 时，体系的降阻率基本保持不变，降阻率是清水的 40%~50%。形成的裸眼封隔器+滑套分段酸压、水力喷射分段酸压及连续油管分段酸化+酸压工艺 3 种水平井分段酸压工艺技术，结合井层特点和改造需求，几种工艺在塔里木、四川和鄂尔多斯等盆地碳酸盐岩储层分段酸压改造中得以推广应用。

一、酸压技术在鄂尔多斯盆地的应用

1. 长庆气田总体效果分析

长庆气田下古生界水平井实施试验 71 口井，平均无阻流量 $57.2 \times 10^4 m^3/d$，是前期直井的 3.6 倍，总体改造效果良好（表 3-28）。

表 3-28 长庆气田下古生界水平井改造效果分析

序号	井号	层位	改造简况		
			水平段长度(m)	措施类型	无阻流量($10^4 m^3/d$)
1	靖平 09-14	马五$_1^3$	1101	连续油管布酸/油管酸压	6.56
2	靖平 06-9	马五$_1^3$	1034	连续油管布酸/油管酸压	50.88
3	靖平 50-15	马五$_1^3$	1000	连续油管布酸酸化	8.91
4	靖平 34-11	马五$_1^3$	1050	连续油管布酸酸化	27.67
5	靖平 01-11	马五$_1^3$	830	连续油管布酸酸化	80.50
6	靖平 12-6	马五$_1^3$	420	连续油管布酸酸化	41.17
7	靖平 52-16	马五$_1^3$	949	连续油管布酸酸化	30.25

序号	井号	层位	改造简况		
			水平段长度(m)	措施类型	无阻流量($10^4 m^3/d$)
8	靖平06-8	马五$_1^3$	1301	连续油管布酸酸化	113.96
9	靖平51-8	马五$_1^3$	1200	连续油管布酸酸化	52.29
10	靖平70-9	马五$_1^3$	3248	连续油管布酸酸化	6.58
11	榆平2	马五$_1^3$、马五$_1^2$	1370	裸眼封隔器酸压10段	—
12	榆41-1H1	马五$_1^3$	2000	裸眼封隔器酸压11段	30.14
13	靖南70-6H1	马五$_1^3$	1509	裸眼封隔器酸压11段	—
14	靖平51-13	马五$_1^3$	579	裸眼封隔器酸压5段	—
15	靖平2-18	马五$_1^3$	1001	裸眼封隔器酸压5段	14.04
16	靖南69-13H2	马五$_1^3$	1000	裸眼封隔器酸压6段	123.52
17	靖南70-9H1	马五$_1^3$	1466	裸眼封隔器酸压8段	69.07
18	靖南65-13H1	马五$_1^3$	1509	裸眼封隔器酸压9段	10.67
19	苏东40-58H	马五$_1^3$	1825	水力喷射酸压10段	51.27
20	苏东38-61H	马五$_1^3$	2030	水力喷射酸压10段	454.71
21	靖平55-5-2	马五$_1^3$	2000	水力喷射酸压10段	4.65
22	靖平51-2-1	马五$_1^3$	1500	水力喷射酸压10段	51.52
23	靖平44-16-1	马五$_1^3$	1628	水力喷射酸压10段	54.90
24	靖平04-12	马五$_1^3$	2005	水力喷射酸压10段	71.13
25	靖平04-10	马五$_1^1$、马五$_1^2$	2000	水力喷射酸压10段	50.80
26	靖南57-9H3	马五$_1^2$	1506	水力喷射酸压10段	158.38
27	靖南57-9H1	马五$_1^2$	1529	水力喷射酸压10段	120.19
28	靖平06-6	马五$_1^3$	1577	水力喷射酸压10段	24.56
29	靖平05-7	马五$_1^3$	1418	水力喷射酸压10段	25.49
30	靖南65-8H	马五$_1^3$	1500	水力喷射酸压10段	5.27
31	靖平33-1	马五$_1^3$	302	水力喷射酸压2段	50.50
32	靖平39-14	马五$_1^3$+马五$_3$	695	水力喷射酸压3段	80.27
33	靖平33-13	马五$_1^3$	817	水力喷射酸压3段	10.13
34	靖平10-20	马五$_1^3$	1100	水力喷射酸压4段	24.09
35	榆42-5H3	马五$_1^3$	740	水力喷射酸压4段	—
36	靖平51-2-2	马五$_1^2$	1110	水力喷射酸压5段	31.55
37	靖南57-9H2	马五$_1^2$	958	水力喷射酸压5段	147.37
38	靖平07-6	马五$_1^3$	643	水力喷射酸压5段	108.61
39	靖平34-21	马五$_3$	1700	水力喷射酸压5段	82.55

续表

序号	井号	层位	改造简况		
			水平段长度（m）	措施类型	无阻流量（$10^4 m^3/d$）
40	靖平 011-16	马五$_1^3$	1000	水力喷射酸压 5 段	35.37
41	靖南 70-6H	马五$_1^3$	634	水力喷射酸压 5 段	7.37
42	榆 39-2H1	马五$_1^3$	1272	水力喷射酸压 6 段	55.95
43	靖平 27-29	马五$_1^3$	1214	水力喷射酸压 6 段	4.15
44	靖平 23-24	马五$_1^3$	1000	水力喷射酸压 6 段	34.66
45	靖平 011-14	马五$_1^3$、马五$_1^2$	1500	水力喷射酸压 6 段	30.79
46	靖南 68-9H	马五$_1^3$	1380	水力喷射酸压 6 段	1.92
47	靖南 64-10H	马五$_1^3$	1560	水力喷射酸压 6 段	0.18
48	榆 49-5H2	马五$_1^3$、马五$_2^1$	2000	水力喷射酸压 7 段	105.27
49	榆 41-1H2	马五$_1^3$	1500	水力喷射酸压 7 段	16.04
50	靖平 69-12	马五$_1^3$	1281	水力喷射酸压 7 段	0.90
51	靖平 55-4	马五$_1^3$	1105	水力喷射酸压 7 段	20.96
52	靖平 44-16-2	马五$_1^3$	1500	水力喷射酸压 7 段	71.30
53	靖平 47-22	马五$_1^3$	1000	水力喷射酸压 7 段	101.08
54	靖平 3-17	马五$_1^3$	1104	水力喷射酸压 7 段	55.56
55	靖平 26-19	马五$_1^3$	1727	水力喷射酸压 7 段	112.00
56	靖平 16-26	马五$_1^3$	1165	水力喷射酸压 7 段	19.77
57	靖平 06-7	马五$_1^3$	1506	水力喷射酸压 7 段	161.89
58	靖平 05-8	马五$_1^3$	1046	水力喷射酸压 7 段	213.21
59	靖平 012-16	马五$_1^3$	1161	水力喷射酸压 7 段	219.27
60	榆 45-0H1	马五$_1^3$	1946	水力喷射酸压 8 段	53.51
61	榆 42-5H4	马五$_1^3$	1500	水力喷射酸压 8 段	—
62	靖平 9-20	马五$_1^2$	2000	水力喷射酸压 8 段	2.21
63	靖平 61-10	马五$_1^3$	1302	水力喷射酸压 8 段	7.55
64	靖平 09-16	马五$_1^3$	1413	水力喷射酸压 8 段	36.01
65	靖平 09-15	马五$_1^3$	1209	水力喷射酸压 8 段	20.80
66	靖南 68-9H3	马五$_1^2$	1534	水力喷射酸压 8 段	39.40
67	靖南 65-13H3	马五$_2^1$	1540	水力喷射酸压 9 段	1.28
68	靖南 64-10H1	马五$_1^3$	1537	水力喷射酸压 9 段	0.86
69	靖平 44-17	马五$_1^3$	2000	水力喷射酸压 9 段	109.08
70	靖南 74-6H	马五$_1^3$	1371	水力喷射酸压 9 段	3.57
71	靖平 25-17	马五$_1^3$	716	油管布酸/酸压	6.85

2. 水力喷射深度酸压效果分析

长庆气田下古生界水平井实施水力喷射深度酸压现场应用52口井，平均无阻流量62.997×10⁴ m³/d，是前期直井的3.8倍，改造效果显著。

典型井分析：

（1）靖平47-22井。

靖平47-22井累计入井酸量为600 m³，压后一次喷通，试气无阻流量101.08×10⁴ m³/d，是邻近直井的5.3倍，增产效果明显（表3-29）。

表3-29 靖平47-22水力喷射深度酸压改造效果分析

井号	层位	有效厚度（m）	声波时差（μs/m）	孔隙度（%）	气饱和度（%）	基质渗透率（mD）	解释结果	无阻流量（10⁴ m³/d）
G48-20	马五₁³	2.1	158	3.87	61.2	0.031	气层	41.9414
G50-20	马五₁³	3.6	172.03	8.65	78.4	0.904	气层	5.5212
G49-19	马五₁³	3	170.6	8.16	81.1	0.707	气层	10.12
邻井平均（3口直井）	马五₁³	2.9	166.9	6.9	73.6	0.55	气层	19.19
陕230井区	马五₁³	2.96	—	7.32	78.1	0.59	气层	9.48
靖平47-22	马五₁³	469.9	131.5	—	—	—	气层	101.08
	马五₁³	213.6	152.8	—	—	—	含气层	

（2）靖平23-24井。

靖平23-24井累计入井酸量为802.5 m³，压后一次喷通，试气井口产量9.23×10⁴ m³/d，是邻近直井的5倍，增产效果明显（表3-30）。

表3-30 靖平23-24水力喷射深度酸压改造效果分析

井号	层位	有效厚度（m）	声波时差（μs/m）	孔隙度（%）	气饱和度（%）	基质渗透率（mD）	解释结果	无阻流量（10⁴ m³/d）
G22-25	马五₁³	2.2	159.7	4.5	71.7	0.056	气层	13.24
G22-23	马五₁³	3.4	161	4.87	72.9	0.081	气层	6.3
G24-23	马五₁³	2.7	166.6	6.8	76.6	0.33	气层	3.48
陕200	马五₁³	2	162	5.24	77.5	0.111	气层	4.74
邻井平均（4口直井）	马五₁³	2.6	162.3	5.35	74.7	0.14	气层	6.94
陕200井区	马五₁³	2.23	—	6.2	70.3	0.37	气层	4.85
靖平23-24	马五₁³	326.3	—	—	—	—	气层	34.66
	马五₁³	271.2	—	—	—	—	含气层	

（3）靖平011-16井。

靖平011-16累计入井酸量540 m³，压后一次喷通，试气无阻流量35.37×10⁴ m³/d，是邻近直井的3.7倍，增产效果明显（表3-31）。

表3-31 靖平011-16水力喷射深度酸压改造效果分析

井号	层位	有效厚度（m）	声波时差（μs/m）	孔隙度（%）	气饱和度（%）	基质渗透率（mD）	解释结果	无阻流量（$10^4m^3/d$）
G010-17	马五$_1^3$	1.5	170.5	8.12	79.7	0.694	气层	7.1161
G011-17	马五$_1^3$	1.8	183.7	12.59	76.7	4.378	气层	18.8648
榆32	马五$_1^3$	4	163	2.66	81.3	0.114	气层	4.7893
召26	马五$_1^3$	1.2	177.8	10.93	76.8	6.001	气层	7.0895
邻井平均（4口直井）	马五$_1^3$	2.1	173.75	8.58	78.6	2.79	气层	9.46
统5井区	马五$_1^3$	2.43	—	6.08	75.6	0.66	气层	9.05
靖平011-16	马五$_1^3$	124.8	155.1	—	—	—	气层	35.37
	马五$_1^3$	339.1	169.4	—	—	—	含气层	

3. 连续油管分段酸化+酸压工艺试验效果分析

长庆气田下古生界水平井实施连续油管分段酸化+酸压试验10口井，平均无阻流量41.91×$10^4m^3/d$，是前期直井的3.7倍，改造效果较好。

典型井分析：

（1）靖平06-8井。

靖平06-8井分段酸压累计入井酸量638m^3，压后一次喷通，试气无阻流量113.96×$10^4m^3/d$，是邻近水平井的2.2倍，是靖边气田下古生界水平井试气产量之最，增产效果突出（表3-32）。

表3-32 靖平06-8连续油管分段酸化+酸压改造效果分析

井号	层位	有效厚度（m）	声波时差（μs/m）	孔隙度（%）	气饱和度（%）	基质渗透率（mD）	解释结果	无阻流量（$10^4m^3/d$）
靖平06-9	马五$_1^4$	357.4	152.5	—	—	—	气层	50.88
	马五$_1^3$	251.9	151.7	—	—	—	含气层	
靖平06-8	马五$_1^3$	344	176.9	—	—	—	气层	113.96
	马五$_1^3$	437	167.6	—	—	—	含气层	

（2）靖平50-15井。

靖平50-15井分段酸压累计入井酸量734.2m^3，压后一次喷通，试气无阻流量8.91×$10^4m^3/d$，是邻近直井的1.6倍（表3-33）。

表3-33 靖平50-15连续油管分段酸化+酸压改造效果分析

井号	层位	有效厚度（m）	孔隙度（%）	气饱和度（%）	渗透率（mD）	解释结果	无阻流量（$10^4m^3/d$）
陕105	马五$_1^3$	2	4.94	69.5	0.83	气层	4.0027
G50-15	马五$_1^3$	1.9	5.85	78.9	1.02	气层	6.7173

续表

井号	层位	有效厚度 （m）	孔隙度 （%）	气饱和度 （%）	渗透率 （mD）	解释 结果	无阻流量 （$10^4 m^3/d$）
G51-16	马五$_1^3$	2.9	7.08	68.3	7.73	气层	5.7781
G52-15	马五$_1^3$	2.8	2.08	56.9	2.18	气层	5.8643
邻井平均 （4口直井）	马五$_1^3$	2.4	4.99	68.4	2.94	气层	5.59
靖平50-15	马五$_1^3$	301.8	—	—	—	气层	8.91
	马五$_1^3$	363.4	—	—	—	含气层	

（3）靖平51-8井。

靖平51-8井分段酸压累计入井酸量638m³，压后一次喷通，试气无阻流量52.29×$10^4 m^3/d$，是区块直井的3.6倍，增产效果明显（表3-34）。

表3-34 靖平51-8连续油管分段酸化+酸压改造效果分析

井号	层位	有效厚度 （m）	声波时差 （μs/m）	孔隙度 （%）	气饱和度 （%）	渗透率 （mD）	解释 结果	无阻流量 （$10^4 m^3/d$）
陕100 区块直井	马五$_1^3$	2.9	—	6.75	78.9	0.57	—	14.66
靖平51-8	马五$_1^3$	368.3	158.8	—	—	—	气层	52.29
	马五$_1^3$	460.6	153.2	—	—	—	含气层	

4. 裸眼封隔器分段酸压效果分析

在长庆下古生界水平井开展现场试验8口，试气无阻流量49.488×$10^4 m^3/d$，与常规酸压工艺比较，增产效果明显提升，初步形成裸眼封隔器多级交替注入深度酸压工艺（表3-35）。

表3-35 下古生界水平井酸压改造试验井统计

井号	层位	水平段长度 （m）	有效钻遇率 （%）	段数	酸量 （m³）	排量 （m³/min）	无阻流量 （$10^4 m^3/d$）
榆平2	马五$_1^3$、马五$_1^2$	1370	65.2	10	1470.0	4.0~4.5	—
榆41-1H1	马五$_1^3$	2000	61.2	11	988.0	2.2~2.6	30.14
靖南70-6H1	马五$_1^3$	1509	65.3	11	817.7	4.5~5.7	—
靖平51-13	马五$_1^3$	579	72.9	5	1776.8	4.0~5.2	—
靖平2-18	马五$_1^3$	1001	72.6	5	1662.0	4.0~4.5	14.04
靖南69-13H2	马五$_1^3$	1000	74.3	6	888.3	4.5~5.2	123.52
靖南70-9H1	马五$_1^3$	1466	72.0	8	2500.0	4.0~5.0	69.07
靖南65-13H1	马五$_1^3$	1509	33.8	9	—	—	10.67
平均	—	1304.25	64.7	8	1443.0	—	49.488

二、酸压技术在四川盆地的应用

1. 震旦系酸压技术

震旦系灯四段储层具有井深、温度高、含硫、低孔低渗透、非均质性强、储层类型多等特点。在勘探阶段，井型为直井，根据不同储层特征，形成了 3 套针对性酸压工艺。开发阶段初期，井型为大斜度井、水平井，主要试验分层、分段酸压工艺。

针对储层缝洞发育、主要分布在台缘带、钻井显示级别高、有井漏显示的直井，采用胶凝酸酸压工艺，解除近井地带的伤害，疏通天然裂缝。采用具有缓速、低摩阻、解除钻井液伤害、形成高导流能力等特点的高温胶凝酸作为解堵疏通主体工作液。

针对储层洞较发育、裂缝欠发育、主要分布在台缘带、钻井显示级别中等的直井，采用前置液酸压工艺，压开地层，造长的人工裂缝，沟通天然缝洞。采用胶凝酸作为主体酸液体系，自生酸前置液或羧甲基压裂液作为前置液。

针对储层缝洞欠发育/不发育、匹配差、主要分布在台内、钻井显示级别低的直井，采用复杂网缝酸压工艺，造多缝，增加储层改造体积。采用地面交联酸和高温胶凝酸作为主体酸液体系；采用低黏滑溜水促使裂缝剪切滑移、建立复杂裂缝网络；采用 140MPa 井口装置和压裂设备，增强施工能力；采用粉陶暂堵转向，提高裂缝内净压力，实现暂堵转向。

针对大斜度井、水平井采用滑套+封隔器进行分层、分段酸压，综合钻井、录井、测井及地应力解释成果，形成分层、分段原则；应用耦合求解酸压裂缝模型，形成酸压优化设计方法。同时，开发了耐酸前置液体系，解决了原有高温前置液体系耐酸性能较差的缺点；改进了耐高温低伤害胶凝酸体系，降低了酸岩反应速率及残酸伤害。

2. 震旦系酸压现场总体应用情况

在震旦系实施酸压工艺试验 48 井/60 井次，累计测试产气量 $1851.43 \times 10^4 m^3/d$。其中胶凝酸酸压 28 口井/36 井次，累计测试产气量 $726.30 \times 10^4 m^3/d$；前置液酸压 8 口井/11 井次，累计测试产气量 $413.37 \times 10^4 m^3/d$；复杂缝网酸压 2 口井/2 井次，累计测试产气量 $14.97 \times 10^4 m^3/d$；大斜度井、水平井分层、分段酸压 10 井/11 井次，累计测试产气量 $696.79 \times 10^4 m^3/d$。

3. 震旦系酸压典型井例

1）高石 7 井胶凝酸酸压施工

高石 7 井位于四川盆地乐山—龙女寺古隆起高石梯构造震顶构造高部位，射孔井段为 $5091.0 \sim 5126.0m$、$5203.0 \sim 5210.0m$、$5250.0 \sim 5252.0m$、$5262.0 \sim 5264.0m$ 和 $5337.5 \sim 5345.0m$，试油段内钻进见 4 次气测异常、5 段气侵、2 次井漏显示，累计漏失钻井液 $19.0m^3$。距射孔段顶部 $3.4m$（井段 $5087.00 \sim 5087.94m$）钻进灯影组见井漏，漏失钻井液 $78.2m^3$。测井解释 5 段气层，有效储层厚度 $45.8m$，孔隙度 $1.4\% \sim 17\%$。成像测井显示溶蚀孔洞较发育，如图 3-71 所示。

该井改造的出发点是解除近井地带的伤害，疏通通道。高石 7 井酸压施工曲线如图 3-72 所示，施工规模为 $280m^3$ 胶凝酸+400 颗可降解暂堵球，施工过程中间明显疏通天然缝洞显示，压力降幅达 8MPa，酸化后测试产量 $105.65 \times 10^4 m^3/d$。酸化前解释地层渗透率为 0.1mD，酸化后解释渗透率为 20.7mD，表明胶凝酸酸压有效解除了近井地区的伤害堵塞。

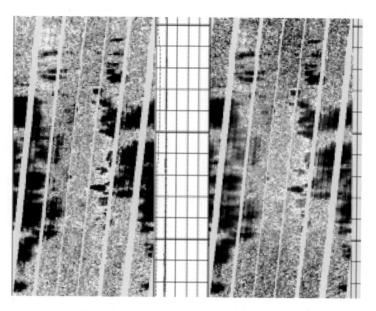

图 3-71 高石 7 井灯四段成像测井

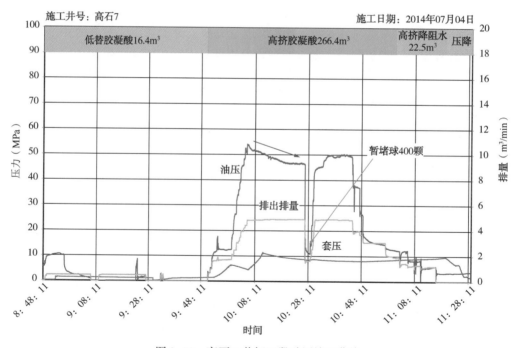

图 3-72 高石 7 井灯四段酸压施工曲线

2）高石 19 井前置液酸压施工

高石 19 井位于四川盆地乐山—龙女寺古隆起高石梯潜伏构造震顶构造东南端，射孔井段为 5384m~5408m，试油段钻进未见显示。测井解释 1 个气层，储厚 15.1m，孔隙度 2.8%，成像测井见局部天然裂缝发育，如图 3-73 所示。

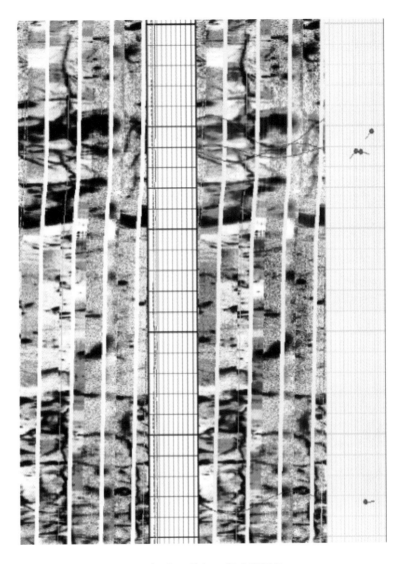

图 3-73　高石 19 井灯四段成像测井

高石 19 井初次改造采用 280m³ 胶凝酸酸压工艺，如图 3-74 所示，施工过程中压力缓慢下降、无明显沟通裂缝显示，净压力拟合表明该次施工形成 42m 酸蚀裂缝。重复改造采用前置液酸压工艺，增加酸蚀裂缝长度，力争沟通远井地带的天然裂缝。高石 19 井重复改造施工曲线如图 3-75 所示，施工规模为 282m³ 前置液+700m³ 胶凝酸，施工后缝长较初次提高 2.5 倍(初次改造酸蚀缝长 42m，重复改造酸蚀缝长 104m)，测试产量较初次提高 6 倍(初次改造测试产气量 0.3×10⁴m³/d，重复改造测试产气量 2.0×10⁴m³/d)。

3) 磨溪 11 井复杂缝网酸压施工

磨溪 11 井位于四川盆地乐山—龙女寺古隆起磨溪~安平店潜伏构造震顶构造东段，射孔井段为 5155~5177m 和 5197~5208m，试油段钻进见 2 次气测异常显示。测井解释 2 个气层，储厚 38.9m，孔隙度 2.0%~5.2%，测井曲线如图 3-76 所示。

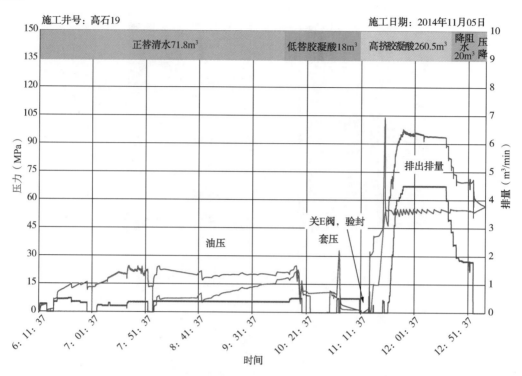

图 3-74 高石 19 井灯四段初次改造施工曲线

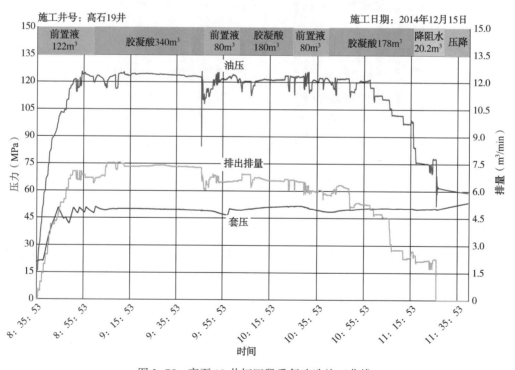

图 3-75 高石 19 井灯四段重复改造施工曲线

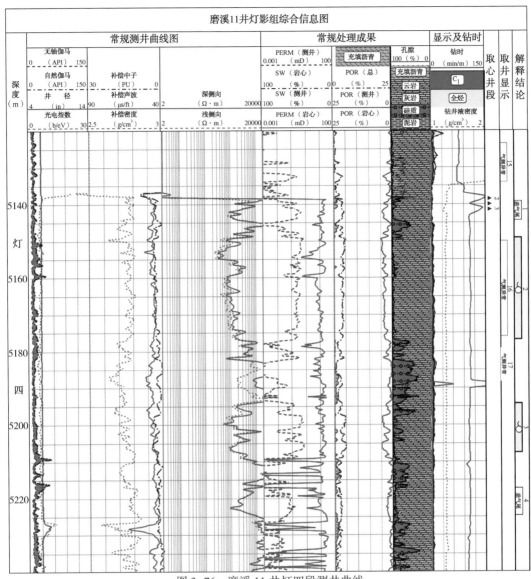

图 3-76　磨溪 11 井灯四段测井曲线

　　该井改造采用缝网压裂思路，在碳酸盐岩储层中造具有一定导流能力的复杂缝网，尽量连通储层中的天然缝洞系统，提高井口产能。磨溪 11 井酸化施工曲线如图 3-77 所示，施工规模为 $730m^3$ 滑溜水$+240m^3$ 胶凝酸$+80m^3$ 交联酸$+100$ 目陶粒 $1m^3$。压开地层后，采用大排量、大液量注入，段塞加砂，造复杂缝，获测试产气量 $8.3\times10^4m^3/d$。

　　4）高石 001-H2 井分段酸压施工

　　高石 001-H2 井位于高石梯潜伏构造震旦系顶界北高点东南鼻突轴部，采用裸眼封隔器分 6 段酸压（5187.65～5340.00m，5340.00～5458.00m，5458.00～5545.00m，5545.00～5649.00m，5649.00～5754.00m 和 5838.00～5754.00m），试油段内钻进见 1 次气测异常、4 次气侵、2 次井漏、1 次放空显示。测井解释 13 套储层，厚度 394m，其中包括：7 个气层，厚度 283m；6 个差气层，厚度 111m，成像测井显示溶蚀孔洞及天然裂缝发育，如图 3-78 所示。

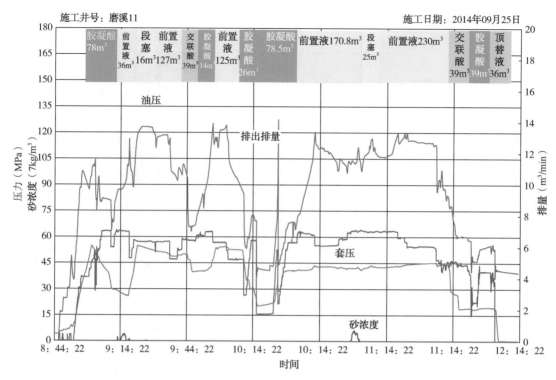

图 3-77　磨溪 11 井灯四段酸化施工曲线

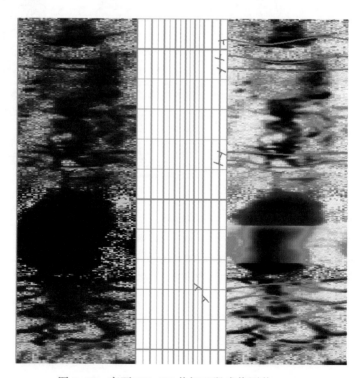

图 3-78　高石 001-H2 井灯四段成像测井

　　高石001-H2井改造的出发点是结合储层品质优化布酸，重点改造潜力层段。针对裸眼井段长、非均质性强、漏失泥浆量大、堵漏材料种类多、浓度大等特点，采用裸眼封隔器分段酸压工艺，疏通天然缝洞，建立流体通道，通过返排实现漏失钻井液的排出。高石001-H2井酸化施工曲线如图3-79所示，施工规模为1524m³胶凝酸。施工过程见突破近井地带伤害带及沟通天然缝洞显示明显，改造后获测试产气量109.99×10⁴m³/d。

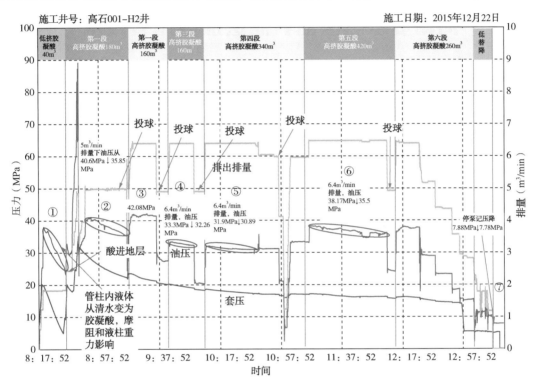

图3-79　高石001-H2井灯四段酸化施工曲线

第四章

海相复杂碳酸盐岩储层加砂压裂技术

加砂压裂技术是砂岩常用的储层改造技术，针对深层高温碳酸盐岩酸—岩反应速度快、酸蚀裂缝有效缝长不足、酸压改造后产量下降快的实际，将常规低渗透储层加砂压裂改造技术应用于碳酸盐岩改造，研发了配套的压裂液体系，对碳酸盐岩储层加砂压裂优化设计进行了模拟研究，形成了碳酸盐岩储层植物胶压裂液加砂压裂技术和交联酸携砂压裂技术。本章简要介绍了高温低伤害压裂液体系优化、复杂碳酸盐岩储层加砂压裂优化设计、加砂压裂改造工艺技术、现场应用及评估等内容。

第一节　高温低伤害压裂液体系优化

一、CMGHPG 高温低伤害压裂液体系

羧甲基瓜尔胶—有机锆压裂液体系在低稠化剂用量下就能实现压裂液耐温性能，减少了压裂液破胶后残渣含量，而其流变性能适应不同地层温度需要；另外一个显著特点是交联时间可调，能降低压裂液摩阻，适应异常高压高温超深储层加砂压裂的需要。结合塔中碳酸盐岩储层温度特点及压裂工艺的需求，完成的 120~160℃ 压裂液配方体系，满足储层高温及改造工艺的需求。

120℃羧甲基压裂液配方：

基液为 0.3%CMGHPG+0.5%防膨剂 FACM-38+0.5%交联促进剂 FACM-40+0.1%甲醛+1.0%助排剂 FACM-41+0.03%碳酸钠；

交联剂为 FACM-37；

交联比为 100∶0.3。

160℃羧甲基压裂液配方：

基液为 0.45%CMGHPG+0.5%防膨剂 FACM-38+0.4%交联促进剂 FACM-40+0.1%甲醛+1.5%温度稳定剂 FACM-39+1.0%助排剂 FACM-41+0.03%碳酸钠；

交联剂为 FACM-37；

交联比为 100∶0.6。

1. 交联时间控制

120℃配方的交联时间为 1~3min；160℃配方交联时间为 2~6min。该体系显著的特点是交联时间可控，可改变交联促进剂的用量：增加交联快，减少交联慢，但不影响冻胶性能。

2. 羧甲基压裂液流变性能

图 4-1 和图 4-2 为 140℃和 160℃配方的黏时曲线，冻胶剪切 2h 后黏度为 150mPa·s 左右，说明该体系具有良好的耐温性能。

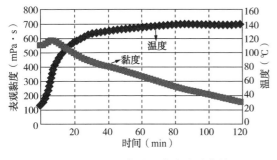

图 4-1 140℃羧甲基冻胶黏时曲线

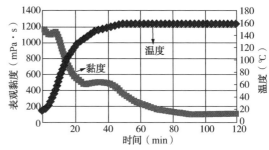

图 4-2 160℃羧甲基冻胶黏时曲线

3. 羧甲基压裂液滤失性能

羧甲基压裂液静态滤失实验结果见表 4-1 和表 4-2，羧甲基压裂液体系由于残渣含量低，初滤失较大，但综合滤失系数不大，这与冻胶耐温性能好有关。

表 4-1 羧甲基压裂液 140℃静态滤失实验结果

时间(min)	0	1	4	9	16	25	36
累积滤失量(mL)	13	16	23	31	40.5	50	58
滤失系数 $C_{III} = 1.74 \times 10^{-3} \text{m/min}^{0.5}$							
静态初滤失量 $= 4.18 \times 10^{-3} \text{m}^3/\text{m}^2$							
滤失速率 $= 2.9 \times 10^{-4} \text{m/min}$							

表 4-2 羧甲基压裂液 160℃静态滤失实验结果

时间(min)	0	1	4	9	16	25	36
累积滤失量(mL)	20.0	21.0	26.0	31.0	37.0	43.0	45.0
滤失系数 $C_{III} = 1.05 \times 10^{-3} \text{m/min}^{0.5}$							
静态初滤失量 $= 7.93 \times 10^{-1} \text{m}^3/\text{m}^2$							
滤失速率 $= 1.68 \times 10^{-4} \text{m/min}$							

4. 伤害实验

针对破胶液对储层基质的伤害：采用 STIM-LAB 动态伤害仪，使用塔中 62 井岩心，测定不同压裂液配方体系在 120℃下的伤害率。表 4-3 是岩心伤害实验结果，分析试验结果认为，岩心基质渗透率太低，对基质的伤害主要是滤液的伤害，实验没有反应出残渣对基质的伤害，所以三体系伤害率相近。

对支撑裂缝的伤害：按照 25%的砂比，将冻胶(含过量破胶剂)与陶粒混合，装入支撑剂导流池，支撑剂按 5kg/m² 的浓度铺置，90℃破胶 2h 后，测试支撑裂缝导流能力(图 4-3)，结果表明，随着压裂液残渣含量的增加，支撑裂缝伤害变得严重。

表 4-3　岩心伤害实验结果

压裂液体系	残渣（mg/L）	岩心号	空气渗透率（mD）	伤害率（%）
0.55%HPG-YP-150 有机硼体系	539	H5-1	0.828	31.6
0.5%GHPG-ZYT 有机硼体系	276	H5-2	0.715	28.4
CMHPG 高温压裂液新体系	202	H9	0.865	27.8

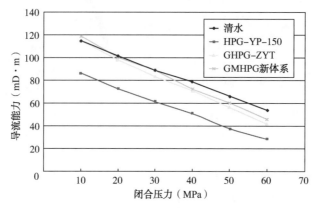

图 4-3　压裂液残渣对支撑裂缝的伤害曲线

二、GHPG 高温低成本加重压裂液体系

基液：40%NaNO$_3$+0.4%～0.45%GHPG+0.025%调节剂 1+0.5%DJ-14 稳定剂+0.01%调节剂 2+1%DJ-02 助排剂；

交联比：ZYT-A：ZYT-B=1：1　100：0.8；

破胶剂：胶囊破胶剂+APS。

不同稠化剂用量的压裂液基液性能见表 4-4，压裂液成胶性能见表 4-5。稠化剂用量越低交联越慢，所以，为了有效降低摩阻，应控制稠化剂用量。

表 4-4　硝酸钠加重超级瓜尔胶基液性能

稠化剂用量（%）	密度（17.0℃）（g/cm^3）	黏度（17.0℃，170s^{-1}）（mPa·s）	pH 值
0.45	1.315	87.0	10.5
0.43	1.320	75	10.5
0.40	1.320	54	10.5

表 4-5　硝酸钠加重超级瓜尔胶成胶时间

稠化剂用量（%）	交联比（V/V）（%）	成胶温度（℃）	成胶描述
0.45	0.8	30.0	3 分 48 秒可挑挂
0.43	0.8	30.0	3 分 20 秒成胶，可挑挂
0.40	0.8	30.0	4 分 50 秒成胶，可挑挂，胶略稀

图 4-4 为 0.45%超级瓜尔胶 145.0℃流变性能曲线，在 170s^{-1}、连续剪切 120.0min 后

黏度为 132.1mPa·s；图 4-5 为 0.43%超级瓜尔胶 130℃流变性能曲线，在 170s⁻¹、连续剪切 120min 后黏度为 251.1mPa·s；图 4-6 为 0.40%超级瓜尔胶 130℃流变性能，在 170s⁻¹、连续剪切 88.4min 后黏度为 100.1mPa·s；连续剪切 96.4min 后黏度为85.9mPa·s。与羧甲基压裂液相比，该体系对水等外界环境不敏感，应用起来更为方便，但其耐温性能没有羧甲基体系高，受基液黏度高，稠化剂用量有限，目前最高耐温只能是 150℃。

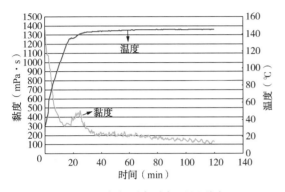

图 4-4　超级瓜尔胶加重压裂液
（145℃）流变性能曲线（0.45%GHPG）

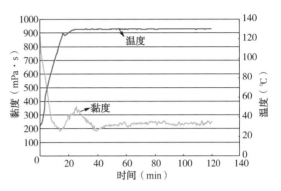

图 4-5　超级瓜尔胶加重压裂液
（130℃）流变性能曲线（0.43%GHPG）

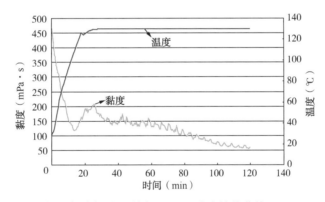

图 4-6　超级瓜尔胶加重压裂液（130℃）流变性能曲线（0.40%GHPG）

从表 4-6 破胶实验结果看，该体系既要加足够的破胶剂保证破胶，也要控制用量，比如超过 300mg/kg 可能会导致压裂液过早破胶，从而造成早期脱砂砂堵。

表 4-6　超级瓜尔胶加重压裂液流变性能（0.40%GHPG）

实验温度（℃）	破胶剂加量（mg/kg）	破胶现象
90	50	3h 未破
	100	3h 未破
	200	1h 后破胶，细丝
	300	15min 细丝，20min 破胶
	400	10min 破胶
	500	10min 破胶

三、SHD 高温低成本加重压裂液体系

SHD 加重压裂液组成：考虑到盐加重后压裂液基液黏度会增加以及耐温的需求，选用羧甲基压裂液体系进行加重。相同耐温条件下，羧甲基体系稠化剂用量相对低，基液黏度相对小；体系本身耐温性能好，同时，硝酸钠对压裂液又具有良好的高温稳定性能。SHD 高温加重压裂液的配方如下。

基液：40%NaNO$_3$+0.45%CMHPG+0.015%SHD 调节剂 1+0.5%SHD 温度稳定剂+0.2%SHD 调节剂 2+0.5%SHD 助排剂；

交联剂：SHD 交联剂；

交联比：100∶0.3~0.45；

破胶剂：胶囊破胶剂+APS。

SHD 交联剂技术指标见表 4-7；SHD 助排剂技术指标见表 4-8；SHD 调节剂技术指标见表 4-9；SHD 温度稳定剂技术指标见表 4-10。

表 4-7　SHD 交联剂技术指标

项　　目	技术指标	项　　目	技术指标
外观	无色或淡黄色液体	交联性能	可与羧甲基羟丙基瓜尔胶交联，形成可挑挂冻胶
密度（g/cm^3）	1.0000~1.0600		
pH 值	8.0~10.0	交联时间（s）	≥30
水溶性	与水混溶	耐温能力（℃）	≥150

表 4-8　SHD 助排剂技术指标

项　　目	技术指标	项　　目	技术指标
外观	无色到浅黄色液体	水溶性	与水混溶
密度（g/cm^3）	0.9300~1.0800	表面张力（mN/m）	≤25.0
pH 值	6.0~8.0	界面张力（mN/m）	≤5.0

表 4-9　SHD 调节剂技术指标

项　　目	技术指标	项　　目	技术指标
外观	无色到浅黄色液体	pH 值	≥11.0
密度（g/cm^3）	≥1.0300	水溶性	与水混溶

表 4-10　SHD 温度稳定剂技术指标

项　　目	技术指标	项　　目	技术指标
外观	无色或浅黄色液体	水溶性	与水混溶
密度（g/cm^3）	1.0700~1.1200	耐温能力（℃）	≥8.0
pH 值	10.5~12.0		

SHD 加重压裂液的配置。配置 1000mL 加重压裂液基液：量取 680mL 水倒入混调器中，搅拌加入 530g 硝酸钠，然后加入 SHD 调节剂 1 0.15mL，搅拌 20~30min 起黏后，加入 SHD 温度稳定剂 5mL、SHD 调节剂 2 2mL，SHD 助排剂 5mL，搅拌均匀即可。现场大量配置有硝酸钠溶解吸热问题，温度低对羧甲基瓜尔胶粉的溶解影响不大，但温度低基液黏度大，对于施工过程中的供液是不利的，因此，不宜在环境温度低于零度进行施工作业，同时，现场配置可先溶解硝酸钠，等温度恢复到环境温度，再进行压裂液的配制或施工（表 4-11）。

表 4-11 硝酸钠与氯化钾配制过程吸热比较（500mL）

盐	含量（%）	加入前温度（℃）	加入后温度（℃）	密度（g/cm³）
NaNO₃	25	10	-2	1.19
	40	7	-7	1.324
KCl	15	7	-1	1.10
	20	7	-4	1.135
	24	7	-7	1.155

基液性能：采用范 35 黏度计对基液放置不同温度下黏度进行测试，结果见表 4-12。结果表明，硝酸钠加量越大基液黏度越高；温度越低基液黏度越大。

表 4-12 基液不同测试温度下黏度和密度

配方	密度（g/cm³）	黏度（mPa·s）	密度（g/cm³）	黏度（mPa·s）	密度（g/cm³）	黏度（mPa·s）
	1℃		13℃		23℃	
33%NaNO₃+0.45%CMHPG	1.22	90	—	78	1.21	69
40%NaNO₃+0.45%CMHPG	1.30	99	—	93	1.29	84
40%NaNO₃+0.40%CMHPG	1.30	81	—	76.5	1.289	69

压裂液冻胶性能：图 4-7、图 4-8 和图 4-9 分别为 150℃，160℃ 和 170℃ 的 SHD 加重压裂液的黏时曲线，冻胶剪切 2h 后黏度可达 150mPa·s，说明该体系具有良好的耐温性能。同时，从流变曲线看，冻胶的初始黏度不高，有利于降低施工摩阻；该体系克服了有机硼交联体系初始黏度高的缺陷，有利于对缝高的控制。表 4-13 为压裂液冻胶流变参数。

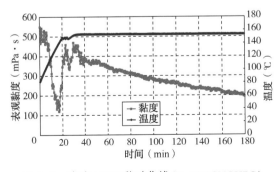

图 4-7 冻胶 150℃ 黏时曲线（0.45%CMGHPG）

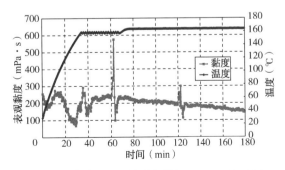

图 4-8 冻胶 160℃ 黏时曲线（0.45%CMGHPG）

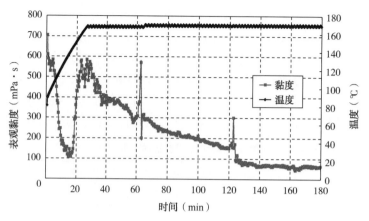

图 4-9　冻胶 170℃ 黏时曲线（0.45%CMGHPG）

表 4-13　压裂液冻胶流变参数

时间（min）	稠度系数 K'（Pa·s）	流动指数 n'	温度（℃）
60	2.0586	0.5782	150
120	0.4034	0.8728	
60	1.718	0.6657	160
120	0.6914	0.3976	

压裂液冻胶静态滤失性能：滤失性能是压裂液的综合性能之一，滤失系数越低，不仅压裂液的效率越高，易形成长而宽的裂缝，提高支撑裂缝的导流能力，而且还容易返排，减少滤液对储层的伤害。使用美国 Baroid 公司高温高压静态滤失仪，在压差为 3.5MPa 的条件下，测定了该加重压裂液配方静态滤失性能。表 4-14 为压裂液冻胶滤失性能，结果表明压裂液冻胶滤失较小，这与压裂液冻胶在高温下具有良好的流变性能一致。

表 4-14　压裂液冻胶静态滤失性能

时间（min）	0	1	4	9	16	25	36
累计滤失量（mL）	16.10	16.70	18.60	21.40	24.80	29.0	33.40
滤失系数 $C_{\text{III}} = 6.53 \times 10^{-4} \text{m/min}^{0.5}$							
静态初滤失量 $Q_{\text{sp}} = 6.19 \times 10^{-3} \text{m}^3/\text{m}^2$							
滤失速率 $v = 1.09 \times 10^{-4} \text{m/min}$							

压裂液冻胶破胶性能：在满足压裂液携砂性能的同时，通过实施尾追破胶剂用量，使破胶时间缩短，破胶更彻底，有利于破胶液的快速返排，减少对储层的伤害。压裂液配方在不同条件下的破胶水化性能见表 4-15 和表 4-16，结果表明，加重压裂液较难破胶，从流变试验结果看，温度对流变性能影响较大，因此，应适当增加胶囊的用量，避免因破胶剂的加入影响压裂液流变性能，确保压后压裂液能彻底水化破胶，减小对储层及支撑裂缝的伤害。

表 4-15 压裂液破胶性能(150℃配方)

温度(℃)	破胶剂加量(%)	不同破胶时间下破胶液黏度(mPa·s)					
		0.5h	1h	2h	4h	6h	8h
90	0.02	冻胶	冻胶	冻胶	冻胶	冻胶	冻胶
	0.03	稀胶	7.27	7.34	6.96	7.23	6.74
	0.04	4.84	—	—	—	—	—
150	0.02	—	—	冻胶	冻胶	稀胶	稀胶>15
	0.03	—	—	稀胶	稀胶	稀胶	13.71

表 4-16 压裂液破胶性能(160℃配方)

温度(℃)	破胶剂加量(%)	不同破胶时间下破胶液黏度(mPa·s)					
		0.5h	1h	2h	4h	6h	8h
90	0.005	冻胶	冻胶	冻胶	冻胶	冻胶	冻胶
	0.01	冻胶	冻胶	冻胶	冻胶	冻胶	冻胶
	0.02	冻胶	冻胶	冻胶	冻胶	冻胶	冻胶
	0.03	稀胶	稀胶	稀胶	8.17	7.72	7.52
	0.04	4.23	—	—	—	—	—
150	0.02	—	—	—	—	—	冻胶
	0.03	—	—	—	11.22	—	5.43

注:破胶剂加量0.03%、0.04%交联时间慢。

第二节 复杂碳酸盐岩储层加砂压裂优化设计

一、施工规模的优化研究

水力裂缝模拟为压裂优化设计的一个重要组成部分。水力裂缝模拟要回答的主要问题是:在现有技术条件下能否压裂?什么样的泵注程序才是最优的?压裂后在地层中可能形成什么样的裂缝(几何尺寸和导流能力)?压裂施工对设备井口及材料等有何要求?

这里以表4-17所示的塔里木油田塔中71井基础数据为例进行裂缝模拟。表4-18是不同地层条件下(液体综合滤失系数不同),不同施工规模与裂缝几何尺寸的关系。由表中可见,相同液体综合滤失系数下,随着液量的增加,裂缝长度和高度趋于增加;液体综合滤失系数越大,其他条件不变,液量相同下的裂缝几何尺寸越小。

表4-19是考察排量及施工规模对裂缝几何尺寸的影响结果。由表中可见,相同液量,施工时如果泵注排量越大,对应的裂缝几何尺寸就趋于增加。

表4-20至表4-22是不同加砂规模下,如果裂缝高度不同,施工规模与裂缝几何尺寸的一些量化结果。从表中可见,若裂缝高度不同,支撑裂缝半长也会不同,同样是加砂40m³,在裂缝高度分别为48.4m,71.9m和93.8m时,支撑裂缝半长则分别为297m,270m和191m。如果裂缝高度延伸严重,要获得目标缝长则需相对较大的规模才行。

表 4-17　水力裂缝模拟输入参数

参数名称	单　位	数　值
有效渗透率	mD	0.1
有效厚度	m	23
有效孔隙度	%	1.7
泊松比(储层/隔层)	无量纲	0.24/0.30
杨氏模量(储层/隔层)	MPa	36000/40000
地层压力	MPa	55
闭合压力	MPa	75
支撑剂量	m^3	20，30，40，50
压裂液流动系数	无量纲	0.8
压裂液稠度系数	$Pa \cdot s^n$	0.9
压裂液综合滤失系数	$m/min^{0.5}$	4×10^{-4}
泵注管径(内径)	mm	76
泵注排量	m^3/min	4

表 4-18　不同地层滤失条件及施工规模下裂缝几何尺寸

液量(m^3)		100	150	200	250	300
缝高(m)	综合滤失系数	65.0	74.7	83.1	94.0	100.6
缝长(m)	$3 \times 10^{-4} m/min^{0.5}$	122	145	165	189	204
缝高(m)	综合滤失系数	55.5	65	70.3	74.9	79.1
缝长(m)	$6 \times 10^{-4} m/min^{0.5}$	93	117	132	145	157
缝高(m)	综合滤失系数	38.1	41.6	44.3	46.8	48.9
缝长(m)	$1 \times 10^{-3} m/min^{0.5}$	60	70	78	86	93

注：泵注排量 $4m^3/min$，隔储层应力差值 10MPa。

表 4-19　不同泵注排量及施工规模下裂缝几何尺寸

液量(m^3)		100	150	200	250	300
缝高(m)	泵注排量 $4m^3/min$	38.1	41.6	44.3	46.8	48.9
缝长(m)		60	70	78	86	93
缝高(m)	泵注排量 $6m^3/min$	40.6	45.6	49.9	53.8	57.3
缝长(m)		63	75	86	95	103

注：综合滤失系数 $1 \times 10^{-3} m/min^{0.5}$，隔储层应力差值 10MPa。

表 4-20　裂缝高度为 30m 左右时水力裂缝模拟结果

砂量(m^3)	20	30	40	50
前置液(m^3)	180	240	280	320
总液量(m^3)	327	421	487	573

续表

下/上支撑缝高(m)	14.1/21.1	15.7/23.8	16.7/25.6	17.7/27.9
下/上造缝高度(m)	16.8/24.9	18.3/27.5	19.3/29.1	20.3/30.8
支撑裂缝半长(m)	239	274	297	322
造缝半长(m)	283	319	341	364
井口压力(MPa)	63	64	64	71
平均缝中砂浓度(kg/m²)	2.72	3.20	3.67	4.12
所需功率(kW)	3158	3177	3191	3210

注：综合滤失系数 $4×10^{-4}$ m/min$^{0.5}$。

表4-21　裂缝高度为50m左右时水力裂缝模拟结果

砂量(m³)	20	30	40	50
前置液(m³)	160	220	260	280
总液量(m³)	307	389	467	533
下/上支撑缝高(m)	14.4/36.7	15.7/40.9	16.8/44.9	17.3/46.6
下/上造缝高度(m)	17.1/43.4	18.7/48.6	19.8/52.1	20.4/53.9
支撑裂缝半长(m)	218	246	270	280
造缝半长(m)	258	293	315	326
井口压力(MPa)	63	63	63	65
平均缝中砂浓度(kg/m²)	2.05	2.48	2.76	3.21
所需功率(kW)	3138	3153	3162	3180

表4-22　裂缝高度为70m左右时水力裂缝模拟结果

砂量(m³)	20	30	40	50
前置液(m³)	120	160	180	220
总液量(m³)	267	341	387	473
下/上支撑缝高(m)	18.0/45.9	19.2/52.9	20.2/58.3	20.2/61.1
下/上造缝高度(m)	22.1/56.2	23.6/64.7	24.4/69.4	25.2/75.2
支撑裂缝半长(m)	160	178	191	196
造缝半长(m)	196	218	229	243
井口压力(MPa)	61	61	61	63
平均缝中砂浓度(kg/m²)	2.23	2.70	3.06	3.41
所需功率(kW)	3042	3049	3054	3060

上述这些计算结果是以塔中71井的条件进行的敏感性分析，井层条件的差异，会导致以上结果也会不尽相同。上述结果提供了在不同地层条件下，对施工规模与有效缝长量化的认识。

二、裂缝导流能力的优化研究

油藏模拟是储层深度改造优化设计的重要组成部分。储层深度改造油藏模拟要回答的主要问题是：在现有技术条件下储层深度改造能否增产，增产能达什么程度，储层深度改造后的可能动态如何？不同地层条件下储层深度改造最佳的裂缝长度及导流能力应是多少？

1. 油藏基本参数确定

由于碳酸盐岩储层类型变化多样，储层描述工作难度较大，尤其是对于裂缝型和裂缝—孔洞型的储层描述，因此，本次产量数值模拟的储层建模主要针对以基质孔隙为主的基质孔隙型储层，且将气和油的产量分开来考虑。

根据探井储层深度改造后的渗流特征，以塔中 622 井测井解释结果和该井投产初期产量和酸压后产量变化情况为依据，利用 Workbench 数值模拟软件，取其有效孔隙度为 6%，产层有效厚度为 10m，生产压差为 10MPa 和 5MPa，含油饱和度为 70%，天然气相对密度取值为 0.63，进行产量历史拟合，拟合结果为渗透率 $K = 1.0$mD 左右（图 4-10）。根据产量拟合得到的渗透率数值，考虑到储层类型的多样性以及储层物性和流体性质的严重非均质性，为了尽量涵盖各种可能的情况，天然气产量预测模拟所用的渗透率取值分别为 0.01mD、0.05mD、0.1mD、0.5mD、1.0mD、1.5mD、2.0mD 和 3.0mD，原油产量预测模拟所用的渗透率取值分别为 0.1mD、0.5mD、1.0mD、3.0mD、5.0mD 和 10.0mD，原油黏度取值分别为 0.5mPa·s，2mPa·s，5mPa·s，10mPa·s，20mPa·s 和 50mPa·s，基本涵盖了从凝析油到普通稠油的黏度变化范围。

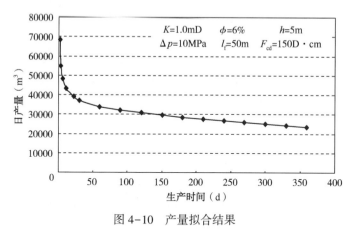

图 4-10 产量拟合结果

K—地层渗透率；ϕ—孔隙度；h—储层厚度；Δp—生产压差；l_f—人工裂缝半长；F_{cd}—裂缝导流能力

表 4-23 至表 4-26 为油气藏数值模拟的基本输入参数，图 4-11 至图 4-13 为采用的相对渗透率曲线。

表 4-23 油气藏数值模拟的基本输入参数

流体类型	油	气
渗透率（mD）	0.01, 0.05, 0.1, 0.5, 1.0, 1.5, 2.0, 3.0, 5.0, 10.0	0.01, 0.05, 0.1, 0.5, 1.0, 1.5, 2.0, 3.0

流体类型	油	气
黏度（mPa·s）	0.5, 2.0, 5.0, 10.0, 20.0, 50.0	0.03
孔隙度（%）	6	6
生产压差（MPa）	10	10
厚度（m）	10	10
温度（℃）	120	120
深度（m）	4500	4500

表 4-24　气藏数值模拟相渗数据

含气饱和度和度（%）	含水饱和度（%）	气相对渗透率	水相对渗透率
0.22	0.78	0.0015	0.66
0.24	0.76	0.0026	0.5
0.29	0.71	0.0067	0.35
0.35	0.65	0.019	0.2
0.42	0.58	0.04	0.084
0.45	0.55	0.05	0.05
0.48	0.52	0.075	0.025
0.57	0.43	0.15	0.01
0.65	0.35	0.25	0.003
0.7	0.3	0.35	0.002
0.735	0.265	0.45	0.001
0.75	0.25	0.5	0

表 4-25　油藏数值模拟相对渗透率数据（油水相对渗透率）

含水饱和度（%）	相对渗透率	
	水相	油相
0.2252	0	1
0.3832	0.0198	0.1303
0.4851	0.0556	0.0608
0.5703	0.0872	0.0285
0.6599	0.133	0.0102
0.6974	0.1579	0.0055
0.762	0.21	0
1	1	0

表 4-26　油藏数值模拟相对渗透率数据(油气相对渗透率)

液相饱和度(%)	相对渗透率	
	油相	气相
0.3451	0	1
0.3952	0.021	0.173
0.477	0.089	0.067
0.551	0.192	0.037
0.714	0.421	0
1	1	0

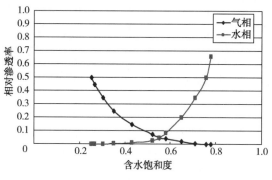

图 4-11　气藏数值模拟相对渗透率曲线

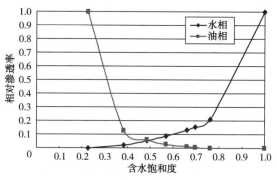

图 4-12　油藏数值模拟相对渗透率曲线
（油水相对渗透率）

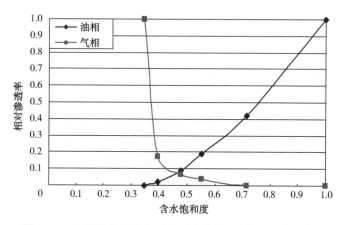

图 4-13　油藏数值模拟相对渗透率曲线(油气相对渗透率)

2. 产量预测结果

以塔里木油田为例,针对塔里木盆地碳酸盐岩储层物性和流体性质存在较为严重的非均质性特点,根据塔中 622 井渗透率拟合结果,分别预测了不同渗透率和原油黏度条件下的日产量和累计产量变化,并对日产油(气)量与缝长、导流能力、渗透率、原油黏度之间的敏感性进行了分析，结果表明，在同一有效厚度和生产压差条件下，日产气量对裂缝长度和地层渗透率的变化比较敏感，而日产油量对裂缝长度、导流能力、地层原油黏度和地层渗透率的变化均比较敏感，而且，地层原油黏度变化对产量的影响程度远远超过了有效渗透率，对于原油来讲，裂缝导流能力对地层渗透率的敏感程度较高，而对原油黏度的敏感程度较差。

1）产出流体为天然气时的产量预测模拟结果

当产出流体为天然气时，针对不同的地层渗透率分别优选了裂缝半长和导流能力，在地层渗透率分别为 0.01mD，0.05mD，0.1mD，0.5mD，1.0mD，1.5mD，2.0mD 和 3.0mD 时，优化裂缝半长的变化范围比较大，分别为 400m，350m，300m，250m，200m，200m，150m 和 100~150m（图 4-14 至图 4-18），而导流能力的变化范围却不大，渗透率小于 0.1mD 时，5D·cm 的裂缝导流能力即可满足要求；当渗透率大于等于 0.1mD，小于 2.0mD 时，10D·cm 的裂缝导流能力比较合适；当渗透率为 2.0mD 和 3.0mD 时，优选的裂缝导流能力在 10~20D·cm（图 4-19）。

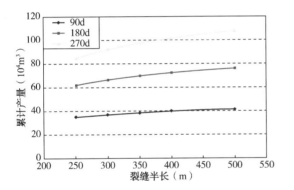

图 4-14 压后累计产量与裂缝半长变化关系曲线
（K＝0.01mD）

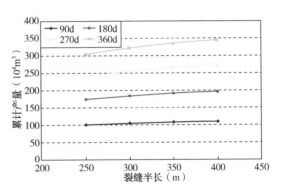

图 4-15 压后累计产量与裂缝半长变化关系曲线
（K＝0.05mD）

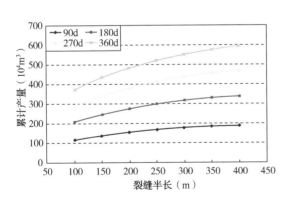

图 4-16 压后累计产量与裂缝半长变化关系曲线
（K＝0.1mD）

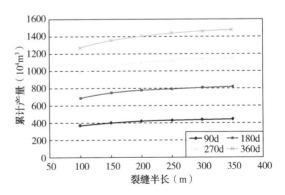

图 4-17 压后累计产量与裂缝半长变化关系曲线
（K＝0.5mD）

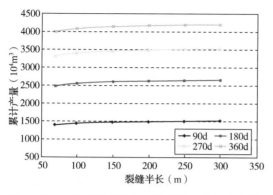

图 4-18　压后累计产量与裂缝半长变化关系曲线
（$K = 3.0mD$）

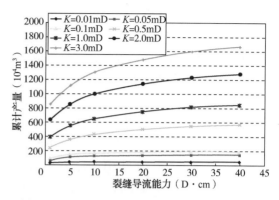

图 4-19　压后 90 天累计产量与裂缝导流能力
变化关系曲线

2）产出流体为原油时的产量预测模拟结果

当储层产出流体为原油时，首先考察了原油黏度对裂缝半长和导流能力的影响，发现原油黏度的高低对裂缝半长和导流能力的影响不大，然后，针对不同的地层渗透率分别优选了裂缝半长和导流能力，优选裂缝半长和导流能力的原油黏度区值为 $2mPa \cdot s$，在地层渗透率分别为 0.1mD，0.5mD，1.0mD，3.0mD，5.0mD 和 10.0mD 时，优化裂缝半长的变化范围比较大，分别为 300m，250m，200m，150m，100m 和 100m（图 4-20 至图 4-25），渗透率所对应的裂缝半长变化与流体为天然气时基本相同，渗透率相对较高时缝长变化很少，而导流能力的变化范围很大（图 4-26），渗透率为 0.1mD 和 0.5mD 时，优化裂缝导流能力为 10D · cm；当渗透率大于等于 1.0mD 时，20D · cm 的裂缝导流能力比较合适；当渗透率大于为 3.0mD 时，优选的裂缝导流能力为 30D · cm；当渗透率为 5.0mD 和 10mD 时，优选裂缝导流能力为 30~40D · cm。在优选了裂缝半长和导流能力后，又考察了不同原油黏度对原油产量的影响程度，图 4-27 为压后 90 天不同渗透率下的日产油量与裂缝导流能力变化关系曲线。图 4-28 和图 4-29 为压后 90 天不同原油黏度下的累计产量与裂缝导流能力和裂缝半长变化关系曲线。

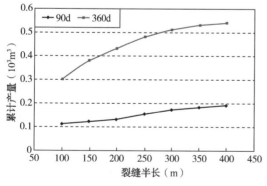

图 4-20　压后累计产量与裂缝半长变化关系曲线
（$K = 0.1mD$）

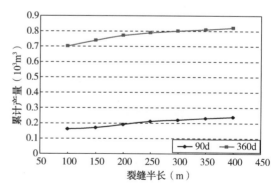

图 4-21　压后累计产量与裂缝半长变化关系曲线
（$K = 0.5mD$）

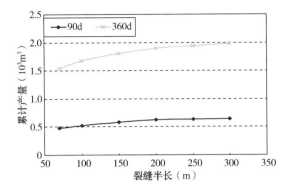

图 4-22 压后累计产量与裂缝半长变化关系曲线
（$K=1.0$mD）

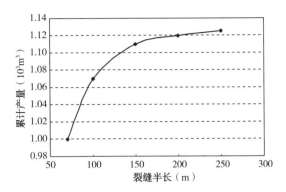

图 4-23 压后 90 天累计产量与裂缝半长变化
关系曲线（$K=3.0$mD）

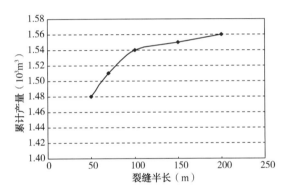

图 4-24 压后累计产量与裂缝半长变化关系曲线
（$K=5.0$mD）

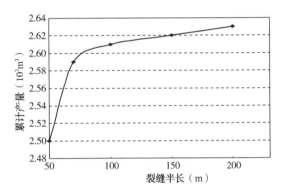

图 4-25 压后 90 天累计产量与裂缝半长变化
关系曲线（$K=10.0$mD）

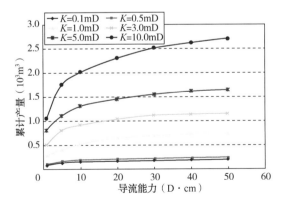

图 4-26 压后 90 天不同渗透率下的累计产量与
裂缝导流能力变化关系曲线（$\mu=2$mPa·s）

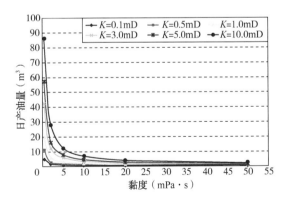

图 4-27 压后 90 天日产油量与原油黏度变化
关系曲线

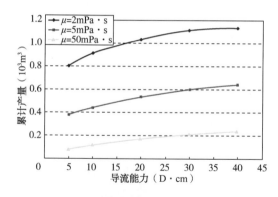
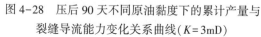
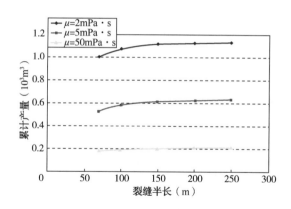

图4-28　压后90天不同原油黏度下的累计产量与
裂缝导流能力变化关系曲线（$K=3$mD）

图4-29　压后90天不同原油黏度下的累计产量与
裂缝半长变化关系曲线（$K=3$mD，导流能力30D·cm）

上述油藏数模研究表明，在给定储层厚度及流体黏度等参数下，随着储层渗透率的增加，最佳裂缝长度趋于变短。当产出流体为天然气时，在地层渗透率分别为0.01mD，0.05mD，0.1mD，0.5mD，1.0mD，1.5mD，2.0mD和3.0mD时，优化裂缝半长的变化范围分别为400m，350m，300m，250m，200m，200m，150m和100~150m；在给定储层厚度及流体黏度等参数下，随着储层渗透率的增加，最佳裂缝导流能力趋于变大。在地层渗透率为0.01~3.0mD时，优化裂缝导流能力的变化范围为10~20D·cm。

在给定储层厚度及流体黏度等参数下，随着储层渗透率的增加，最佳裂缝长度趋于变短。当产出流休为天然气时，在地层渗透率分别为0.1mD，0.5mD，1.0mD，3.0mD，5.0mD和10.0mD时，优化裂缝半长的变化范围分别为300m，250m，200m，150m，100m和100m；在给定储层厚度及流体黏度等参数下，随着储层渗透率的增加，最佳裂缝导流能力趋于变大。在地层渗透率为0.1~10.0mD时，优化裂缝导流能力的变化范围为10~40D·cm。

相同地层条件下，对于气藏，随着渗透率的增加，最佳裂缝长度变化较大，最佳裂缝导流能力变化较小；对于油藏，随着渗透率的增加，最佳裂缝长度变化相对较小，最佳裂缝导流能力变化相对较大。

相同储层原油黏度下，裂缝导流能力的增加有利于压后产量的增加，储层流体黏度越高，所需的裂缝导流能力就越高。储层流体黏度由2mPa·s增大到50mPa·s，最佳裂缝导流能力由20~30D·cm增至30~40D·cm。

相同储层原油黏度下，裂缝长度的增加有利于压后产量的增加；储层流体黏度增加，最佳的裂缝长度范围变化不大。

第三节　加砂压裂改造工艺技术

一、植物胶压裂液加砂压裂技术

加砂压裂工艺是低渗透砂岩常用的增产技术，由于压裂液与地层不会发生化学反应，液体滤失低，造缝效率高，形成的人工裂缝长。加砂压裂技术经过多年的发展已较为成熟，现代压裂技术在储层中建造 300~500m 的裂缝长度也已不是难事，加砂压裂裂缝由于有支撑剂的支撑，人工裂缝会发挥更长时间的高导流作用。但在碳酸盐岩储层进行加砂压裂改造，国内外开展的均较少，主要问题是易砂堵、加砂难，且可借鉴的成功经验少，施工风险较大。

1. 碳酸盐岩加砂压裂难点及分析

碳酸盐岩加砂压裂难点主要在于储层存在天然裂缝、滤失高，容易造成早期砂堵、容易诱导形成多条主裂缝或分支裂缝，导致人工裂缝不能深穿透。

1）天然裂缝对水力裂缝延伸的影响

存在天然裂缝的水力裂缝的延伸与不存在天然裂缝的裂缝延伸不同，常规水力裂缝延伸的设计是假设裂缝垂直于最小主应力方向对称延伸。在天然裂缝发育的储层，裂缝可能是非对称延伸或形成多裂缝。

天然裂缝的存在会改变诱导裂缝延伸的方向，实验研究表明，延伸裂缝与天然裂缝交叉时，可能沿天然裂缝延伸，有时候只沿着天然裂缝延伸一段距离又重新起裂延伸，延伸方向依赖地应力场中天然裂缝的发育方向；实验研究还表明，水力裂缝容易和存在高差应力和高角度的天然裂缝相交，并且诱导裂缝延伸的方向和天然裂缝几乎垂直；在低角度和低差应力的地层，天然裂缝张开，使压裂液转向避免和诱导裂缝交叉。经典的理论和实验研究情况如下：

（1）1963 年，lammont 和 Jessen 对 6 种不同的岩石做了一系列实验。用三轴压力实验，压力为 1142psi，预置角度，如图 4-30 所示。水力裂缝和天然的裂缝角度为 30°~60°。他们发现，在所有成功的试验中，诱导裂缝能够和存在的天然裂缝相交，并且水力裂缝方向发生改变，与右侧的天然裂缝相交。当水力裂缝与天然裂缝分离时得到同样的结论。通过观察可以知道，天然裂缝存在点的位置是随机的，它不受裂缝端部的应力集中控制，而是受基质岩石的弱强度区控制。

（2）1974 年，Daneshy 以花岗岩为研究对象，有三种类型的断面：晶体、基质边界、微裂缝和大裂缝。他的研究结果认为前两种断面对水力裂缝的延伸影响很小甚至是没有影响，多数实验中水力裂缝与大的天然裂缝相交，但是也有少数实验中小的裂缝阻止了水力裂缝的延伸。他还研究了迂回应力对裂缝延伸的影响，认为静水力学应力下的水力裂缝可以向任意方向延伸。

（3）1982 年，Blanton 以含有天然裂缝的泥盆系页岩和膏岩为研究对象，分析研究了交叉角度和差应力对水力裂缝延伸的影响，如图 4-31 所示，σ_1 和 σ_2 是存在天然裂缝平面内最大和最小主应力，a 是裂缝滑移长度，天然裂缝的张开部分范围是 $-l$~$+l$，θ 是交叉角，K_f 是摩擦系数。超过裂缝张开部分到 $\pm(l+a)$ 处是由于剪切应力引起的。其研究结果为在低角度裂缝和低差应力条件下，张开天然裂缝使压裂液发生转向，使水力裂缝和天然裂缝不能相交；而在高角度裂缝和高差应力条件下，诱导裂缝和天然裂缝相交。

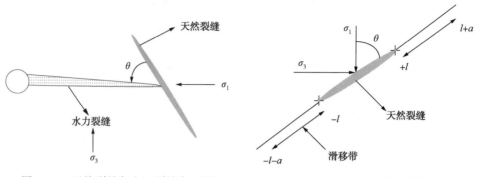

图 4-30　天然裂缝与人工裂缝交叉图　　　　图 4-31　天然裂缝滑脱

（4）1987 年，Warpinski 和 Teufel 等进行 mineback 实验，研究了地质不连续性对水力裂缝延伸的影响。他们获得了三种诱导裂缝延伸的模式：①通过裂缝的张开和膨胀形成交叉；②通过裂缝剪切滑脱而不膨胀形成交叉；③液体沿裂缝流动。其研究结果与 Blanton 的研究结果一致，当存在高差应力值（1500psi）时裂缝交叉。当差应力为中—低值时，水力裂缝沿天然裂缝延伸。研究还发现，裂缝会分支形成多裂缝。

（5）2000 年，Beugelsdi J. K.，de Pater 和 Sato 等人用波兰水泥进行大规模实验研究，分析了不连续性对水力裂缝延伸的影响。研究参数包括：水平应力差的变化；排量和应力状态等。实验结果发现，在大的水平应力差条件下，水力裂缝原延伸面继续延伸，和不连续面没有任何交叉；在大排量和高黏度条件下结果相同。应力状态对裂缝的几何形状有不同的影响，在构造应力状态下，水力裂缝和不连续面有更多的交叉，甚至是存在大的水平应力差。这是因为存在构造应力状态时，垂直应力较低，张开的不连续面的数量较多。

现场研究表明，存在天然裂缝的储层对水力裂缝延伸的主要影响为增加了液体的滤失、早期脱砂、裂缝延伸的临界点、多裂缝储层、分支裂缝、净压力高。

2）早期砂堵原因及控制

造成碳酸盐岩加砂压裂早期砂堵的原因有：天然裂缝滤失严重和压裂液伤害；射孔相位不合理，如 60° 相位角；射孔段长度过大，如相邻孔眼间距超过井筒直径；近井筒迂曲和远井多裂缝；加砂浓度过大等。

高滤失一般由天然裂缝引起。可用压降定性分析和净压力解释等方法，来识别天然裂缝的存在，并可使用定量分析技术来评估天然裂缝对水力压裂的重要性。值得指出的是，为了更好地识别天然裂缝，在天然裂缝性碳酸盐岩储层压裂施工时，井底压力的实时监测在多数情况下比小型测试压裂更重要。

由于天然裂缝控制的滤失机理，主要取决于就地应力大小和裂缝内净压力大小，因此，不好定量预测。随之而来的是压裂施工的早期脱砂。预防由天然裂缝造成的早期砂堵的主要措施有：（1）使用 100 目砂和（或）硅粉；（2）增加前置液体积；（3）提高注入排量。但这些技术都有自身的局限性。100 目细砂的加入，会在很大程度上降低裂缝的渗透性。

Nolte 和 Smith 研究了天然裂缝是如何影响净压力的，并且证明，如井底压力超过临界压力，将导致早期脱砂。他们还通过净压力与时间的双对数图，来定性分析天然裂缝的存在与否，并证明了由于天然裂缝的高滤失会导致井底压力的升高。

Nolte 还提出了用压降分析来诊断水力裂缝和天然裂缝特性的方法。他还进一步指出，与压力相关的高滤失的特征是 G 函数曲线呈凸型。

其他的许多学者认为，在天然裂缝性碳酸盐岩储层进行水力压裂时，高滤失造成的冻胶伤害更为严重；同时，这类储层固有的应力敏感性等因素，都会在很大程度上降低压裂后的产量。

Mukherjee 指出了流体滤失的应力敏感特性，并提出了用净压力来控制天然裂缝滤失的方法。Warpinski 指出，天然裂缝的滤失量可能是基质滤失量的 50 倍。Cramer 强调了通过降低净压力来控制天然裂缝滤失方法的重要性。

综上所述，只要控制净压力大小，就可控制天然裂缝在压裂施工过程中不张开，从而足以预防早期砂堵的出现。净压力公式为：

$$p_{net} \propto \left(\frac{E^{3/4}}{H} \right) (\mu Q L)^{\frac{1}{4}}$$

式中：p_{net} 为净压力 MPa；E 为杨氏模量，MPa；H 为裂缝高度，m；μ 为黏度，mPa·s；Q 为排量，m³/min,；L 为裂缝半长，m。

可知，在压裂施工中只要控制注入排量 Q 和压裂液黏度 μ，就可控制净压力在天然裂缝张开的临界压力之内。如将排量 Q 或压裂液黏度 μ 降低一倍，则净压力将降低 20% 左右。例如，美国得克萨斯州西部的 Headlee 油田的 Thirtyone 地层是石灰岩储层，大多为次生孔隙，平均孔隙度约 5%。天然裂缝是主要的渗流通道。而 Ratliff Ranch 地层平均孔隙度更低，渗流通道大多是碳酸盐岩中的微裂缝。B 井、C 井和 D 井位于该裂缝性碳酸盐岩储层上，经研究，只要净压力降低 2.1MPa 就足以使天然裂缝在压裂施工过程中不能张开。按净压力减少 20% 左右的方法进行设计时，施工也取得了成功，产量也比较满意。

2. 碳酸盐岩加砂压裂优化设计

1）阶梯排量注入测试的应用

G 函数导数、闭合压力分析和阶梯测试常在水力压裂前作裂缝诊断分析。可以对阶梯排量注入测试进行综合分析，得出这些测试的使用价值，分析使用地面和井下压力的数据，对比二者的结果，增产措施的最终结果与压前分析进行对比。测试的结果可以提供井眼处的额外摩阻和扭曲，而扭曲通常会影响用测试数据计算的液体效率和闭合压力等。

对阶梯升和阶梯降测试做分析，通常这些测试因没有考虑扭曲的影响而进行了错误的分析，导致分析结果被忽略或舍弃。

小型测试可以得到如下地层信息：闭合应力、最小主应力、弹性应力（bounding stress）、裂缝几何尺寸、天然裂缝的存在、渗透率、滤失系数、液体效率、孔隙压力、裂缝梯度、裂缝延伸压力、净压力和摩阻。

阶梯升排量注入测试：要求能够获得 3 个基质注入排量（matrix injection rate）和 3 个裂缝注入排量（fracture injection rate）。绘制井底压力和注入排量曲线图，但是扭曲的存在可能破坏得到的数据。

阶梯降排量注入测试：测试的主要要求是迅速和地层滤失足够慢。这两点要求的目的是在降排量测试时裂缝几何尺寸不发生改变。

为避免分析错误，测试过程中要使用同一种液体。

所有的阶梯排量注入测试的液体应该保证：（1）具有相同的浓度、黏度和密度；（2）不能堵塞射孔孔眼。

阶梯降测试是用来确定近井摩阻，包括扭曲摩阻和射孔摩阻。阶梯降测试最重要的是在测试过程中，裂缝几何尺寸不发生变化，即在降排量过程中裂缝的长度和高度都不增长。改变裂缝形状会影响到净压力，进而影响到阶梯降压力的计算，高渗透或能量衰竭的储层采用小、快的步骤。低渗透储层需要裂缝从增长到停止注入时间的10%，还必须考虑的因素有：（1）在测试过程中使用摩阻和静水力学性质是已知的、同一种液体；（2）井底压力计。

2）射孔策略

为了减少早期砂堵的可能性，在射孔上应考虑以下因素：

（1）支撑剂输送。造缝宽度至少是支撑剂颗粒直径的6倍，以防早期砂堵。

（2）射孔眼摩阻。增加孔眼直径和（或）射孔密度，可减少孔眼摩阻。

（3）近井筒多裂缝。孔眼间距小于井筒直径时，可在很大程度上减少多裂缝形成的概率。大斜度井（如40°）和孔眼方位与裂缝方位夹角大时，易形成多裂缝。

（4）通过对孔眼直径和穿透深度的详细研究后，认为，小尺寸的射孔枪（如 $2\frac{7}{8}$ in 枪）易引起早期脱砂，且预期的孔眼摩阻也高；大尺寸深穿透射孔枪的效果略好于小尺寸中等穿透的射孔效果；大尺寸浅穿透的射孔效果最好；在搞清裂缝方位的前提下，建议采用180°相位角射孔，射孔密度取6孔/ft。

（5）定向射孔。油管传输射孔，应用井下方向指示传感器（如伽马射线测量）和在地面施加一个扭矩，使射孔定向；而电缆传输射孔仅用于大斜度井中（依靠重力作用下放），井下安装有旋转仪。

正式压裂前，为确保每个孔眼畅通，用酸清洗射孔孔眼，酸配方为：主体酸为15% HCl，防腐剂为阳离子型，破乳剂为 Non-Ionic 型，离子稳定剂为 EDTA。用酸强度为每个孔眼 $0.38m^3$。

值得指出的是，目前国外经常用点源射孔压裂技术，即主要在井筒中很小的层段上射孔，一般射孔段长度仅为 0.3~0.9m，这种技术的优点有：（1）减少多裂缝或平行裂缝出现的概率，因多裂缝或平行裂缝会导致裂缝宽度和长度减少，易造成早期砂堵；（2）减少水力裂缝穿过近井筒附近弯曲的迂曲通道的可能性，因近井筒附近高的应力（井筒应力集中）会使裂缝宽度变窄。

3）支撑剂段塞的应用

碳酸盐岩储层存在天然裂缝，导致水力压裂时近井地带裂缝宽度不足，其可能由于两个原因：扭曲和形成多裂缝。解决此问题的方法目前是采用支撑剂段塞和高黏胶体段塞。

水力压裂过程中产生的近井地带问题可分为如下4类：套管—井壁入口问题；射孔孔道入口问题；近井裂缝平面扭曲—不连续；多裂缝。预防和克服近井裂缝避免摩阻的方法有：改进射孔技术，包括射孔枪的类型和尺寸、射孔相位、射孔间距和载荷大小等；选择射孔层位；使用支撑剂段塞和高黏胶体段塞。支撑剂段塞还可以减小射孔孔眼摩阻。

支撑剂段塞的注入方法：（1）在前置液中打入段塞；（2）在射孔层位注入80%~90%的段塞后瞬时停泵。

段塞粒径选择：多数使用 100 目砂；还可以根据实验选用 40~70 目砂或主压裂用的支撑剂。

使用高黏胶体段塞的优点是在储层起裂过程中可以减少多裂缝的形成。其用量一般为 500~2000gal[1]，常用范围是 500~1000gal，当采用套管注入时需要更多的高黏度胶体的用量。

4）压裂液携砂

长久以来，人们通常认为压裂液的悬砂能力与压裂液的黏度有相当的关系，但是很少考虑到支撑剂通过裂缝需要最小的压裂液黏度。对压裂液的黏弹特征研究后发现，仅用黏度来描述压裂液的悬砂能力是不够的，压裂液的悬砂能力与压裂液的弹性关系比黏度关系更大，以硼交联压裂液为研究对象，研究了压裂液的悬砂需要的最小弹性模量。压裂液具有悬砂和运输能力是因为压裂液中聚合物或者是交联体形成交缠的结果，用压裂液的黏度来描述悬砂的矛盾是黏度不能描述压裂液中形成的网状物结构。基于此，用弹性模量来描述压裂液的悬砂能力。

5）关于支撑剂浓度

天然裂缝储层，最大支撑剂浓度相对应该较低，设计应该采用长的低—中等的支撑剂浓度台阶，控制最高砂浓度。

6）应用测试压裂进行裂缝诊断

用 Nolte 定义的 G 函数曲线来研究裂缝滤失问题，用压力导数—G 函数识别压力控制的滤失特征，典型的 G 函数叠加曲线来识别天然裂缝的存在和天然裂缝的张开压力及闭合压力，如图 4-32 所示。

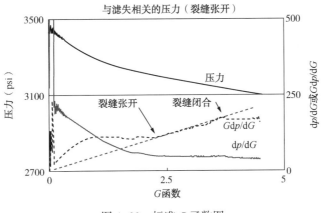

图 4-32 标准 G 函数图

二、酸携砂压裂技术

水力压裂能够形成长的人工主裂缝，并且由于存在支撑剂的支撑裂缝导流能力保持较久，但由于压裂液为惰性液体，不与碳酸盐岩反应，所以其沟通天然裂缝能力较差，特别

---

[1] 1gal（UK）= 4.54609L；1gal（US）= 3.78543L；1gal（US，dry）= 4.405L。

是当最大主应力方向(人工主裂缝方向)与天然裂缝走向一致时,此缺点尤为明显;酸压虽然能够与地层反应形成蚓孔,进而沟通更多天然裂缝,但由于其滤失大,形成酸蚀缝长有限,并且对于深井,由于闭合应力大,酸蚀裂缝有效导流保持时间较短。交联酸加砂压裂便是在此情况下提出的,它可以结合酸压和水力压裂的优点,充分发挥二者的优势,总体看来,交联酸加砂压裂具有的主要优点有:能够形成长的人工裂缝(与水力压裂相当),并能够沟通更多天然裂缝,保持长效导流能力,从而使得改造体积更大,使储层得到最大限度的改造,酸携砂压裂示意图如图4-33所示。本项目开展了酸携砂的室内实验研究和现场实施技术研究。

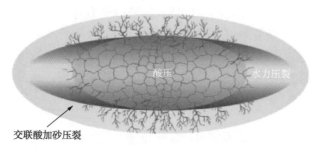

图4-33 交联酸加砂压裂与酸压和水力压裂对比示意图

以塔里木油田为例,为探索碳酸盐岩新型改造工艺,进行了前置液+交联酸携砂压裂技术试验,该模式的主要目的是通过前置液造长缝,沟通远井地区的有利储集体,随后进行交联酸携砂压裂,进一步拓展人工裂缝,并在近井附近形成一定的刻蚀,在解除堵塞的同时还能通过酸液携带的支撑剂对酸蚀裂缝进行适当的支撑,保证高闭合应力条件下有效裂缝的导流能力。针对交联酸携砂压裂工艺,进行了系列室内实验研究,包括:酸液携砂性能研究、酸液对支撑剂性能影响研究等。

1. 酸液携砂性能研究

由图4-34可见,交联酸含砂50%时,仍具有很好的挑挂性能。在80℃实验条件下,支撑剂在交联酸中的沉降速度为0.015mm/s,远小于SPE给出的0.8mm/s可接受的支撑剂沉降速率标准。

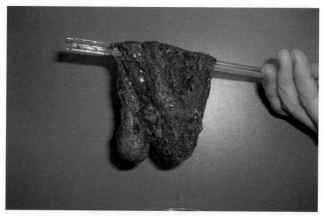

图4-34 交联酸携砂情况图

在 90.0℃水浴、静态条件下，测试交联酸和盐酸 10.0min 的酸岩反应速率，结果见表 4-27。结果表明，盐酸与大理石的反应速度是交联酸与大理石反应速度的 13.7 倍，说明交联酸酸—岩反应慢。

表 4-27　酸—岩反应速率测定结果

反应速率[mg/(cm² · s)]		平均反应速率 [mg/(cm² · s)]	缓速率(%)
1 号样	2 号样		
0.082	0.115	0.098	92.7

注：大理石在 20%HCl 盐酸中的反应速率为 1.35mg/(cm² · s)。

图 4-35 为在 90℃水浴条件下，在酸冻胶中加入大理石反应不同时间的冻胶形态。结果表明，酸岩反应 40min 未见冻胶脱水和破胶，冻胶仍具有良好的挑挂性能。图 4-36 为在 90℃水浴条件下，在含 18%陶粒的酸冻胶中加入大理石反应不同时间的冻胶形态。结果表明，酸岩反应 30min 后，冻胶酸仍具有良好的携砂性能。说明交联酸具有良好的耐温性能，黏度高酸岩反应慢，从而在施工期间酸岩反应对酸冻胶的流变性能影响小，保证施工期间酸液具有良好携砂性能。

（a）酸岩反应20min

（b）酸岩反应30min

（c）酸岩反应40min

图 4-35　酸岩反应对交联酸冻胶性能的影响（90℃水浴）

（a）酸岩反应10min

（b）酸岩反应20min

（c）酸岩反应30min

图 4-36　酸岩反应对交联酸携砂性能的影响（90℃水浴）

2. 酸液对支撑剂性能影响研究

对支撑剂用酸浸泡前后的导流能力进行了研究，表 4-28 是同一种支撑剂盐酸浸泡 2h（20%HCl，90℃）前后短期导流能力评价结果对比表。由表中可见，酸液浸泡前后支撑剂导流能力变化不大，浸泡后其导流能力还略有升高。分析认为，酸液浸泡后支撑剂导流能力略有升高，可能为酸液浸泡后支撑剂更干净所致。说明在压裂之后，为了特定目的进行酸化或酸压是技术可行的。

表 4-28　相同支撑剂盐酸浸泡 2h(20%HCl，90℃)前后短期导流能力评价结果对比表

分析项目		ZCJ/J2005-009	ZCJ/J2005-012	行业标准
规格(mm)		0.63~0.355	0.63~0.355	0.45~0.9
69MPa 下破碎率(%)		4.13	6.56	≤10%
86MPa 下破碎率(%)		9.21	11.75	
100MPa 下破碎率(%)		12.5		
筛析合格率(%)				≥90%
体积密度(g/cm³)		1.87	1.86	1.65~1.80/>1.80
视密度(g/cm³)		3.27	3.29	无
圆度		0.9	0.87	>0.8
球度		0.9	0.84	>0.8
浊度(NTU)		>100	83	≤100
酸溶解度(%)		4.94	6.34	≤5
导流能力(D·cm)	10MPa	52.73	67.56	无
	20MPa	47.86	60.36	无
	30MPa	43.13	55.38	无
	40MPa	40.13	49.70	无
	50MPa	36.36	43.63	无
	60MPa	32.27	36.05	无
	70MPa	27.34	28.60	无
	80MPa	21.36	23.22	无

3. 典型井应用

项目实施期间，在塔里木油田碳酸盐岩储层改造中共实施 7 井次交联酸携砂压裂施工，施工参数见表 4-29，酸携砂工艺参数和产量均有突破：井深突破 6700m(哈拉哈塘)，温度突破 150℃，单井加砂量突破 40m³，加砂浓度突破 570kg/m³，轮南 171 井小型酸压后无效，交联酸携砂压裂后效果显著，试采期间累计产油 2000 余吨。

表 4-29　交联酸携砂压裂施工统计表

序号	井号	改造井段(m)	施工条件	主要参数		地层定产
				加砂量(m³)	砂浓度(kg/m³)	
1	轮南 171	5502~5535	小型酸压后无效	18.5	90~350	油气层，试采
2	轮古 7-3C	5115~5145	Ⅱ类储层，发育天然裂缝	14.8	90~335	差油层、未试采
3	塔中 201C	5205~5570	Ⅱ类储层	41.5	97~548	差气层、侧钻

序号	井号	改造井段(m)	施工条件	主要参数		地层
				加砂量(m³)	砂浓度(kg/m³)	定产
4	哈12-2	6598~6745	Ⅱ类、Ⅲ类储层,小串珠	22.7	90~576	油层、未试采
5	哈11-1	6598~6697	大型酸压后,产量下降快	18.4	70~350	油层、未试采
6	哈601-3	6679~6708	大型酸压后产量下降快	28	87~552	油层
7	中古104	5917~6270	Ⅱ类储层,裂缝不发育	38.4	55~622	干层含气

第四节 现场应用及评估

针对塔里木盆地、四川盆地及鄂尔多斯盆地碳酸盐岩储层特点和压裂改造工艺的需要,研发形成了 GHPG、CMGHPG 高温低伤害压裂液体系,在剪切速率 170s⁻¹ 及温度 140℃和160℃时,冻胶剪切 2h 后黏度大于 150mPa·s;形成了 GHPG 低成本加重压裂液体系,温度范围为 100~150℃,粉剂用量 0.40%~0.45%,不同温度体系 170s⁻¹ 剪切速率连续剪切 90min 时黏度大于 80mPa·s;形成 SHD 耐高温低成本加重压裂液体系,最高耐温 170℃,冻胶剪切 2h 后黏度均大于 150mPa·s;针对性研究、探索了交联酸携砂压裂工艺技术,在塔里木油田成功应用 7 井次,长庆油田现场成功应用 15 口井,深化了地质认识,提高了改造效果。

一、塔里木盆地典型井——轮南 171 井现场试验及效果分析

轮南 171 井是塔里木盆地塔北隆起轮南低凸起中部斜坡带的一口评价井,改造井段为 5502.16~5537.00m,裸眼射孔完井。

该井交联酸携砂前做过一次小型酸压施工,施工曲线如图 4-37 所示,共注入地层总液量 146m³,其中 DCA 酸 80m³、醇醚酸 40m³、原井筒液体 26m³、施工排量 1.1~2.4m³/min,施工压力 24.5~39.72MPa,停泵压力 18.6MPa,测压降 20min,油压由 18.6MPa 降至 16.0MPa。酸压后求产 70h 后油压下降至 0MPa,地层不出液,井筒内液面亏空,说明近井地层能量较差,供液不足。

基于对储层的认识和小型酸压结果,为了沟通远井发育的表层储层,同时为沟通更多缝洞系统,并保证压后的长期导流,对该井进行了大规模前置酸压探测缝洞,后期进行交联酸加砂改造,设计原则是:

(1)改造目的井段测井表明发育有一定的天然裂缝,且地震剖面反映改造井段表层储层发育,本次改造采用大规模前置液酸压探测缝洞系统,进行交联酸酸压裂,后期进行交联酸加砂,以形成长的人工裂缝,并充分沟通侧向缝洞发育带为原则。

(2)施工过程中压力突降,在前置液阶段,应立即改为注酸,进行酸压裂施工;如果

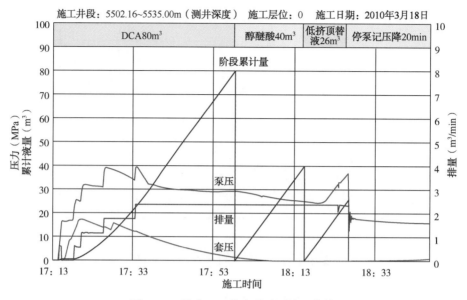

图 4-37　轮南 171 井小型酸压施工曲线

在交联酸加砂阶段，应立即停止加砂，切换顶替液完成顶替。

（3）石灰岩储层杨氏模量高，裂缝宽度窄，加砂难、易砂堵，同时，井层闭合压力高，支撑剂特选 30~50 目小粒径高强度陶粒。

（4）兼顾石灰岩加砂的难度和对裂缝导流能力的需要，交联酸携砂阶段砂浓度以低起点、小台阶、多步泵注，视施工压力变化适当提高砂浓度。

（5）酸液注入阶段地层滤失增大，不过度追求高砂浓度。

（6）为了减少压后吐砂，视具体施工情况后期尽可能提高砂比，同时采取过顶替措施。

交联酸加砂压裂共注入地层总液量 547.6m³，包括压裂液 281.6m³、交联酸 80m³、携砂液 161m³、原井筒液 25m³，排量 5.4~6.6m³/min，油压 57~79.5MPa，加砂浓度 90~350kg/m³，加砂 30~50 目 18.5m³，停泵压力 18.5min，测 50min 压降，油压由 18.5MPa 下降至 9.5MPa。轮南 171 井交联酸加砂压裂施工曲线如图 4-38 所示。

整个施工过程地层没有表现出对砂浓度的敏感，大规模前置液造缝充分，与小型酸压相比，加砂压裂后压降幅度较大，人工裂缝沟通了表层储层发育带，加砂压裂达到了施工设计的目的。

压后定产：ϕ4mm 油嘴，油压由 18.76MPa 降至 17.2MPa，套压 5.61~6.25MPa，日产油 93.6m³，折日产油 93.6m³；日产气 9069m³，折日产气 9069m³，试油结论：油层。轮南 171 井试采曲线如图 4-39 所示。

二、鄂尔多斯盆地交联酸携砂压裂

针对高桥地区储层致密、孔隙充填程度较高，充填物以方解石、白云石为主，且方解石含量较高，酸压改造效果差、试气产量低的问题，集"水力压裂与酸压溶蚀"双重优势，开展了交联酸携砂压裂工艺试验，通过提高改造缝长和裂缝导流能力，扩大泄流面积达到

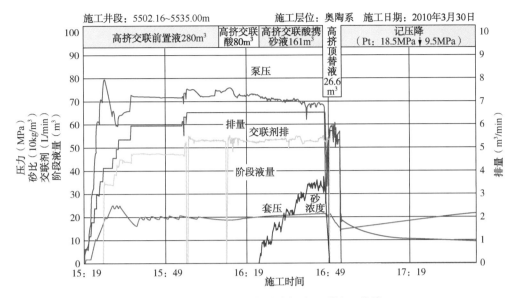

图4-38 轮南171井交联酸加砂压裂施工曲线

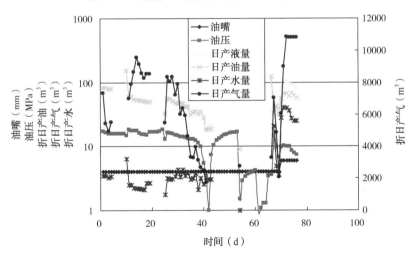

图4-39 轮南171井交联酸加砂压裂后试采曲线

了增产目的。交联酸携砂压裂工艺试验15口井，单井试气产量5.13×10⁴m³/d，与前期酸压井比较，在储层条件基本不变的情况下取得了明显的增产效果(表4-30)。

表4-30 靖西探区交联酸携砂压裂试验效果统计表

改造工艺	井数（口）	层位	厚度（m）	电阻率（Ω·m）	时差（μs/m）	气饱和度（%）	孔隙度（%）	渗透率（mD）	试气产量（10⁴m³/d）
交联酸携砂压裂	15	马五₁₊₂	5.32	311.8	168.1	41.7	3.0	0.22	5.13
酸压（对比井）	19	马五₁₊₂	5.67	319.7	166.0	42.4	4.0	0.18	2.47

第五章

海相复杂碳酸盐岩储层改造技术集成和应用

本章集成总结了碳酸盐岩储层改造技术，提出了针对不同特征储层的改造模式，介绍了在不同盆地储层改造技术的应用情况。

第一节　塔里木盆地碳酸盐岩储层改造模式

在对塔里木油田碳酸盐岩储层室内研究的基础上，开展了现场试验，根据不同储层特征和现场施工经验的积累，逐渐形成了物探、钻井与储层改造技术相结合的碳酸盐岩储层勘探开发技术，形成了适合复杂缝洞型储层特征的储层改造模式。

一、洞穴型储层

物探解释有明显强串珠反射特征的储层，由于井眼轨迹控制和精度的影响，钻井井眼可能与有利储层有一定的空间关系。

（1）钻井至洞穴顶部，见良好油气显示。

如图 5-1 所示，储层有强串珠反射特征，钻井至储层顶部后见良好油气显示，此种情况采用小型酸压进行垂向沟通，酸压沟通模式如图 5-2 所示，疏通洞穴与井眼的连通通道，即可获得工艺油气流。

（2）钻井至强反射区，而油气显示较差。

如图 5-1 所示储层为强串珠反射储层特征，钻井至强反射区不见油气或油气显示很差，其原因可能有钻井井眼轨迹控制误差，或者物探解释精度有差异，此种情况采用大规模前置液+高黏度酸与胶凝酸多级注入酸压，或前置液+高黏度酸多级注入酸压+闭合酸化工艺，造长的人工酸蚀裂缝，沟通远井的有利储层。酸压沟通模式如图 5-3 所示。

（3）钻至强反射区附近，油气显示差，地应力方向不匹配。

如图 5-4 所示，当井眼钻进至强反射区附近，油气显示差，测井地应力、天然裂缝（有利储层）与人工裂缝延伸方向不匹配时，采用大规模前置液+暂堵+前置液+高黏度酸酸压，在两相地应力差别不大时，尽可能实现人工裂缝的多向扩展，实现多向沟通或增大储层的泄油气面积。

二、裂缝孔洞型储层

物探解释为杂乱反射特征，改造需要造长缝增大储层的泄流面积，储层孔洞、裂缝发育，采用交联酸加砂压裂或交联酸深度酸压工艺。

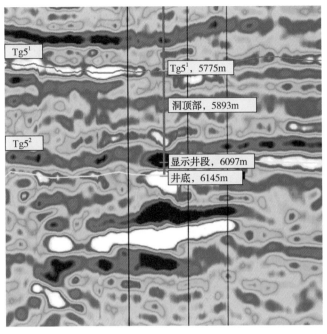

图 5-1　强串珠反射储层

图 5-2　垂向酸压沟通模式图

图 5-3　横向深度改造酸压沟通模式

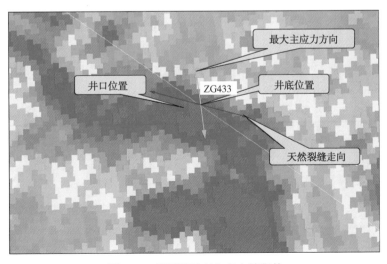

图 5-4　井眼周围存在多个储集体

如图 5-5 和图 5-6 所示，物探显示有杂乱反射特征，测井解释为天然裂缝或孔洞发育，采用交联酸加砂压裂，采用大规模前置液造长缝，然后采用缓速性能好、高温耐剪切性能稳定的地面交联酸体系进行加砂压裂改造，增大储层的泄流面积。此工艺较酸蚀裂缝能形成更长的人工有效支撑裂缝，较水力压裂能够疏通更多的天然裂缝系统，兼顾水力压裂及交联酸酸压的优点，在造长缝增大泄流面积的同时，利用酸液滤失作用进行侧向沟通，提高储层的改造体积。

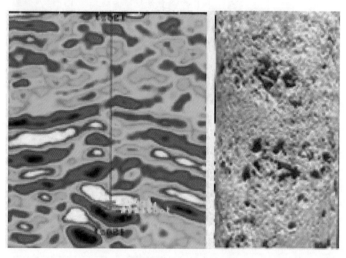

图 5-5　杂乱反射及岩心特征

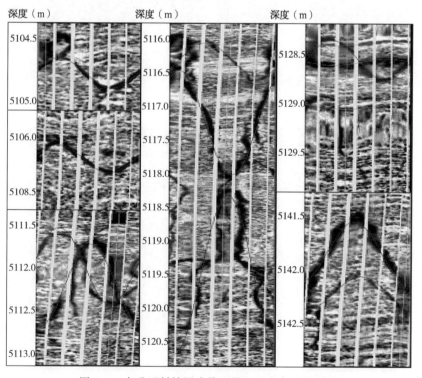

图 5-6　杂乱反射储层成像测井解释发育天然裂缝

三、多套缝洞系统储层

在塔中Ⅰ号构造，采用水平井分段酸压方式开发多套缝洞系统，如图5-7所示，水平井段附近有多套储集体，并根据物探解释标定储层与井眼的空间距离，根据储层与井眼轨迹的空间关系，酸压需要横向沟通储层，纵向压穿储层，根据酸压软件优化模拟结果，横向沟通优选(前置液+高黏度酸+胶凝酸)多级交替注入+闭合酸化工艺，纵向沟通优选前置液+高黏度酸与胶凝酸多级注入工艺。

多套储层使用封隔器+滑套对缝洞体进行分段(图5-8)，段内使用深度酸压改造技术或者均匀布酸、转向酸压改造技术。

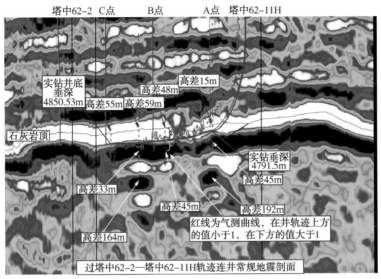

图5-7　水平井及多套缝洞系统

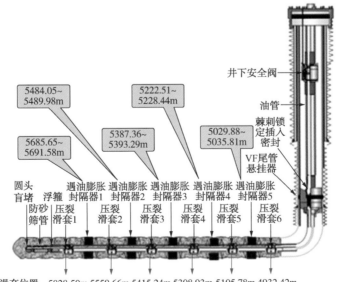

图5-8　封隔器+滑套分段改造工具

第二节　四川盆地碳酸盐岩储层改造模式

通过建立储层量化评价系统，为储层改造工艺选择提供了有力支撑。以产量为目标函数，酸化以表皮系数为变量，酸压以酸蚀裂缝导流能力和酸蚀裂缝长度为变量，分析其对产能的影响。经过数值模拟计算，得到长兴组和飞仙关组与不同量化评分相对应的最佳表皮系数，或酸蚀裂缝导流能力和酸蚀裂缝长度，形成了与龙岗构造"高温、高压、高应力"储层相匹配的针对性改造措施。

一、储层量化评分的计算公式

1. 长兴组

对各井实际稳定产量(无阻流量的 25%)进行打分评价，打分标准见表 5-1，其打分结果与储层累计厚度、平均孔隙度、孔结构参数、试井渗透率、井底瞬时停泵压力进行回归分析，得到储层量化评分公式：

表 5-1　四川盆地碳酸盐岩储层打分标准

稳定产量 ($10^4\text{m}^3/\text{d}$)	≥95	95~75	75~45	45~25	25~18	18~1.8	1.8~0.1	微气	干层
产量评分	95	90	85	75	65	55	35	20	10

$$Y=47.7+0.815h+8.3\phi-7.65\times K_\text{F}-0.37K-0.32p$$

其中：Y 为模型预测值；h 为储层累计厚度；ϕ 为储层加权平均孔隙度；K_F 为储层孔结构参数；K 为试井渗透率；p 为井底瞬时停泵压力。该回归方程的复相关系数 R^2 为 0.8394。

2. 飞仙关组

对各井实际稳定产量进行打分评价，其打分结果与储层累计厚度、平均孔隙度、白云石含量、试井渗透率、井底瞬时停泵压力进行回归分析，得到储层量化评分公式：

$$Y=92.3-0.03h+9.07\phi-0.625w_\text{DOLO}+0.029K-0.83p$$

其中：Y 为模型预测值；h 为储层累计厚度；ϕ 为储层加权平均孔隙度；w_DOLO 为白云岩含量；K 为试井渗透率；p 为井底瞬时停泵压力，该回归方程的复相关系数 R^2 为 0.9025。

表 5-2　四川盆地碳酸盐岩储层改造模式

储层评分	80~100		60~80	40~60	<40
措施目的	解堵		沟通天然缝洞	深穿透， 扩大渗流面积	—
储层特征	储层集中， 厚度在 20~30m	储层多层层段、跨度大、非均质性强	储层物性较差	储层物性差	储层致密
酸化工艺	胶凝酸酸化	转向酸酸化 分层酸化	胶凝酸酸压 (前置液+胶凝酸) 酸压	加重胶凝酸酸压 (加重前置液+加重 胶凝酸)酸压	建议不改造

续表

储层评分	80~100		60~80	40~60	<40
表皮系数	-2.7~-1.6	-2.7~-1.6	—	—	—
酸蚀缝长（m）	—	—	20~35	35~45	—
导流能力（mD·m）	—	—	≥150	≥100	—

二、不同储层类型的针对性改造措施

1. 评分在 80~100 分的储层

1）胶凝酸解堵酸化

该工艺主要利用了高分子浓缩效应从而缓和非均质储层的吸酸矛盾，达到储层均匀布酸的目的。随着胶凝酸不断注入储层中，其中的高分子组分会不断发生浓缩现象，从而增加胶凝酸流动阻力，当其流动阻力高于酸液进入其他未进酸层段的流动阻力时，后段酸液转而流入其他未进酸层段，由此迫使酸液实现转向分流，但分流效果有限，适合于非均质性不是特别强的储层均匀布酸。

2）自转向酸解堵酸化

该工艺主要是针对非均质性强且不具备分层酸化条件的储层。为了尽可能满足施工层段均匀布酸，工艺采用了耐高温、增黏、降阻、缓速性能较好且具有优异转向性能的高温转向酸液体系，使得储层能均匀吸酸，进一步提高酸化施工效果。该酸液体系在浓度变化过程中实现变黏转向，对储层实现均匀酸化，通过调整配方可以实现不同酸浓度条件下的转向。转向酸酸液体系具有腐蚀速率小、转向效果好、自动破胶、酸岩反应速率低、动态滤失低等特点，从而达到深部均匀解堵的目的。

3）分层酸化工艺技术

龙岗长兴组和飞仙关组储层除了存在层间非均质强的特点外，储层中还含有多套小储层，其间隔较大，通过笼统酸化工艺难以实现多段储层的合理动用，影响酸化增产效果；同时，对于长兴组和飞仙关组储层，层与层之间间隔大，不能单纯靠液体转向方式来实现储层综合改造，必须采用特殊工艺或工具来实施暂堵或封隔器分层。

2. 评分在 60~80 分的储层

1）活性水+胶凝酸酸压工艺

将活性水的物理降温缓速与胶凝酸中耐高温缓速剂缓速结合起来，能更好地实现储层改造。对于含硫储层，应用活性水+胶凝酸酸压工艺，前面的活性水还能起到一定的隔离作用，能将地层中的硫与酸隔离开，起到了防硫的作用，从而能避免硫化物沉淀的产生。

2）前置液+胶凝酸酸压工艺

用高黏非反应液体作为前置液，由于其黏度高，具有造壁降滤特性，这样可大大提高液体的造缝效率；另外，由于前置液与酸液黏度差异，酸液在高黏前置液中黏性指进，极大地减小了酸与岩石的接触面积；同时，前置液还具有降温作用，从而降低酸—岩反应速度，提高活性酸的有效作用距离，对于含硫储层，前置液还可起到一定的隔离作用，避免硫化物沉淀的生成。

3. 评分在 40~60 分的储层

对于此类储层，在现有井口和压裂设备的限制下存在压不开地层的风险。为了提高井底处理压力，在常规密度胶凝酸中加入不同比例的密度调节剂，可将酸液密度加至 1.1~1.4g/cm³，可根据不同的储层改造对象，选择不同密度调节剂和不同加重密度的加重胶凝酸，压开地层，沟通远井地带天然孔洞或者微细裂缝。

4. 评分在 40 分以下的储层

这类储层岩石致密，物性较差，采取任何改造措施获气的可能性均较小，建议不进行储层改造。

第三节　鄂尔多斯盆地碳酸盐岩储层改造模式

针对气田的物性相对较好的 I 类储层，由于该类储层物性相对较好，钻井、完井过程中钻井液滤失量相对较大，因此造成的气层伤害程度较高，气层存在着严重的堵塞现象。通过强化储层酸压改造地质条件认识，分析影响酸压效果的主控地质因素，碳酸盐岩储层充填程度、充填物类型、裂缝发育程度成为影响储层改造效果的主控因素。结合储层地质认识，在室内实验研究基础上，对不同酸液体系进行了综合评价，优选出了靖边气田酸化改造的酸液体系。在室内研究与实验基础上，开展了酸化改造工艺技术的研究和试验，优选出了适合储层特点、经济效益好的稠化酸酸压工艺。

稠化酸酸压工艺以解除近井伤害为目标，采用该工艺处理后，能够大幅度解除近井地带伤害，使产量大幅度提高。

在施工参数的选取方面，通过设计、现场试验和评价分析逐步得到优化，每米气层用酸量在 3.3~5.3m³ 范围内增产效果最佳。用酸强度太小时，解堵不彻底，影响增产效果；由于有效作用距离受酸岩反应速度控制，用酸强度太大时，酸液的有效穿深不会增大，但酸化后残留于地层的液量会增大，这也将影响增产效果。

针对物性相对较差的储层，进行了加砂压裂试验。归纳起来，该工艺技术的探索发展经历了 3 个阶段：

第一阶段是初期探索，采用了酸洗/酸化+压裂的工艺思路。两口试验井 G5-9 井和 G14-10 井分别采用了压前用稀盐酸和小型酸化的预处理技术，采用 2⅞in 油管注入，但两口井施工过程均出现了早期砂堵。

第二阶段为调整阶段，考虑到酸化预处理措施在降低破裂压力的同时有可能造成近井地带酸蚀孔洞扩展，增加压裂液的滤失，因此采取了不酸化和压后酸化的技术思路。试验了 2 口井 G23-18 井和 G10-42 井，但 2 口井均出现了早期砂堵。冲砂后，封隔器第二次坐封困难，酸化作业不连续，现场可操作性较差。

第三阶段思路更新，在分析总结前两年试验结果的基础上对技术路线进行了更新，从降滤、增黏、调参和综合配套多方面进行考虑，综合考虑各种措施，优化试验方案。前置液中加入粉陶，压裂液中加入降滤失剂，改用有机硼锆交联剂，提高了压裂液的耐温及抗剪切性能。3 口试验井，其中有 2 口井施工成功，施工压力平稳，加砂量达到 14.5m³，平均砂比达到 25%（砂浓度 444kg/m³）。2004 年，加砂压裂试验 5 口井，其中 4 口井取得了成功。最大加砂量达到 18.5m³，平均砂比达到 467kg/m³。下古生界碳酸盐岩储层压裂成功率有较大提高。

通过不断地分析探索，从降滤、增黏、调参、改进配套措施等方面入手，前期基本解决了加砂困难的难题，使下古生界加砂压裂的成功率提高到 80%，使单井加砂量由初期的 5.0m³ 提高到 18.5m³。形成了一套能够满足小规模加砂的低渗透白云岩储层加砂压裂的综合配套技术与做法：

（1）压前酸预处理措施降低破裂压力；

（2）采用支撑剂段塞和降滤失剂的降滤技术；

（3）形成了降滤、增黏、抗剪切、耐高温的有机硼锆交联瓜尔胶压裂液体系；

（4）选用低密度、小粒径陶粒作为支撑剂降低加砂难度；

（5）采用大排量施工增加缝宽减少滤失；

（6）选用 3½in 油管降低施工压力，提高施工排量；

（7）采用前置液液氮伴助提高返排率。

但是，由于部分井气层埋藏较深，裂缝延伸压力高，加砂施工困难，对加砂压裂工艺提出了挑战。

为解决目前储层改造过程中酸压和加砂压裂改造所面临的难题，必须转换改造的技术思路，提出更具有针对性的改造方式，以应对储层物性的变化，改造思路主要集中于：

（1）以提高深度压裂酸化工艺为研究重点，优化与地层特征相匹配的裂缝特性及施工规模，优化改造工艺。提高酸液的作用距离，以提高裂缝控制的有效泄流面积和酸压后的裂缝导流能力，进一步提高单井产量。

（2）交联酸携砂压裂技术完善与应用。

由于酸化压裂可以通过酸液同基质以及充填矿物进行反应来沟通孔隙及形成一定的刻蚀蚓孔，从而明显地改善气体在储层孔隙之间的渗流特征；而加砂压裂则可以较酸压得到更长的人工裂缝以及通过支撑剂的铺置来提高裂缝的导流能力。考虑两种改造方式互为补充，以进行酸液的携砂，达到一次施工来取得两种改造方式综合的改造效果为出发点，试验了将酸液交联后进行携砂压裂改造的技术思路。

结合部分井气层埋藏较深，裂缝延伸压力高，加砂施工困难的特点，要实现酸液的交联携砂，对于酸液的性能、交联后的稳定性、现场施工的安全性等方面提出了较高的要求，因此，实现交联酸的携砂压裂，必须要克服几个难点：

（1）强酸条件下耐高温稠化剂和交联剂的研制；

（2）交联酸携砂压裂后的破胶及返排；

（3）交联酸携砂压裂现场施工工艺的实施。

根据交联酸携砂压裂的难点，重点从交联酸液体系的改进、酸液体系的性能评价、交联酸携砂压裂的施工工艺等方面进行了室内的研究与现场试验工作。

结合以上分析和现场改造试验情况，对鄂尔多斯盆地下古生界碳酸盐岩不同特征储层，形成了长庆气田下古生界碳酸盐岩储层压裂酸化改造技术（表 5-3）。

表 5-3　长庆气田下古生界碳酸盐岩储层压裂酸化改造技术

储层类型	储层特征	改造思路	工艺技术
I 类	物性较好，孔隙、裂缝发育（$\phi = 6.3\% \sim 12.0\%$，$K > 0.2mD$，$\Delta t = 165 \sim 188\mu s/m$，$S_g = 75\% \sim 90\%$）	解除近井地带堵塞	稠化酸酸压工艺
II 类	中等渗透率，充填物以白云石为主（$\phi = 4.0\% \sim 6.3\%$，$K = 0.04 \sim 0.2mD$，$\Delta t = 160 \sim 165\mu s/m$，$S_g = 70\% \sim 80\%$）	形成一定长度的酸蚀裂缝	深度酸压、加砂压裂
III 类	物性较差，孔隙以裂缝—微孔型为主，充填程度高，以方解石充填为主	形成较高导流能力的支撑长缝	加砂压裂、交联酸携砂压裂

第六章

海相碳酸盐岩储层测试技术集成与应用

测试技术是评估储层改造、深化认识储层的重要手段，本章主要介绍了碳酸盐岩储层试井综合评价技术、深层易喷易漏复杂海相碳酸盐岩储层测试技术及高含硫化氢碳酸盐岩储层测试技术集成、完善与应用等内容。

第一节　碳酸盐岩储层试井综合评价技术

一、动态测试曲线类型的分类及储层分类标准

1. 动态测试曲线类型的分类

碳酸盐岩储层试井曲线丰富而又千差万别，具普遍性又具特殊性，是油藏储渗特性最直观的综合反映。研究发现，在不同的区带、不同的储层岩性段、不同的沉积相带、不同的地质储集体条件下，可能具有相同的曲线类型；同理，在相同的区带、相同的储层岩性段、相同的沉积相带、相同的地质储集体条件下，可能具有不同的曲线类型；相同形态特征的试井曲线类型所反映的储层储渗条件是相似的，这在陆相碎屑岩试井曲线研究中得到了普遍的认可；海相碳酸盐岩储层具有比碎屑岩更为复杂的储渗条件，除共有的基质孔隙之外，主要由于裂缝和溶洞的参与而造成储渗条件复杂化；通过对大量的碳酸盐岩储层试井曲线动静态成果综合研究，发现试井曲线所反映的储层微观储渗动态信息同碎屑岩是相同的，而且孔缝洞的叠加组合使试井曲线变得更加复杂，表现出比碎屑岩更强的非均质性，这也充分反映了碳酸盐岩储层的复杂储渗特性；为了研究试井曲线表征碳酸盐岩储层动态信息的充分性和有效性，采用数理统计方法，以试井曲线特征分类为研究切入点，结合储层静态微观储集结构、空间类型及宏观储层展布特征，探索碳酸盐岩储层的储渗变化规律，进而深化储层认识。

以塔里木盆地塔中地区为例，基于试井曲线特征，同时考虑测井、岩心所反映的近井储层特性及储层改造地质效果，将试井曲线划分为5类。在跟踪勘探生产动态、研究成果验证过程中，预测符合率83.3%。通过深化研究发现，仅根据单一的试井曲线还不能科学地预测地质效果，特别是井与远井储集体之间缺乏有效沟通，即存在"渗流屏蔽"的情况下，试井曲线根本探测不到远井储集体的内幕动态信息，必须结合物探资料对储层的有效预测，才能综合判定改造效果。在5类试井曲线前期研究的基础上，充分考虑了远井储层的发育程度、井眼与储集体的立体空间相对位置关系及试井动态曲线所反映的

地质含义，形成了试井曲线分类标准，用该标准预测储层改造效果，预测符合率达到94%。

油藏储渗条件决定了试井曲线类型，试井曲线类型是油藏储渗条件的动态再现；试井曲线分析必须结合地质基础研究。不同试井曲线类型措施效果不同，研究二者之间的关系就是探索措施选层规律，对指导生产有重要意义。

在充分考虑井眼与储集体的相对空间位置关系，近井和远井储层发育程度、物性变化及储集体形状和大小等因素的基础上，深入研究了试井曲线类型与储层地质模型的关系，将塔中地区试井曲线划分为5种类型(表6-1)，每类曲线的试井曲线形态不同，代表的储层发育程度和展布范围也不同。

(1)第Ⅰ类试井曲线：井眼位于储集体上，储层缝洞系统发育。

如图6-1A，地质含义为井眼储层物性好，缝洞发育且具有一定的分布范围，即测试期间表现为无限大均质地层特征。此类储层的测试曲线一关、二关压力恢复速度较快，二关导数曲线一般出现径向流动段。该类储层一般具有一定的自然产能，若自然产能不理想，措施改造后效果较好。

(2)第Ⅱ类试井曲线：井眼位于储集体边缘(附近)，远井储层缝洞系统发育。

如图6-1A，地质含义为：①井眼附近储层条件较第Ⅰ类试井曲线变差，而井眼以远地层缝洞系统发育，若有裂缝渗流条带与之沟通，则导数曲线会出现先上翘后下掉现象。②近井储层与远井储层缝洞系统均发育，二者之间虽连通，但存在"渗流瓶颈"，即"串珠型"储层，这两种地质模型的共同特征是后期导数曲线下掉。③物探资料反映远井储层存在缝洞发育体，但与近井储层不连通，即存在"渗流屏蔽"，后期导数曲线上翘。Ⅱ类试井曲线关井压力恢复较Ⅰ类曲线明显趋缓，自然产能较低，措施后效果较好。

(3)第Ⅲ类试井曲线：井眼位于储集体上，储集体发育规模有限。

如图6-1B，地质含义为井眼附近储层缝洞发育，物性较好，但分布范围有限，表现在导数曲线后期急剧上翘，此类曲线一般表示具有一定的自然产能，压力恢复速度较快，最明显的特征为二关压力恢复幅度比一关明显降低或压力恢复速度趋缓，出现压力衰竭现象。此类储层措施效果不理想或不能保持稳产。

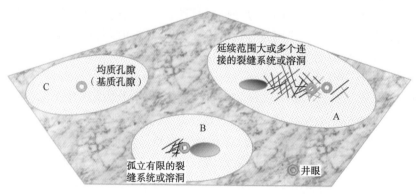

图6-1　试井曲线类型与地质模型关系示意图

表 6-1　试井曲线特征类型分类

试井曲线类型	压力导数形态	压力历史曲线	双对数综合曲线	储层类型	井与储集体位置关系	措施效果
I	径向流	压力历史曲线（压力 kPa — 运行时间 h）	图：对数诊断　压力　模拟结果（压力 kPa — 运行时间 h）	塔中86井 1/88	缝洞储集体中	有效
		压力历史曲线（压力 kPa — 运行时间 h）	图：对数诊断　模拟结果（压力 kPa — 运行时间 h）		缝洞型储集体附近	有效
II	下掉	压力历史曲线（压力 MPa — 时间 h）	压力　压力导数（压力 MPa — 时间 h）	塔中86井 1/88	串珠型缝洞储集体	有效

续表

试井曲线类型	压力导数形态	压力历史曲线	双对数综合曲线	储层类型	井与储集体位置关系	措施效果
III	上翘	时间（h）；压力 P（MPa）	双对数曲线：dp 和 dp'（MPa）$-dt$（h）		有限缝洞储集体	无效
IV	低渗	压力数据；酸前；时间（min）；压力 P（MPa）	双对数曲线：压力 P（MPa）；••••实测无量纲 $\Delta T - \Delta p$ 数据；——实测无量纲压力导数数据；——压降典型曲线；——多流量典型曲线		低孔低渗储集体	无效
V	干层	运行时间（h）；压力 P（kPa）	图：对数诊断；模拟结果；运行时间（h）；压力 P（kPa）		非储集体	无效

（4）第Ⅳ类试井曲线：井眼位于储集体上，为低孔低渗储层类型。

如图 6-1C 所示，地质含义为整个储层均未发育大的缝洞系统，虽然分布着一些小的裂缝和溶蚀孔洞，但比较孤立、连通性较差。表现在测试曲线上，压力恢复速度较慢，双对数综合曲线呈峰值低、开口小、无污染形态，呈现均质或双孔介质储层模型，一般自然产能较低，由于储层基质孔隙度低，一般措施效果较差。此类储层若打水平井可能会获得好的效果。

（5）第Ⅴ类试井曲线：井眼位于非储层上，地层不存在储集体。

如图 6-1C 所示，地质含义为储层可能发育着一些微小裂缝或孤立的溶孔，连通性差，一般没有渗流能力，此类曲线压力恢复速度极缓慢，双对数综合曲线处在井筒储集阶段，或者导数超覆于压力曲线之上，一般在开井期间无产能，措施效果差。通过深化研究，将试井曲线无典型的诊断曲线特征，且物探资料无异常反射现象的井也归为第Ⅴ类曲线。

无论是哪种类型的测试曲线，都必须和静态地质研究特别是物探资料对储层预测紧密结合，才能科学地决策储层改造。这样完善后的试井曲线类型分类方法有效地提高了储层改造的有效率，应用该决策技术预测储层改造效果符合率由 83.3% 提高到 94%。

2. 储层分类标准

塔中Ⅰ号坡折带碳酸盐岩孔、洞、缝级别划分标准见表 6-2。

表 6-2 塔中Ⅰ号坡折带碳酸盐岩孔、洞、缝级别划分表

孔		洞		缝	
类型	孔径（mm）	类型	洞径（mm）	类型	缝宽（mm）
大孔	0.5~2	巨洞	≥1000	巨缝	≥100
中孔	0.25~0.5	洞穴	100~1000	大缝	10~100
小孔	0.01~0.25	中洞	20~100	中缝	1~10
微孔	<0.01	小洞	2~20	小缝	0.1~1
				微缝	<0.1

二、缝洞型储层试井解释技术

1. 试井概念模型

以塔中地区碳酸盐岩储层 5 种试井曲线类型为基础，充分考虑了井眼与储集体的立体空间相对位置关系、近井储层与远井储层的储渗性质差异、储层结构类型以及储集体地质模型等诸多因素的前提下，解析 5 类试井曲线所涵盖的碳酸盐岩储层普遍的地质含义，从 5 类试井曲线中提炼出了 3 种试井概念模型，即串珠型油气藏模式、有限油气藏模式和均质、双孔油气藏模式。为塔中碳酸盐岩非均质渗流理论模型的建立及深化储层认识奠定了基础。

1）串珠型油气藏模式

串珠状油气藏模式如图 6-2 所示，由基质、裂缝、溶蚀孔洞组成的三重介质复合油藏，外区渗透性好于内区，主要由溶洞向裂缝供液，地震剖面呈串珠、丘状等异常反射现象，试井压力导数曲线后期下掉。

此类储层在概念模型上有两种情况：

（1）探井直接布在有一定规模的缝洞发育带上，缝洞之间连通性较好，流体渗流阻力小，此类储层一般自然产能较高。

（2）探井布在了缝洞发育带附近，需要进行措施改造连通远处更发育的缝洞系统，即串珠状分布的缝洞发育体。

串珠状裂缝发育系统其地质背景为：碳酸盐岩地层的裂缝、孔洞发育带呈一片片局部区域分布，在这些局部区域之间，被渗透性好但极狭窄的通道连接，形成串珠状（纵横向均有可能发育串珠储渗单元），串珠状地层若有一定规模，一般在横向上 200m/纵向上 40m 大小的储集体在地震剖面上能够有较清晰反映。

该油气藏模式对应 I 类和 II 类试井曲线类型，一般具有自然产能或改造效果较好。

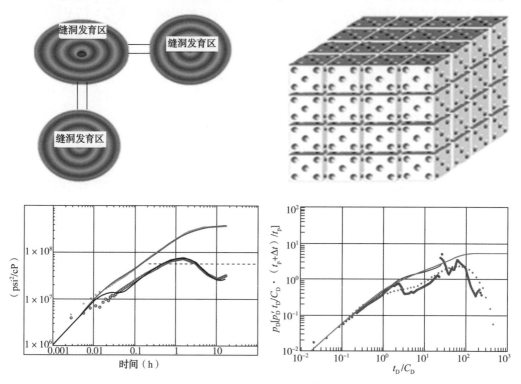

图 6-2 "串珠"状油气藏模式图

用孔、洞、缝三重介质理论模型定性分析，由于导数曲线有几个凹子，最后急剧下掉，说明外区有缝洞单元发育，渗透性变好，有大的裂缝或溶洞存在。措施效果最好的应属此类储层，其测试曲线的共同特征为实测曲线关井压力恢复速度快，说明储层导压性能好，导数曲线呈现均质渗流特征或呈波浪形下掉，表明在测试半径范围内储层物性好，储层发育均匀或远井眼处存在另一缝洞发育体，此类储层一般有自然产能或经措施改造沟通远井富含油气的储集体而获得高产或稳产。

2）有限油气藏模式

有限油气藏模式如图 6-3 所示，三重介质复合油藏（内区为三重介质，外区为均质储层），内区渗透性好于外区，有效储层发育规模有限或呈窄条状分布，外区供液能力差，试井导数曲线后期上翘。

探井虽布在缝洞发育体上，但储层发育规模有限或呈窄条状分布，而井眼以远处地层物性急剧变差，此类型储层一般在打开初期有自然产能，其测试曲线形态反映初关井压力恢复速度较快，而二次关井可能在测试时间内就存在压力衰减现象，而导数曲线后期急剧上翘或呈"U""V"字形上翘，该油藏模式对应第Ⅲ类试井曲线类型，表现为有限油气藏特征。此类储层由于缺乏外来液体补给，措施后一般效果不理想，特别是稳产成为该类油气藏开发的主要矛盾。

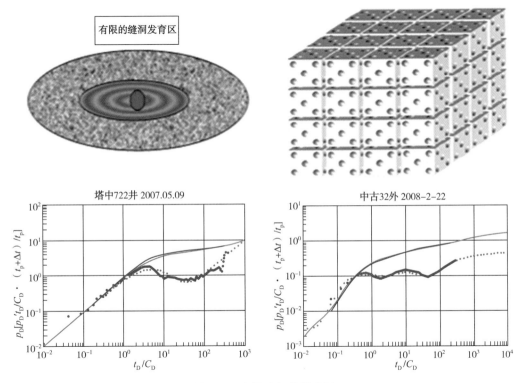

图 6-3 有限油气藏模式图

用孔、洞、缝三重介质理论模型定性分析，由于双对数综合曲线开口较大，污染较严重，导数很快上升，说明外区致密，渗透性急剧变差，不存在大的裂缝或溶洞，一般措施后是低产井。

3）均质和双重介质油气藏模式

碳酸盐岩地层未经历强烈构造运动和后期岩溶改造作用，储层内缝洞不发育或仅发育一些微小缝洞，这些微小缝洞彼此孤立，连通性差，基本不参与渗流，储层主要以基质孔隙渗流为主，其测试曲线的形状以基质孔隙度的大小不同而有所差别。塔中地区碳酸盐岩储层基质孔隙不发育，为典型的低孔低渗透储层，此类储层要结合静态描述来共同认定。在测试曲线上表现为：（1）致密层、干层特征，关井压力恢复极缓慢，多呈斜直线型上升，双对数综合曲线表明流动处在井筒储集阶段；（2）双对数综合曲线具有开口小、无污染、均质特性为主要特征。此类储层措施效果不理想或根本无效果。

均质和双重介质油气藏模式如图6-4所示，渗流方式为双重介质（双孔单渗）模型或单一的均匀分布的孔洞型（含孤立的溶蚀孔洞和基质孔隙型）储层，试井曲线一般表现为双孔、均质（低渗透、无污染）特征或干层特征。

该油藏模式对应第Ⅳ类和第Ⅴ类试井曲线类型，一般措施效果差或基本无效果。

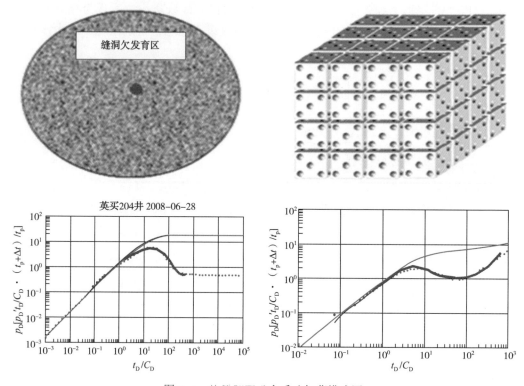

图6-4 均质和双重介质油气藏模式图

2. 试井模型建立

基质裂缝双重介质渗流与试井模型及解释方法研究，已有50年历史，方法比较完善，但对于世界上许多缝洞型碳酸盐岩油气藏而言，由于溶蚀等成岩作用，岩石的结构发生了变化，在基岩内部形成了大量的溶蚀孔洞，而裂缝网络又对其起到了很好的沟通作用，裂缝是主要流通通道，从而形成了不同级别裂缝与溶蚀孔洞交融的多重介质储集体，对多重介质油气藏渗流与试井研究还不成熟。

塔里木塔中坡折带储层就属于这类缝洞型碳酸盐岩储层，塔中碳酸盐岩油气藏最突出的问题就是极强的非均质性和缝洞本身的多尺度性、缝洞发育的无规律性，使得该类油气藏的试井解释出现了许多困难问题，用常规均质或双孔介质模型进行解释，存在的问题主要是：渗流模式已发生很大改变，曲线不能很好拟合；孔、洞、缝参数无法解释；井眼通过裂缝沟通高渗体距离难以确定；解释可靠性差。目前，国外商业化试井解释软件如法国Saphir、英国EPS、美国Welltest200均无解释孔、洞、缝三重介质的模型和方法，开展复杂多重介质渗流与试井模型研究是解决缝洞型碳酸盐岩储层试井分析和储层评价的关键。

在试井渗流模型建立与解释方法、解释软件开发方面进行了深入研究，建立了缝洞型碳酸盐岩储层渗流试井系列模型，对塔中Ⅰ号坡折带 30 余井次试井资料进行了解释分析，取得了较满意的效果，加深了储层认识，为储层评价和措施改造提供了科学依据。

1）三孔介质拟稳态窜流试井模型

最早的三孔介质模型由 Abdassah 和 Ershaghi 提出。在模型中，地层由基岩、裂缝和溶蚀孔洞三种介质组合而成，其物理模型如图 6-5 所示。考虑裂缝向井筒供液，同时，基岩和溶洞向裂缝发生拟稳态窜流，渗流模式如图 6-6 所示。

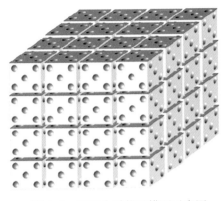

图 6-5 三重介质物理模型示意图

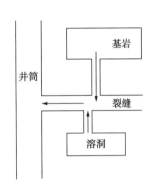

图 6-6 三孔介质模型渗流模式示意图

为了更好地描述缝洞型碳酸盐岩储层，引入三重介质的概念，基质岩块被裂缝网络所分割，同时，基质岩块内部还存在溶蚀孔洞。

当油井开井生产后，井底压力下降，裂缝中原油流入井底，裂缝压力下降，溶洞和裂缝之间形成压差，在压差作用下，溶洞流体流入裂缝，即溶洞流体向裂缝发生拟稳态窜流或不稳态窜流，假设溶洞窜流结束后，基岩流体才开始向裂缝发生窜流，且基岩流体不向溶洞发生窜流。

（1）物理模型。

试井模型建立的假设条件如下：

① 地层水平等厚，地层中心一口井，油井以定产量生产；

② 产层厚度全部打开，流体径向流入井内；

③ 地层流体和岩石微可压缩，流体为单相，且压缩系数为常数；

④ 地层流体等温流动且满足线性达西定律；

⑤ 考虑井筒储存和表皮的影响，忽略重力和毛细管力；

⑥ 油气井生产前，地层中各点的压力均匀分布，均为原始地层压力；

⑦ 流体经过裂缝流向井筒，裂缝是主要流通通道，基岩和溶洞作为源，向裂缝供液，且介质之间发生拟稳态窜流；

⑧ 外边界条件可以是无穷大地层、圆形封闭或圆形定压。

（2）数学模型。

三孔介质单相流体的渗流数学模型的建立需要考虑 $K_m \ll K_f$，$K_v \ll K_f$，可以得到单相微可压缩流体在三孔介质模型中的流动方程为：

$$\frac{K_f}{\mu}\nabla^2 p_f+\frac{\alpha_m K_m}{\mu}(p_m-p_f)+\frac{\alpha_v K_v}{\mu}(p_v-p_f)=\phi_f C_{ft}\frac{\partial p_f}{\partial t} \qquad (6-1)$$

$$-\frac{\alpha_m K_m}{\mu}(p_m-p_f)=\phi_m C_{mt}\frac{\partial p_m}{\partial t} \qquad (6-2)$$

$$-\frac{\alpha_v K_v}{\mu}(p_v-p_f)=\phi_v C_{vt}\frac{\partial p_v}{\partial t} \qquad (6-3)$$

无量纲参数定义如下：

$$r_{eD}=\frac{r_e}{r_w e^{-S}}$$

$$t_D=\frac{3.6K_f t}{\mu r_w^2(\phi_f C_{ft}+\phi_v C_{vt}+\phi_m C_{mt})}$$

$$C_D=\frac{C}{2\pi(\phi_m C_{mt}+\phi_f C_{ft}+\phi_v C_{vt})hr_w^2}$$

$$r_D=\frac{r}{r_w e^{-S}}$$

$$\lambda_j=\frac{\alpha_j K_j r_w^2}{K_f} \qquad (j=m,\ v)$$

$$C_D=\frac{C}{2\pi(\phi_m C_{mt}+\phi_f C_{ft}+\phi_v C_{vt})hr_w^2}$$

$$\omega_j=\frac{\phi_j C_{jt}}{\phi_f C_{ft}+\phi_m C_{mt}+\phi_v C_{vt}}$$

$$p_{jD}=\frac{K_f h}{1.842\times10^{-3}q\mu B}(p_i-p_j) \qquad (j=m,\ f,\ v)$$

式中：p_m，p_f，p_v 分别为基质、裂缝、溶洞系统压力，MPa；K_f 为裂缝系统渗透率，mD；ϕ_m，ϕ_f 和 ϕ_v 为分别为基质、裂缝、溶洞系统的孔隙度；C_{ft}，C_{vt} 和 C_{mt} 分别为裂缝系统、溶洞系统和基质系统综合压缩系数，MPa^{-1}；h 为油层厚度，m；μ 为地层原油黏度，mPa·s；B 为原油体积系数；r_w 为井筒半径，m；p_{mD}，p_{fD} 和 p_{vD} 为分别为无量纲的基质、裂缝、溶洞系统压力；p_{wD} 为无量纲井底压力；λ_m 和 λ_v 分别为基质窜流系数和溶洞窜流系数；C 为井筒储集系数，m^3/MPa；C_D 为无量纲井筒储集系数；r_D 为无量纲径向距离；t 为时间，h；t_D 为无量纲时间；S 为表皮系数；r_{eD} 为无量纲外边界半径；下标 f 代表裂缝（fructure）；下标 v 代表溶洞（vug）；下标 m 代表基质（matrix）。

根据上面的无量纲定义，可以得到以下无量纲数学模型：

$$\nabla^2 p_{fD}+\lambda_m e^{-2S}(p_{mD}-p_{fD})+\lambda_v e^{-2S}(p_{vD}-p_{fD})=\frac{\omega_f}{C_D e^{2S}}\frac{\partial p_{fD}}{\partial(t_D/C_D)} \qquad (6-4)$$

$$\lambda_m e^{-2S}(p_{fD}-p_{mD})=\frac{\omega_m}{C_D e^{2S}}\frac{\partial p_{mD}}{\partial(t_D/C_D)} \qquad (6-5)$$

$$\lambda_{\mathrm{v}}e^{-2S}\left(p_{\mathrm{fD}}-p_{\mathrm{vD}}\right)=\frac{\omega_{\mathrm{v}}}{C_{\mathrm{D}}e^{2S}}\frac{\partial p_{\mathrm{vD}}}{\partial\left(t_{\mathrm{D}}/C_{\mathrm{D}}\right)} \tag{6-6}$$

初始条件：

$$p_{j\mathrm{D}}\left(r_{\mathrm{D}},\ t_{\mathrm{D}}\right)\big|_{t_{\mathrm{D}}=0}=0 \tag{6-7}$$

内边界条件：

$$p_{\mathrm{wD}}=p_{\mathrm{fD}}\big|_{r_{\mathrm{D}}=1} \tag{6-8}$$

$$\frac{\partial p_{\mathrm{wD}}}{\partial\left(t_{\mathrm{D}}/C_{\mathrm{D}}\right)}-\left(r_{\mathrm{D}}\frac{\partial p_{\mathrm{fD}}}{\partial r_{\mathrm{D}}}\right)\bigg|_{r_{\mathrm{D}}=1}=1 \tag{6-9}$$

外边界条件；
无限大外边界

$$\lim_{r_{\mathrm{D}}\to\infty}p_{\mathrm{fD}}=\lim_{r_{\mathrm{D}}\to\infty}p_{\mathrm{mD}}=\lim_{r_{\mathrm{D}}\to\infty}p_{\mathrm{vD}}=0 \tag{6-10}$$

圆形定压边界

$$p_{\mathrm{fD}}\big|_{r_{\mathrm{D}}=r_{\mathrm{eD}}}=p_{\mathrm{mD}}\big|_{r_{\mathrm{D}}=r_{\mathrm{eD}}}=p_{\mathrm{vD}}\big|_{r_{\mathrm{D}}=r_{\mathrm{eD}}}=0 \tag{6-11}$$

圆形封闭边界

$$\frac{\partial p_{\mathrm{fD}}}{\partial r_{\mathrm{D}}}\bigg|_{r_{\mathrm{D}}=r_{\mathrm{eD}}}=\frac{\partial p_{\mathrm{mD}}}{\partial r_{\mathrm{D}}}\bigg|_{r_{\mathrm{D}}=r_{\mathrm{eD}}}=\frac{\partial p_{\mathrm{vD}}}{\partial r_{\mathrm{D}}}\bigg|_{r_{\mathrm{D}}=r_{\mathrm{eD}}}=0 \tag{6-12}$$

（1）样版曲线及敏感性分析。

对上述三类外边界条件下的数学模型利用 Laplace 变换进行求解，绘制 p_{wD}—$t_{\mathrm{D}}/C_{\mathrm{D}}$ 与 $p'_{\mathrm{wD}}\cdot t_{\mathrm{D}}/C_{\mathrm{D}}$—$t_{\mathrm{D}}/C_{\mathrm{D}}$ 的无量纲试井样版曲线。

图 6-7 至图 6-10 为考虑介质之间发生拟稳态窜流的三孔介质油藏所对应的试井分析样版曲线，并且考虑了 3 种不同的外边界条件。

图 6-7 为裂缝储容比 ω_{f} 对样版曲线的影响。在其他参数不变的情况下，由图 6-7 可以看出裂缝储容比主要决定着压力导数曲线第一个过渡段下凹的深度和宽度：ω_{f} 越小，过渡段就越长，凹子就越宽且越深。ω_{f} 对第二个过渡段也有类似的影响，但影响的幅度较小。

图 6-8 为溶洞储容比 ω_{v} 对样版曲线的影响。在其他参数不变的情况下，由图 6-8 可以看出溶洞储容比主要决定着过渡段曲线下凹的深度和宽度，但与 ω_{f} 不同，随着 ω_{v} 的增大，第一个过渡段凹子就越宽且越深，第二个过渡段凹子就越窄且越浅。对比图 6-7 和图 6-8 还可以发现，不同于 ω_{f} 主要影响第一个过渡段曲线，ω_{v} 对两个过渡段的影响程度几乎是相等的。

图 6-9 为溶洞窜流系数 λ_{v} 对样版曲线的影响。在其他参数不变的情况下，由图 6-9 可以看出溶洞窜流系数主要影响第一个过渡段出现的时间早晚，溶洞窜流系数 λ_{v} 的值越小，则第一个过渡段出现的时间就越晚，压力导数曲线上的第一个凹子就越往右移。

图 6-10 为基质窜流系数 λ_{m} 对样版曲线的影响。在其他参数不变的情况下，由图 6-10 可以看出基质窜流系数主要影响第二个过渡段出现的时间早晚，基质窜流系数 λ_{m} 的值越小，则第二个过渡段出现的时间就越晚，压力导数曲线上的第二个凹子就越往右移。

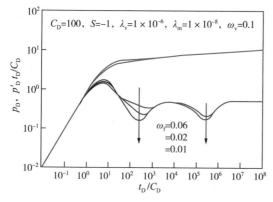

图6-7　裂缝储容比对样版曲线的影响

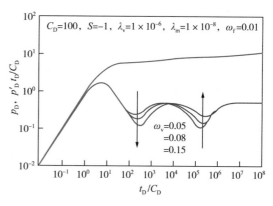

图6-8　溶洞储容比对样版曲线的影响

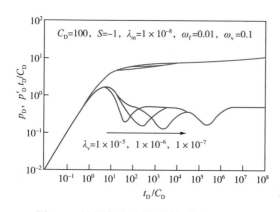

图6-9　溶洞窜流系数对样版曲线的影响

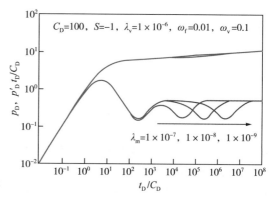

图6-10　基质窜流系数对样版曲线的影响

2）碳酸盐岩油气藏大尺度溶洞试井模型

塔里木盆地塔河油气藏、塔里木奥陶系油气藏都为特殊的缝洞类型油气藏，主要储渗空间为大溶洞和大裂缝，孔隙空间大，可达米级甚至数十米级以上，储集体的空间分布大，具有相当的随机性，表现为储层的不规则形态和不均匀分布，裂缝溶洞发育不均一以及储层非均质性极强等特点。另外，实际钻井过程中出现的钻杆放空，钻井液大量漏失等现象也充分说明碳酸盐岩地层中存在大尺度溶洞，且溶洞的分布具有很大的随机性，这些特性为油气藏的试井分析带来困难。因此，研究地层中存在随机大溶洞的碳酸盐岩油气藏的试井分析问题具有重要意义。

（1）井打在洞外试井模型。

① 物理模型。试井模型建立的假设条件如下：

a. 单层油气藏中一口井，油井以定产量生产；

b. 地层流体和岩石微可压缩，流体为单相，且压缩系数为常数；

c. 地层流体等温流动且满足线性达西定律；

d. 考虑井筒储存和表皮的影响，忽略重力和毛细管力的影响；

e. 油井生产前，地层中各点的压力均匀分布；

f. 地层中存在一大尺度溶洞，且井打在洞外，溶洞半径为 r_v，井到洞中心距离为 r' 且洞内外的地层性质不同，如图 6-11 所示。

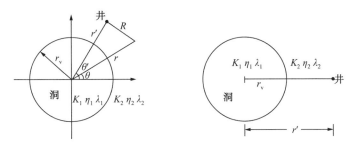

图 6-11 碳酸盐岩油气藏大尺度溶洞物理模型

② 数学模型。数学模型为：

第一区

$$\nu_1 \qquad (0 \leqslant r \leqslant r_v) \tag{6-13}$$

第二区

$$\nu_2 = u + w \qquad (r \geqslant r_v) \tag{6-14}$$

式中，ν_1 和 ν_2 均为格林函数。一区和二区的界面衔接条件为：

压力连续

$$\nu_1 \mid_{r=r_v} = \nu_2 \mid_{r=r_v} \tag{6-15}$$

流速相等

$$\frac{K_1}{\mu_1} \frac{\partial \nu_1}{\partial r} \bigg|_{r=r_v} = \frac{K_2}{\mu_2} \frac{\partial \nu_2}{\partial r} \bigg|_{r=r_v} \tag{6-16}$$

定地面产量生产

$$\Delta p = \frac{1}{\phi C_t} \int_0^t \frac{qB}{h} \nu(\tau) \, d\tau = \frac{qB}{\phi C_t h} \int_0^t \nu(\tau) \, d\tau \tag{6-17}$$

无穷大地层

$$\lim_{r \to \infty} \nu_2 = 0 \tag{6-18}$$

③ 模型求解。在油气藏性质为 K_1 和 η_2 的无限大地层中，由在零时刻在点 (r', q') 处所引起在时刻 t 点 (r, q) 的压力降为：

$$u = \frac{1}{4\pi\eta_2 t} \exp\left(-\frac{R^2}{4\eta_2 t}\right) \tag{6-19}$$

其中

$$R^2 = r^2 + r'^2 - 2rr'\cos(\theta - \theta')$$

式（6-19）经过 Laplace 变换以后可得：

$$\bar{u} = \frac{1}{2\pi\eta_2} K_0(S_2 R) \tag{6-20}$$

再根据 Carslaw 和 Jaeger 所提出的理论可得，式（6-20）可以进一步化为：

$$\bar{u}(r, S) = \frac{1}{2\pi\eta_2} \sum_{n=-\infty}^{+\infty} K_n(S_2 r') I_n(S_2 r) \cos[n(\theta - \theta')] \qquad (r < r') \tag{6-21}$$

$$\bar{u}(r, S) = \frac{1}{2\pi\eta_2} \sum_{n=-\infty}^{+\infty} K_n(S_2 r) I_n(S_2 r') \cos[n(\theta - \theta')] \qquad (r \geqslant r') \qquad (6\text{-}22)$$

把式(6-14)进行 Laplace 变换可以得到：

$$\bar{\nu}_2 = \bar{u} + \bar{w} \qquad (6\text{-}23)$$

其中，$\bar{w}$ 需要满足二区的扩散方程：

$$\frac{\partial^2 \bar{w}}{\partial r^2} + \frac{1}{r}\frac{\partial \bar{w}}{\partial r} + \frac{1}{r^2}\frac{\partial^2 \bar{w}}{\partial \theta^2} - S_2^2 \bar{w} = 0 \qquad (r \geqslant r_e) \qquad (6\text{-}24)$$

同时，$\bar{\nu}_1$ 也需要满足一区的扩散方程：

$$\frac{\partial^2 \bar{\nu}}{\partial r^2} + \frac{1}{r}\frac{\partial \bar{\nu}}{\partial r} + \frac{1}{r^2}\frac{\partial^2 \bar{\nu}_1}{\partial \theta^2} - S_1^2 \bar{\nu}_1 = 0 \qquad (6\text{-}25)$$

对式(6-24)和式(6-25)进行求解可得：

$$\bar{w}(r, \theta) = \sum_{n=-\infty}^{+\infty} B_n K_n(S_2 r) \cos[n(\theta - \theta')] \qquad (6\text{-}26)$$

$$\bar{\nu}_1(r, \theta) = \sum_{n=-\infty}^{+\infty} A_n I_n(S_1 r) \cos[n(\theta - \theta')] \qquad (6\text{-}27)$$

所以就有：

$$\bar{\nu}_2 = \frac{1}{2\pi\eta_2} \sum_{n=-\infty}^{+\infty} K_n(S_2 r') I_n(S_2 r) \cos[n(\theta - \theta')] + \sum_{n=-\infty}^{+\infty} B_n K_n(S_2 r) \cos[n(\theta - \theta')]$$

$$(6\text{-}28)$$

又由界面衔接条件来确定系数 A_n 和 B_n，并进行相应的无量纲化处理，即可以得到最终的解：

$$\bar{p}_{D2} = \frac{1}{u} \sum_{n=0}^{\infty} \varepsilon_n K_n(\sqrt{u} r'_D) \left[I_n(\sqrt{u} r_D) + \frac{\phi_n}{\psi_n} K_n(\sqrt{u} r_D) \right] \cos[n(\theta - \theta')], \qquad (r < r')$$

$$(6\text{-}29)$$

$$\bar{p}_{D2} = \frac{1}{u} \sum_{n=0}^{\infty} \varepsilon_n K_n(\sqrt{u} r'_D) \left[I_n(\sqrt{u} r'_D) + \frac{\phi_n}{\psi_n} K_n(\sqrt{u} r'_D) \right] \cos[n(\theta - \theta')] \qquad (r \geqslant r')$$

$$(6\text{-}30)$$

其中

$$\frac{\phi_n}{\psi_n} = \frac{I_n(r_{vD}\sqrt{u/\eta_D}) I'_n(r_{vD}\sqrt{u}) - M_{12}\sqrt{1/\eta_D} I'_n(r_{vD}\sqrt{u/\eta_D}) I_n(r_{vD}\sqrt{u})}{M_{12}\sqrt{1/\eta_D} I'_n(r_{vD}\sqrt{u/\eta_D}) K_n(r_{vD}\sqrt{u}) - I_n(r_{vD}\sqrt{u/\eta_D}) K'_n(r_{vD}\sqrt{u})} \qquad (6\text{-}31)$$

④ 样版曲线及敏感性分析。

a. 溶洞大小对对样版曲线的影响。图 6-12 是识别地层中存在孤立大溶洞，并且井打在洞外时所对应的典型双对数特征曲线。当地层中存在孤立大溶洞时，压力导数曲线出现下凹，不一样大小的溶洞，对应不同程度的下凹，洞穴越大，压力导数曲线下凹的宽度和深度就越大。

b. 当洞穴的渗透率趋于无限大时对样版曲线的影响。图 6-13 是考虑一种极限情况下的样版曲线，当洞穴的渗透率非常大，即 $K_1 \rightarrow +\infty$ 时所对应的试井曲线，当洞穴的渗透率趋于无穷大时，即可以看成一个能量非常充足的定压区域，此时的压力导数曲线出现不同程度的下掉，洞穴越大，对压力波在地层中的传播影响就越大，则压力导数曲线下掉的就越早。

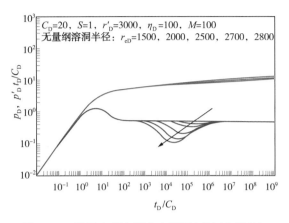
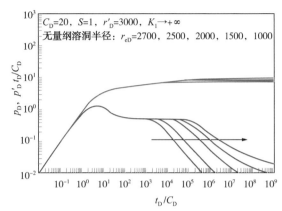

图 6-12 地层中存在孤立大溶洞（井打在洞外）
对应的样版曲线

图 6-13 洞穴的渗透率趋于无限大时
对应的样版曲线

（2）井打在洞内试井模型。

① 物理模型。试井模型建立的假设条件如下：

a. 单层油气藏中一口井，油井以定产量生产；

b. 地层流体和岩石微可压缩，流体为单相，且压缩系数为常数；

c. 地层流体等温流动且满足达西定律；

d. 考虑井筒储存和表皮的影响，忽略重力和毛细管力的影响；

e. 油井生产前，地层中各点的压力均匀分布；

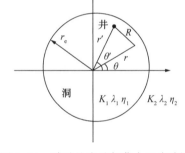

图 6-14 碳酸盐岩油气藏大尺度溶洞
（井在洞内）物理模型

f. 地层中存在一大尺度溶洞，且井打在洞内，溶洞半径为 r_v，井到洞中心距离为 r' 且洞内外的地层性质不同，如图 6-14 所示。

② 数学模型。数学模型为：

第一区

$$\nu_1 = u + w \qquad (0 \leqslant r \leqslant r_v) \tag{6-32}$$

第二区

$$\nu_2 \qquad (r \geqslant r_v) \tag{6-33}$$

式中，ν_1 和 ν_2 均为格林函数。

一区和二区的界面衔接条件：

压力连续

$$\nu_1 \big|_{r=r_v} = \nu_2 \big|_{r=r_v} \tag{6-34}$$

流速相等

$$\frac{K_1}{\mu_1}\frac{\partial \nu_1}{\partial r}\bigg|_{r=r_v}=\frac{K_2}{\mu_2}\frac{\partial \nu_2}{\partial r}\bigg|_{r=r_v} \tag{6-35}$$

定地面产量生产

$$\Delta p=\frac{1}{\phi C_t}\int_0^t \frac{qB}{h}\nu(\tau)\,\mathrm{d}\tau=\frac{qB}{\phi C_t h}\int_0^t \nu(\tau)\,\mathrm{d}\tau \tag{6-36}$$

无穷大地层

$$\lim_{r\to\infty}\nu_2=0 \tag{6-37}$$

③ 模型求解。在油气藏性质为 K_1 和 η_1 的无限大地层中，由在零时刻在点 (r',q') 处所引起在时刻 t 点 (r,q) 的压力降为：

$$u=\frac{1}{4\pi\eta_1 t}\exp\left(-\frac{R^2}{4\eta_1 t}\right) \tag{6-38}$$

其中

$$R^2=r^2+r'^2-2rr'\cos(\theta-\theta')$$

式（6-38）经过 Laplace 变换以后可得：

$$\bar{u}=\frac{1}{2\pi\eta_1}K_0(S_1 R) \tag{6-39}$$

再根据 Carslaw 和 Jaeger 所提出的理论可得，式（6-39）可以进一步化为：

$$\bar{u}=\frac{1}{2\pi\eta_1}\sum_{n=-\infty}^{+\infty}I_n(S_1 r)K_n(S_1 r')\cos[n(\theta-\theta')] \qquad (r<r') \tag{6-40}$$

$$\bar{u}=\frac{1}{2\pi\eta_1}\sum_{n=-\infty}^{+\infty}I_n(S_1 r')K_n(S_1 r)\cos[n(\theta-\theta')] \qquad (r\geqslant r') \tag{6-41}$$

把式（6-32）进行 Laplace 变换可以得到：

$$\bar{\nu}_1=\bar{v}+\bar{w} \tag{6-42}$$

其中，$\bar{w}$ 需要满足二区的扩散方程：

$$\frac{\partial^2 \bar{w}}{\partial r^2}+\frac{1}{r}\frac{\partial \bar{w}}{\partial r}+\frac{1}{r^2}\frac{\partial^2 \bar{w}}{\partial \theta^2}-S_1^2\bar{w}=0 \qquad (0\leqslant r\leqslant r_e) \tag{6-43}$$

同时，$\bar{\nu}_2$ 也需要满足一区的扩散方程：

$$\frac{\partial^2 \bar{\nu}_2}{\partial r^2}+\frac{1}{r}\frac{\partial \bar{\nu}_2}{\partial r}+\frac{1}{r^2}\frac{\partial^2 \bar{\nu}_2}{\partial \theta^2}-S_2^2\bar{\nu}_2=0 \qquad (r\geqslant r_e) \tag{6-44}$$

对式（6-43）和式（6-44）进行求解可得：

$$\bar{w}(r,\theta)=\sum_{n=-\infty}^{+\infty}D_n I_n(S_1 r)\cos(n\theta-\delta_n) \tag{6-45}$$

$$\bar{\nu}_2(r,\theta)=\sum_{n=-\infty}^{+\infty}E_n K_n(S_2 r)\cos(n\theta-\beta_n) \tag{6-46}$$

所以就有：

$$\bar{\nu}_1=\bar{u}+\bar{w}=\frac{1}{2\pi\eta_1}\sum_{n=-\infty}^{+\infty}I_n(S_1 r)K_n(S_1 r')\cos[n(\theta-\theta')]+$$

$$\sum_{n=-\infty}^{+\infty}D_n I_n(S_1 r)\cos[n(\theta-\theta')] \qquad (r<r') \tag{6-47}$$

$$\overline{v}_1 = \overline{u} + \overline{w} = \frac{1}{2\pi\eta_1} \sum_{n=-\infty}^{+\infty} I_n(S_1 r') K_n(S_1 r) \cos[n(\theta - \theta')] +$$

$$\sum_{n=-\infty}^{+\infty} D_n I_n(S_1 r) \cos[n(\theta - \theta')] \qquad (r \geqslant r') \qquad (6-48)$$

由界面衔接条件确定系数 D_n 和 E_n，并进行相应的无量纲化处理，即可以得到最终的解：

$$\overline{p}_{D1}(r_D, \theta, S) = \frac{1}{S} \sum_{n=0}^{\infty} \varepsilon_n I_n(\sqrt{S} r_D) \left[K_n(\sqrt{S} r_D') - \frac{\Omega_n}{\psi_n} I_n(\sqrt{S} r_D') \right] \cos[n(\theta - \theta')]$$

$$(0 \leqslant r < r') \qquad (6-49)$$

$$\overline{p}_{D1}(r_D, \theta, S) = \frac{1}{S} \sum_{n=0}^{\infty} \varepsilon_n I_n(\sqrt{S} r_D') \left[K_n(\sqrt{S} r_D) - \frac{\Omega_n}{\psi_n} I_n(\sqrt{S} r_D) \right] \cos[n(\theta - \theta')]$$

$$(r' \leqslant r < r_e) \qquad (6-50)$$

$$\overline{p}_{D2}(r, \theta, S) = \frac{1}{S} \sum_{n=0}^{+\infty} \varepsilon_n K_n(\sqrt{\eta_D S} r_D) \frac{I_n(\sqrt{S} r_D')}{K_n(\sqrt{\eta_D S} r_{eD})} \left[K_n(\sqrt{S} r_{eD}) - \frac{\Omega_n}{\psi_n} I_n(\sqrt{S} r_{eD}) \right]$$

$$\cos[n(\theta - \theta')] \qquad (6-51)$$

其中

$$\frac{\Omega_n}{\psi_n} = \frac{M K_n'(r_{eD}\sqrt{S}) K_n(r_{eD}\sqrt{\eta_D S}) + \sqrt{\eta_D} K_n(r_{eD}\sqrt{S}) K_n'(r_{eD}\sqrt{\eta_D S})}{M I_n'(r_{eD}\sqrt{S}) K_n(r_{eD}\sqrt{\eta_D S}) - \sqrt{\eta_D} I_n(r_{eD}\sqrt{S}) K_n'(r_{eD}\sqrt{\eta_D S})} \qquad (6-52)$$

④ 样版曲线及敏感性分析。

a. 内外区导压系数、流度比对样版曲线的影响。图 6-15 是识别地层中存在孤立大溶洞，并且井打在洞内时所对应的典型双对数特征曲线。显然，当井打在大洞内时，把洞内看作第一区，洞外地层看作第二区，其试井曲线与常规的两区复合地层相类似，通常考虑洞内的渗透性要远远好于洞外的渗透性，故二区压力导数曲线出现上翘，并且内区的渗透性越好，外区的渗透性越差，内外区的渗透性相差越大，压力导数曲线上翘得越厉害。

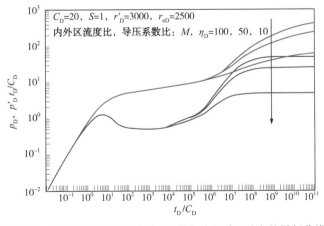

图 6-15 地层中存在孤立大溶洞(井打在洞内)对应的样版曲线

b. 偏心距对样版曲线的影响。图 6-16 是考虑井的位置距离洞穴中心的距离 r'_D 对样版曲线的影响，显然，当偏心距越小，即井越靠近洞穴中心位置时，试井曲线就和无限大地层中心一口井的两区复合的试井曲线非常接近。

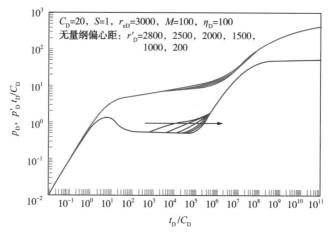

图 6-16　偏心距对样版曲线的影响

针对塔中地区复杂缝洞型碳酸盐岩储层，建立了系列试井分析模型（表 6-3），基本满足该地区试井分析需要，较好地解决了塔中地区复杂介质试井分析问题。

表 6-3　缝洞型碳酸盐岩油气藏试井解释模型表

序号	模型名称	序号	模型名称
1	拟均质油气藏模型	6	三孔双孔两区复合模型
3	双孔介质系列模型	7	三重介质两区复合模型
3	三孔单渗模型	8	井在溶洞外模型
4	三孔双渗模型	9	井在溶洞内模型
5	三孔均质两区复合模型	10	管流洞穴模型

3. 缝洞型碳酸盐岩油气藏试井分析软件研发

1）软件知识产权

软件名称：试井之星——缝洞型碳酸盐盐油气藏现代试井分析软件。

软件运行环境：中文 Windows 操作系统。

2）软件流程框图

软件总体流程框图如图 6-17 所示。

3）软件主要功能及特点

（1）方便的数据输入与提取。

该软件能与多种电子压力计相联，直接读取电子压力计数据，也可读取 ASC Ⅱ 码测压数据或 MicroSoft Excel 数据文件，最大允许 210000 组数据。用户可以灵活方便地选择原始数据格式及数据单位，可用屏幕图形方式截取需要数据，软件最终用时间对数等分法抽取 250 个点用于解释。

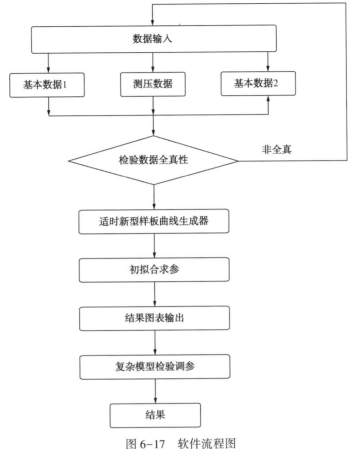

图 6-17　软件流程图

可以根据测试不同的流动和关井阶段设置不同的筛选点，将筛选后的目标数据转存为文件，便于试井解释调用。当采用键盘输入时，可容纳 500 点数据；当大于 500 点时，软件仍用时间对数等分法抽取出 250 点。数据输入全屏幕编辑，图形查错，十分方便。

（2）详细的帮助系统。

该软件具有详细的 Windows 风格联机帮助系统，可对用户的操作进行指导。帮助系统文件名为 WT. HLP，用户可打印输出。

（3）报告打印与作图灵活多样。

该软件的解释结果图表均可用打印机高质量打印。图形可放大缩小。另外，该软件已与 Microsoft Word 和 Excel 相联，基本数据、解释结果表、各种解释图都可直接进入 Word 和 Excel 编辑。

（4）试井解释模型介绍。

针对不同的油气藏类型，建立了相应的物理数学模型，尤其是针对塔中 I 号坡折带碳酸盐岩缝洞型油气藏缝洞发育、非均质性强等自身特点，开发了适合塔中 I 号坡折带碳酸盐岩缝洞型油气藏的试井解释软件，填补了国内外关于碳酸盐岩缝洞型油气藏的试井解释的空白。软件主要模型以及内外边界条件见表 6-4 和表 6-5。

表 6-4 试井软件包括的主要模型

常规的试井解释模型	缝洞型油气藏试井解释模型
均质油气藏模型	三孔单渗模型
双孔介质(稳定窜流)	三孔双渗模型
双孔介质(非稳定窜流，球形流)	三孔均质两区复合模型
双孔介质(非稳定窜流，平板状)	三孔双孔两区复合模型
均质两区径向复合模型	三重介质两区复合模型
均质多区径向复合模型	孤立溶洞井在洞外模型
双孔介质径向复合模型	孤立溶洞井在洞内模型
均质部分射开模型	管流溶洞模型
双孔介质部分射开模型	裂缝模型
双孔介质两层模型	裂缝沟通溶洞模型
双孔均质复合模型	

表 6-5 试井软件内外边界条件

外边界条件	内边界条件
无限大、圆形封闭、圆形定压	定井储
一条无限直线断层、平行断层、90°夹角断层	Fair 变井储
三边直角封闭、矩形封闭、矩形复合边界	误差函数变井储
平行断层加定压边界、部分连通断层	复合变井储模型

4）软件界面简介

该软件具有标准的 Windows 操作界面，简单，易学易用。软件的部分窗口图如图 6-18 至图 6-23 所示。

图 6-18 软件主界面

图 6-19　基础数据输入模块

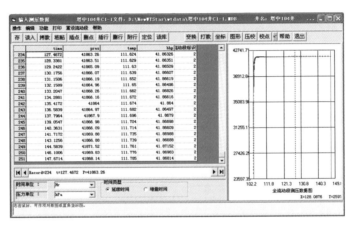

图 6-20　测压数据输入模块

图 6-21　读入电子压力计数据模块

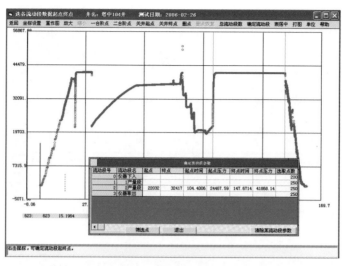

图 6-22　对电子压力计数据进行处理界面(确定流动段、筛选点等)

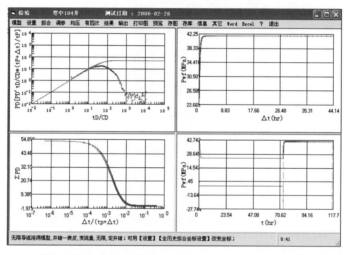

图 6-23　精细调参拟合解释检验界面(双对数、半对数、压力历史检验)

4. 应用实例

利用研究出的理论与开发出的软件,对塔里木油田碳酸盐岩复杂储层 35 井次试井测试资料进行了解释,成功率达 88.6%,对储层获得了新认识,为储层改造选井和措施评价提供了新手段。

[实例 1] 井打在洞穴体内试井分析模型应用。

塔中 722 井是中国石油塔里木油田分公司在塔里木盆地塔中隆起塔中低凸起北斜坡塔中 83 号岩性圈闭上的一口评价井。钻探目的是评价塔中 83 号岩性圈闭下奥陶统凝析气藏规模,为上交塔中 83 井区下奥陶统凝析气藏控制储量做好准备;兼探上奥陶统碳酸盐岩的含油气性,扩大上奥陶统礁滩复合体含油气范围。鉴于该井目的层段漏失严重的复杂情况(漏失钻井液 2081.80m³),最终选择完井方式为裸眼完井。

测试层段 5356.70～5750.00m,井半径 0.079m,孔隙度 0.0312,有效厚度 393.3m,

油中深 5553.35m，原始油层温度 137.99℃，地层压力 53.287MPa，日产油 154m³，日产气 27883m³，日产水 73.5m³。

根据塔中 722 井测井综合解释结果，该井为洞穴型储层，如图 6-24 所示。再根据试井双对数曲线形态特征，选用井打在洞内的油气藏模型进行解释，利用解释软件进行解释拟合计算，解释拟合图如图 6-25 至图 6-28 所示，解释结果见表 6-6。

采用井打在洞内的油气藏模型进行解释，认识如下：

（1）表皮系数很小，而井筒储集系数很大，说明井打在洞内，井底无污染；

（2）溶洞半径 120m，洞内的渗透率很大，远远大于洞外渗透率，洞内流体的流动几乎接近管流；

（3）井打在洞内，初始产量较高，压力导数曲线后期出现明显上翘，说明溶洞以外的区域渗透性变差，地层稳产难度大，预测措施后效果不大。

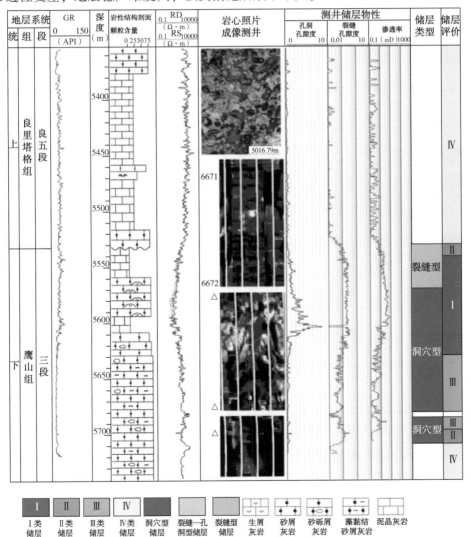

图 6-24 塔中 722 井 S1-1 测井综合解释结果图

表 6-6　塔中 722 井理论检验结果

油气藏模型	孤立溶洞井在洞内模型	井储系数(m³/MPa)	155.603
井模型	井储—表皮	地层压力(MPa)	53.287
外边界模型	无限	井与溶洞中心距离(m)	90.0
内边界模型	误差函数变井储模型	溶洞半径(m)	120.0
渗透率(D)	0.125	溶洞渗透率(D)	14.0
地层系数 Kh	49.374	流度[D/(mPa·s)]	0.444
流动系数 Kh/μ	174.72	流压(MPa)	46.218
导压系数 $K/\phi\mu C_t$ (m²/h)	9119.263	压差(MPa)	7.069
表皮系数	-0.9		

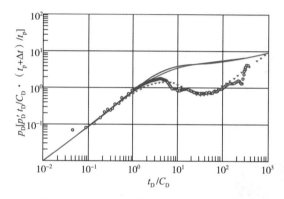

图 6-25　塔中 722 井无量纲双对数检验图

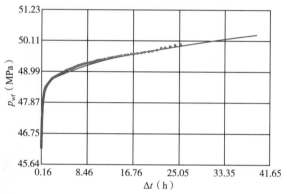

图 6-26　塔中 722 井历史拟合图(一)

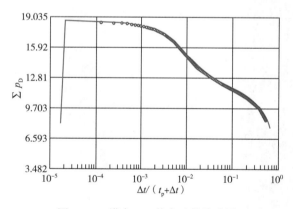

图 6-27　塔中 722 井半对数检验图

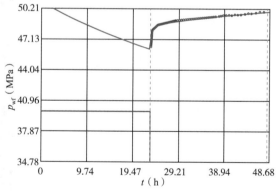

图 6-28　塔中 722 井历史拟合图(二)

［实例 2］裂缝孔洞型试井分析模型应用。

中古 32 井：测试井段 3453.25~3652.00m，井半径 0.076m，孔隙度 0.03，有效厚度 198m，油中深 3552.62m，日产油 0m³，日产气 0m³，日产水 21m³。

根据中古 32 井测井解释结果，测井解释图如图 6-29 所示，该井为裂缝孔洞型储层。

再根据试井双对数曲线形态特征，选用三重介质油气藏模型进行解释，利用解释软件进行解释拟合计算，解释拟合图如图6-30所示，解释结果见表6-7。根据解释结果，表皮系数为-5.48，说明井底无污染；基质和溶洞向裂缝的窜流系数均较大，说明裂缝压降较快，窜流发生时间较早；裂缝和溶洞储容比都较小，流体主要储层在基质中；导数曲线后期上翘，井外围物性变差，加上此井产水，因此，该井没有做措施的必要。

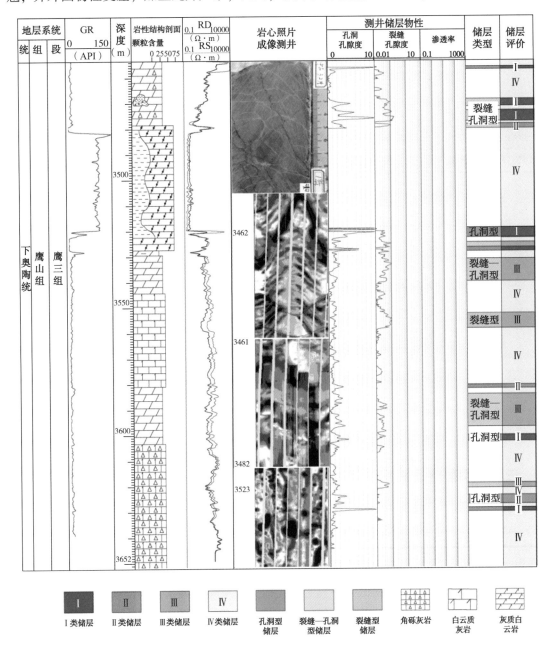

图6-29 中古32井测井综合解释结果图

表 6-7　中古 32 理论检验结果

油藏模型	三重介质单渗	裂缝弹性储容比 ω_f	0.0401
井模型	井储—表皮	溶洞弹性储容比 ω_v	0.0934
外边界模型	无限	$C_{\phi D}$	-0.09
内边界模型	误差函数变井储模型	C_i/C_f	4.2
解释流动段	2	流度 $[D/(mPa \cdot s)]$	0.000371
渗透率（D）	86.846×10^{-9}	流压（MPa）	36.807
地层系数 Kh	1.719×10^{-5}	压差（MPa）	0.938
流动系数 Kh/μ	7.36×10^{-2}	关井影响半径（m）	48.36
导压系数 $K/\phi\mu C_t(m^2/h)$	32.445	表皮系数	-5.48
外推地层压力（MPa）	37.744	基质向裂缝窜流系数 λ_{mf}	0.0000226
溶洞向裂缝窜流系数 λ_{vf}	0.000103	压力系数	1.083

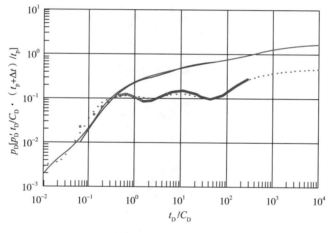

图 6-30　中古 32 井双对数拟合图

三、缝洞型储层试井综合评价技术

　　试井曲线形态不仅反映了储层空间结构类型，也指示了井在储层中的相对空间位置；储层结构不同，试井曲线形态也不同。根据测录钻井、岩心、初关井压力恢复资料评价近井储层发育程度和所含流体性质；根据地震相、沉积亚相、终关井双对数综合诊断曲线预测远井储层发育规模、连通情况。近井眼储层的发育程度和远井地层的缝洞发育规模是储层改造效果的关键因素，依据试井曲线类型与措施效果间的关系，同时参考地震剖面的异常反射现象和测井、录井和钻井等其他地质资料，基本可以实现优化措施选层的目标，对储层改造效果进行预测。为进一步提高储层改造的地质效果，根据地质综合评估原则，以大量动静态地质资料为基础，通过数理统计，建立了措施前储层改造决策系统，初步形成了地质综合评估技术。

1. 试井曲线类型与地震反射现象对应规律研究

试井曲线类型的划分基本以典型曲线特征为划分标准，但有部分实例表明，由于储层存在渗流屏障，试井曲线不能有效表征井眼以远地层的缝洞发育情况，有的甚至处在井筒储集阶段而不能对储层做出有效判断，这时往往需要借助静态资料对储层的纵横向展布做出的预测来弥补试井方面的不足，通过试井曲线与物探资料相关性研究，深化碳酸盐岩选层规律的认识。

表 6-8 是试井曲线类型与地震反射现象、措施效果对应规律统计表，措施前测试 29 层(表 6-9)，其中Ⅰ类和Ⅱ类试井曲线 19 层，地震剖面具异常反射现象(串珠、杂乱、丘状)的 15 层，占该类曲线的 79%，具异常反射现象的 15 个Ⅰ类和Ⅱ类层中有自然产能或措施有效的 13 层，占 86.7%；19 个Ⅰ类和Ⅱ类层中无地震异常反射现象的 4 层，只有 1 层有效，占 25%；29 层中Ⅲ类、Ⅳ类和Ⅴ类试井曲线 10 层，3 层具异常反射现象，且措施后有效的占 66.7%，无地震异常反射现象的均无自然产能或措施无效。

表 6-8　试井曲线类型与地震反射现象、措施效果对应规律统计表

措施前测试层数	试井曲线归属类型	层数	地震现象	层数	占试井类别比例(%)	措施有效层数	措施有效率(%)
29	Ⅰ类、Ⅱ类	19	异常	15	79	13	86.7
			无异常	4	21	1	25
	Ⅲ类、Ⅳ类、Ⅴ类	10	异常	3	30	2	66.7
			无异常	7	70	0	0

统计数据表明，地震异常反射现象及试井曲线特征与改造效果具有密切的关系。Ⅰ类和Ⅱ类试井曲线有异常反射现象的储层措施有效率(86.7%有效)较高，而无异常反射现象的Ⅲ类、Ⅳ类和Ⅴ类试井曲线则基本无效果，证实地震异常反射现象与试井曲线类型之间关系密切，两种勘探技术之间存在较强的相关性，深入研究二者的关系能够提高储层改造成功率。

2. 试井曲线类型与"四性关系"研究

根据 218 层试井资料的归类统计，分析了试井曲线类型与岩性、电性、物性、含油性静态参数的关系。

(1) 5 类试井曲线与塔中地区岩性(泥质条带灰岩、颗粒灰岩、含泥灰岩)无对应规律，同类试井曲线在各岩性段中均有分布，同一岩性段中也存在着各类试井曲线。

(2) 统计了试井曲线类型与各电性参数(自然伽马、电阻率、体积密度等)对应的参数区间、平均值。统计关系表明，试井曲线类型与电性参数对应规律差。原因是试井与测井在探测技术上不同，二者反映了不同探测深度范围内的储层信息，测井反映了井壁附近储层信息，探测范围小，测录井是对近井储层精细描述的技术，在确定产液性质、井壁物性特征以及储层厚度等方面具有重要作用。试井是油藏动态条件下对探测范围内的储层孔渗特征全方位扫描的技术，探测深度远大于测井，二者可比性差。

(3) 试井曲线类型与物性参数(孔隙度、中子孔隙度、声波时差等)具有一定的相关性，Ⅰ类和Ⅱ类试井曲线类型所对应的储层物性参数值普遍高于Ⅲ类、Ⅳ类和Ⅴ类试井曲线。

（4）试井曲线类型与含油性参数统计规律表明，Ⅰ类、Ⅱ类和Ⅲ类试井曲线对应的储层比Ⅳ类和Ⅴ类试井曲线全烃增幅值普遍高。

3. 地质综合评估技术研究

决定一口井的流体产出无外乎近井、远井条件，远井条件决定是否具有相当规模的流体储存空间以满足持续不断地向井筒供液；而近井条件决定流体从远处向井筒的流动通道是否顺畅。物探、测井、录井、试井等相关专业技术正是用来对这两个条件进行定性或定量描述的。由于各专业技术都有其自身的优势和局限性，如物探能够对地层做一整体描述尚不能精细刻画，测录井只能对近井地带做出精细描述，而试井虽兼具二者的优点，却受制于渗流屏障，所以基于任何一种专业技术的判断都有局限性。为此收集、统计、分析了塔中地区近年来 107 口井的动静态地质资料，以期探求一种有效的地质综合评估技术。

1）数据相关性分析

根据 107 口井的动静态地质资料（15 项参数）与措施后产量单相关分析，分析结果见表 6-9。

表 6-9　地质参数与措施后产量单相关系数统计表

与产量单相关参数	无常量		有常量			样本
	相关系数 R	斜率 M	相关系数 R	斜率 M	截距 B	数量
压力导数形态值	0.65	5.97	0.52	6.08	-2.16	54
物探异常	0.57	9.67	0.37	9.7	-0.2	51
初关斜率比	0.56	29.58	0.38	33.23	-10.52	52
二关压力导数面积比	0.28	1.06	0.12	0.44	51.89	53
全烃增幅	0.5	1.51	0.31	1.11	26.06	49
自然伽马	0.56	3.73	0.36	3.66	1.7	54
体积密度	0.45	22.38	0.07	69.83	243.96	50
中子孔隙度	0.33	10.16	0	0.19	60.66	48
声波时差	0.45	1.18	0.2	7.31	-318.7	46
深侧向	0.22	0.02	0.05	0	61.14	54
浅侧向	0.28	0.04	0.02	0	56.7	53
裂缝孔隙度	0.22	131.62	0.06	-41.36	64.87	45
孔隙度	0.45	11.27	0.16	5.83	36.56	50
自然伽马加权	0.56	3.78	0.37	3.78	0.18	54
体积密度加权	0.45	22.3	0.1	-117.7	371.21	50
中子孔隙度加权	0.33	10.79	0.01	0.44	59.93	48
声波时差加权	0.45	1.18	0.22	8.13	-360.9	46
深侧向加权	0.2	0.02	0.07	-0.01	62.49	54
浅侧向加权	0.25	0.04	0.01	0	59.42	53
裂缝孔隙度加权	0.22	133.62	0.06	-43.13	65	45
孔隙度加权	0.46	12.22	0.18	6.8	33.73	50
最好测井类别代码	0.42	27.2	0.03	-5.19	67.32	54

从表6-9分析，与措施后产量有较强相关性的参数为：物探异常、初关井压力恢复曲线斜率比、二关井压力导数形态、全烃增幅、孔隙度、体积密度、声波时差、自然伽马，其中自然伽马、体积密度从无常量回归来看与常理(应为负相关关系)不符，这是由于受到一些极值的影响。考虑到统计目的仅是通过分析期望能够找到对措施效果有较大影响的敏感参数，为下一步的分析提供依据，而不是真正回归出一个措施后产量的模型，因为措施后产量不仅受这些参数的影响，还有措施工艺、规模、油嘴大小、流体性质等因素均能够对它产生影响，这样的模型也必将与实际产能有较大出入。在下面的分析中将以措施有效与无效来对措施效果进行评价。

2）试井压力导数曲线形态、物探异常反射现象与措施效果统计规律

我们也尝试过将上述各参数经标准化变换处理，消除参数间不同量纲的影响后进行组合、聚类，以探求与措施效果的最佳模型，但均未获得突破，在此不再赘述。因本书篇幅限制，下面将以与产量相关性较强的物探异常、试井压力导数形态为重点进行研究。

统计了地质资料较齐全的45口典型井，物探异常与措施效果的符合率为80%；具有典型压力导数曲线形态特征的19口井与措施效果全部符合。那么物探异常现象与压力导数曲线形态之间的关系如何呢？

研究发现单独依靠物探和压力导数形态均能部分地解决措施有效性判断问题，均需要参考其他地质资料。从压力导数曲线形态与物探异常统计（表6-10，图6-31）分析，对应压力导数曲线的几种分布形态，物探有、无异常均有分布。在所统计的45口井中，具有4种典型压力导数曲线形态特征（"不确定"除外）的19口井可以依据导数形态准确判断措施有效与否。其中有4口压力导数曲线表现为低渗透、上翘的井物探有异常而措施无效；2口压力导数曲线表现为径向流、下掉的井物探无异常，措施有效。如果仅根据物探资料将不能准确预测这6口井的措施效果，但可以通过压力导数曲线形态（压力导数曲线表现为径向流、下掉的井措施有效，而压力导数曲线表现为上翘、低渗透的井措施无效）去判定。另外的13口井物探异常与导数形态的判断结果是相同的。而对于无法确定压力导数曲线形态的26口井只能依据物探有无异常去判断措施效果（物探有异常措施通常有效，无异常措施通常无效）。

表6-10 压力导数曲线形态、物探异常与措施效果统计表

| 压力层数形态 | 物探异常现象(层) | | | | 合计(层) |
| | 有异常 | | 无异常 | | |
	有效	无效	有效	无效	
不确定	14	2	1	9	26
低渗透		1		3	4
径向流	5		1		6
上翘		3		2	5
下翘	3		1		4
合计	22	6	3	14	45

3）地质综合评估技术——选层系数方法

为更科学地描述这一过程，应用统计学的虚拟变量统计方法，根据上述 45 口井的物探有无异常、典型压力导数曲线几种形态与措施后产量进行统计回归、取整后，获得的参数数值称为"选层系数"，措施后产量与选层系数关系如图 6-32 所示。

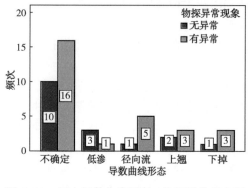

图 6-31 压力导数曲线形态—物探异常直方图　　图 6-32 措施后产量与选层系数散点图

从图 6-32 中可以看到，以选层系数 50 为分界线，大于 50 的井大部分措施有效，小于 50 的井大部分措施无效。上述 3 口不符合的井在图 6-32 中也有明确显示，塔中 X 井 C1-1（分界线左边灰色点，状态为无异常+不确定，选层系数为 0）、中古 X 井 C1-1、哈 X 井 S1-1（两口井重合，分界线右边黑色点，状态为有异常+不确定，选层系数为 73）。虚拟变量详细赋值情况见表 6-11。

表 6-11　参数赋值统计表

状态	参数值	状态组合	选层系数值
有异常	55	有异常+下掉	278
无异常	−18	无异常+下掉	205
径向流	69	有异常+径向流	124
下掉	223	有异常+不确定	73
上翘	−19	无异常+径向流	51
低渗透	−19	有异常+上翘/低渗透	36
不确定	18	无异常+不确定	0
		无异常+上翘/低渗透	−37

因各种状态的参数值是以措施后产量进行回归的，所以由各参数组合形成的选层系数值也可以在一定程度上反映措施后效果的好坏，但由于措施后产量不仅受这几个参数影响，还有如前所述更复杂的因素未做考虑，所以选层系数还不能定量地描述措施后产量，图 6-32 中措施后产量所形成的条带宽度较大，也可以表明这一点。也试图将上述的各项电测、气测参数引入，但均变得杂乱无规律，无法形成像图 6-32 所示明显的分界线，同时也影响措施效果预测的准确度。

4）地质综合评估技术应用流程

综上所述，依据试井压力导数曲线形态和物探有无异常所做的措施效果预测符合率较高，故可依据此两项参数的组合进行措施效果预测。这里存在两种特殊情况，因岩性变化或者断裂密集所引起的物探异常而措施无效；基于储层物性较好的情况下，物探虽无异常，但措施后也可能有一定的效果，如果产出油气，亦应该采取措施，但相对的风险较大。由此可以形成地质综合评估技术应用流程。详见图 6-33。

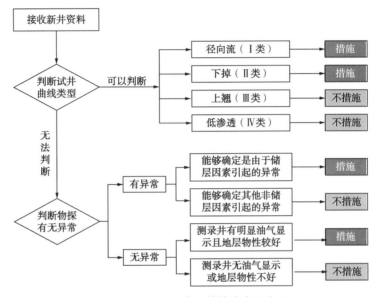

图 6-33 地质综合评估技术应用流程

当接收到一口新井测试资料时，首先对压力导数曲线形态进行判断，如果能够对压力导数曲线做出明确的判断，则分别按 4 种压力导数曲线形态做出措施与否的决策；如果不能明确地确定(不确定类)压力导数曲线形态，则根据物探有无异常、测录井有关资料，对物探异常的真实性、油气显示和地层物性做出评价，依据评价结果做出决策。

四、地质综合评估技术应用

在 5 类试井曲线深化研究的基础上，深化研究了试井曲线与地震反射现象、沉积亚相、测录井资料的相关关系，重点研究了近井储层发育程度和远井储层发育规模，形成了地质综合评估技术。该技术整合了试井、物探、测录井及沉积学、渗流力学等勘探技术和学科，初步解决了Ⅱ类和Ⅳ类试井曲线判断不清、试油结果与措施效果预测出现矛盾的难题。该技术一直遵循边研究、边应用、边完善的原则，为使研究成果在生产实践中得到检验，有效地指导生产，现场对 39 个井层进行了生产跟踪和措施效果预测，根据研究成果对测试井层适时地提出了是否进行储层改造的建议，有 36 个层符合预测结果，措施效果综合预测符合率 92.3%。证实了利用试井资料进行压前评估的科学性，有效提升了储层改造的有效率。该技术在塔中地区取得了很好的地质效果，并在向轮南、轮古及其他地区推广应用中也取得了较好的效果，表明该技术具有广阔的应用前景。

第二节　深层易喷易漏复杂海相碳酸盐岩储层测试技术

塔里木盆地主要发育有上奥陶统良里塔格组、下奥陶统鹰山组两套含油气层系，具有准层状特征，大面积含油、局部富集等特点。储层特征主要为：（1）埋藏深（4800～7000m）；（2）温度高（130～165℃）；（3）属正常压力系统（地层压力系数 1.10～1.30）；（4）非均质性强，储层类型复杂（大型洞穴、天然裂缝和溶蚀孔洞组合）；（5）普遍含 H_2S（一般 3000～50000mg/L，最高达到 410000mg/L）。

经过多年的研究，已形成了具有塔里木特色的、以"十大"技术为核心的高温高压油气井测试技术，但针对塔里木盆地易喷易漏含 H_2S 碳酸盐岩储层特点，还未形成配套的安全试油技术，不能完全满足勘探开发的需求。主要表现在：（1）易喷易漏储层试油井控工艺有缺陷，技术及装备不配套；（2）现有测试工具耐温等级不够、测试工艺单一及裸眼测试资料不能满足压前综合地质评估需求；（3）针对普遍含 H_2S 的难题，未形成从设计—井下管柱配置—地面流程配套的酸性油气田试油配套技术；（4）没有针对易喷易漏含 H_2S 储层安全试油评估方法和配套标准体系。针对塔里木盆地易喷易漏、高含 H_2S 的特点，以安全试油技术为主线，从安全评估与管理、试油完井一体化装备及技术配套、安全试油等三方面开展研究，按照技术集成、自主创新、完善配套的研究思路，研发了一套适合缝洞型碳酸盐岩储层的安全评估技术，创新研发了易漏易喷储层管柱配置技术、优化形成了多功能地面压力控制与计量技术，应用这些技术先后完成了塔中Ⅰ号气田试验区、英买力、哈拉哈塘等油田的安全试油完井作业，取得了显著的应用效果。

一、安全评估技术

碳酸盐岩含 H_2S 储层安全试油（气）生产基于必要的设备、相应的技术、制度（规程）、掌握技术与设备且熟悉规程的人员、严密的组织及现场实施。基于上述理解，在塔里木油田碳酸盐岩含 H_2S 储层安全试油（气）生产系统研究方面主要取得了相应成果。

1. 试油（气）井下管柱、工具受力分析

塔里木油田碳酸盐岩储层井深普遍大于5000m，储层类型复杂，酸压改造泵压高、排量大，为确保施工安全，首先必须保证井下管柱、井下工具及套管的强度安全，为此，在以往工作的基础上开展了试油（气）井下管柱、工具受力分析及应用研究，主要包括井下套管磨损程度及剩余强度分析，井下工具力学分析。

2. 易喷易漏储层压井方法研究及作业规范制定

制订了《易漏易喷试油层压井、换装井口技术方案及安全管理规定》。针对塔中碳酸盐岩储层试油作业过程中易漏易喷的特点，对压井技术方案予以明确和细化，使之更具可操作性，杜绝了换装井口时井喷事故的发生，确保了塔中、中古等地区易喷易漏储层试油安全。

3. 碳酸盐岩含 H_2S 储层井口试油（气）设备安全设计与优选

确定了碳酸盐岩含 H_2S 储层试油（气）井口设备安全设计与选择原则，制定了"关于防硫计量作业的技术要求和安全要求"，按高含硫、中含硫两种情况对设备和人员提出明确要求，提出了设备配套清单。

4. 碳酸盐岩含 H_2S 储层试油(气)工艺流程安全设计及控制技术

确定了含硫井试油(气)地面流程设计原则、含硫井试油(气)地面流程主要设备、含硫井试油(气)井场布置方案、含硫井试油(气)设备安装要点、含硫井试油(气)设备操作要求和含硫井试油(气)安全控制措施。

5. 碳酸盐岩含 H_2S 储层安全试油(气)技术

确定了含硫井试油(气)原则、含硫井试油(气)过程中监测方法、含硫井试油(气)作业 H_2S 预防措施、施工现场防 H_2S 措施、含硫井试油(气)应急方案和含硫井试油(气)作业紧急救护方法。

6. 碳酸盐岩含 H_2S 储层安全试油(气)生产系统

为了提高试油系统的安全性，在以前相关项目研究成果及加强设备管理、人员要求和完善规范的基础上，以管柱力学分析、井筒评价、试油系统压力、流体作用力分析、封隔器与套管相互作用力分析、射孔爆炸能量分析等定量计算为基础，结合专家经验，建立了STES(Safe Testing Evaluation System)安全试油评估系统：综合考虑地层、井筒、管柱、井下工具、井口、地面管汇、(设计、施工、管理)人员等各个影响试油安全的"节点"，从接井开始，考虑试油设计、井筒准备、替液、坐封、射孔、酸压、排液、开关井、压井、起钻、换装井口、地层封闭等所有试油"环节"，分析各节点在各环节对设备、人员的要求，分析各节点在各环节的安全性，给出操作规范，指出潜在风险，提出削减措施；以管柱力学分析、井筒评价、测试系统压力、流体作用力分析、封隔器与套管相互作用力分析、射孔爆炸能量分析等定量计算为基础，结合专家经验，建立并用计算机技术实现了STES 安全试油评估。最终，形成"一套算法""一系列规范""一套做法(评估步骤)"，并结合专家系统技术、计算机技术、网络技术，形成一套具有专家知识库(Knowledge Base)、案例库(Case)、提醒、咨询功能的"STES 安全试油评估计算机专家系统"，利用该系统进行试油安全评估的基本步骤为：(根据经验)难度较大的复杂井需试油，首先根据地质设计和经验，进行初步试油设计→用"STES 安全试油评估计算机系统"对该井及初步的试油设计进行"初评"，从案例库、专家知识库调用"推理机"，给出风险提示和削减措施，进行必要的管柱力学、套管力学、工具强度等计算；同时，向专家发出咨询意见→根据"初评"结果、专家反馈意见，修改、完善试油设计→将修改后的试油设计、施工参数"告诉""STES 安全试油评估计算机系统"，给出该井试油安全评估报告。该报告包括基本的管柱、工具、套管、操作界限计算结果，包括各节点在各试油工序(环节)潜在的风险隐患和削减措施→将"STES 试油安全评估报告"附录于最终的《试油设计》，即可用于指导现场安全试油。按照前述 STES 安全试油评估计算机专家系统的构架，完成了软件系统总体设计、模块设计，开发了具有管柱力学分析、套管力学分析、工具强度分析、风险评估等基本功能与风险识别功能的"STES 安全试油评估计算机专家系统"。整个系统框架结构和各模块结构如图 6-34 至图 6-39 所示。

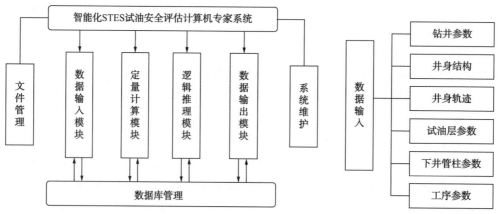

图 6-34　STES 安全试油评估计算机专家系统框架结构　　　图 6-35　文件管理模块结构

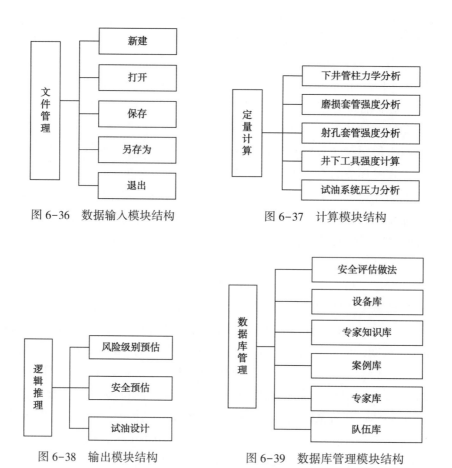

图 6-36　数据输入模块结构　　　　　　　　　图 6-37　计算模块结构

图 6-38　输出模块结构　　　　　　　　　图 6-39　数据库管理模块结构

　　系统功能有 6 个功能模块：文件管理、数据输入、分析运算、逻辑推理、数据输出、数据库管理和系统管理。后两者属于支撑模块，系统运行过程中一直处于激活状态。前四个模块则有一定的顺序要求，实现模块间的同步。

二、管柱配置技术

针对易漏易喷高含硫化氢工况，主要形成了以下三种新型测试—改造、完井管柱，同时对以往形成的管柱进行集成与完善，基本固定了开发井及探井的 4 种试油、完井管柱配置系列。

1. 直井选择性改造完井管柱

1）适用工况

套管液压封隔器和 LXK 系列裸眼封隔器组合，用于对直井 6in 裸眼井段酸化、压裂等作业。

2）管柱结构

主要管柱结构由上至下依次为：油管+伸缩管+套管液压封隔器+伸缩管+安全丢手接头+LXK341 型裸眼封隔器 + 弹性扶正器 + 球座（图 6-40）。

封隔器坐封原理：采用油管内投球正打压，使套管液压封隔器与 LXK341 型裸眼封隔器同时坐封；通过上提管柱解封封隔器。

该组合具有适用条件广、承压能力高、解封安全等技术特点。

3）施工步骤

（1）工具串入井。

（2）坐封。将管柱下到预定深度后，投球

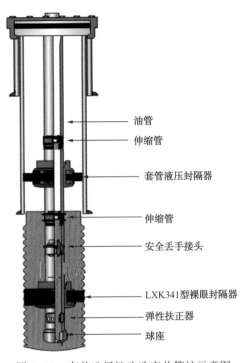

油管
伸缩管
套管液压封隔器
伸缩管
安全丢手接头
LXK341型裸眼封隔器
弹性扶正器
球座

图 6-40 直井选择性改造完井管柱示意图

候球入座，然后分级正打，同时坐封套管液压封隔器与 LXK341 型裸眼封隔器，待封隔器坐封完毕后正打压至击落球座，使产层与油管沟通；可采用环空打压验证封隔器的密封性，也可采用正打压观察环空是否返液，来判断封隔器的密封情况。

（3）施工。根据施工目的对地层进行放喷测试或储层改造施工，必要时可直接采用该管柱进行其他措施作业。

（4）封隔器解封、起管柱。试油结束后，若需起出井内管柱，缓慢上提管柱，即可同时解封套管液压封隔器与 LXK341 型裸眼封隔器。当由于井壁垮塌等原因导致不能上提解封封隔器时，可投钢球打掉安全丢手接头，起出安全丢手接头以上部分工具，再下入专用打捞筒打捞裸眼封隔器，或者下磨鞋进行磨铣。起出工具串后，可对上部其他目的层进行试油作业。

2. 水平井裸眼分段改造完井管柱

1）适用工况

6in 裸眼水平井分段改造。

2）管柱结构

（1）VF 完井管柱结构。钻杆+校深短节+钻杆+VF 尾管悬挂器管串+油管+压裂滑套+

油管+遇油膨胀封隔器+油管+压裂滑套+遇油膨胀封隔器+…+浮阀+割缝筛管+圆头盲堵。

（2）回插试采管柱。油管挂+调整短油管+油管+井下安全阀+油管+校深短节+油管+棘齿锁定插入密封。

（3）分段改造完井管柱结构。油管挂+调整短油管+油管+井下安全阀+油管+校深短节+油管+棘齿锁定插入密封+VF尾管悬挂器管串+油管+压裂滑套+油管+遇油膨胀封隔器+油管+压裂滑套+遇油膨胀封隔器+……+浮阀+割缝筛管+圆头盲堵。示意图如图6-41所示。

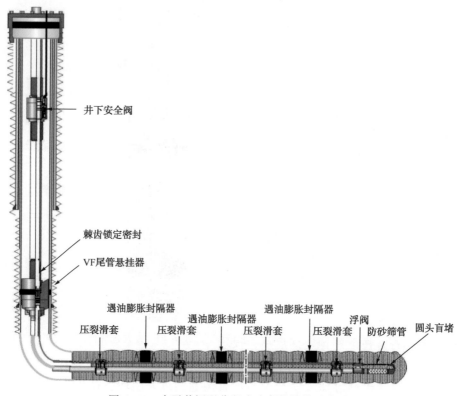

井下安全阀

棘齿锁定密封

VF尾管悬挂器

遇油膨胀封隔器　遇油膨胀封隔器
压裂滑套　压裂滑套　遇油膨胀封隔器　压裂滑套　压裂滑套　浮阀　防砂筛管　圆头盲堵

图6-41　水平井裸眼分段改造完井管柱示意图

3）施工步骤

（1）下工具；

（2）替油；

（3）油替到位以后，要及时坐封VF或封隔器，坐封压力要考虑管内外液体的密度差；

（4）检查浮鞋或单流阀的密封；

（5）回接完井管柱及验封；

（6）投球开滑套。

3.DSBT蓝牙测试管柱

1）适用工况

适用于低孔隙度、低渗透率、测试流体产出很少的直井。

2）管柱特点

（1）管柱结构。

油管+常闭阀+DSBT 阀+LPR-N 阀+PLS 封隔器+电压托筒+管鞋。管柱结构示意图见图 6-42。

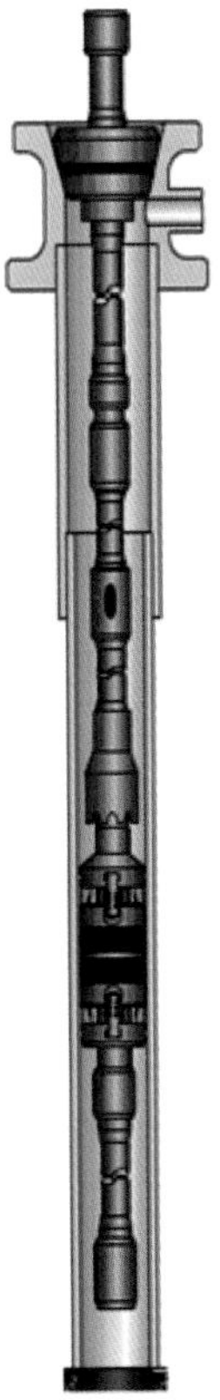

1	补心差				1	4.48	4.10
2	油管短节	76	88.9	3½ in EUE B × 3½ in BGT P	1	0.72	4.82
3	3½ in 油管	76	88.9	3½ in BGT B × P	592	5958.33	5963.15
4	变扣接头	76	100	3½ in BGT B × 3½ in EUE P	1	0.76	5963.91
5	常闭阀	61	115	3½ in EUE B × P	1	0.42	5964.33
6	变扣接头	62	114	3½ in EUE B × 2⅞ in EUE P	1	0.26	5964.59
7	2⅞ in 油管	62	73	2⅞ in EUE B × P	2	19.36	5983.95
8	油管短节	62	73	2⅞ in EUE B × P	1	1.0	5984.95
9	变扣接头	62	127	2⅞ in EUE B × 311	1	0.2	5985.15
10	DSBT	45	136.5	310 × 特殊螺纹	1	1.77	5986.92
11	LPR-N阀	58	127	特殊螺纹 × 311	1	4.75	5991.67
12	变扣接头	60	122	310 × 2⅞ in EUE P	1	0.32	5991.99
13	2⅞ in 油管	62	73	2⅞ in EUE B × P	1	9.64	6001.63
14	PLS封隔器	60	146	2⅞ in EUE B × P	1	0.66 0.50	6002.29 6002.79
15	电子压力计托筒	45	99	2⅞ in EUE B × P	1	0.12	6003.91
16	管鞋	62	73	2⅞ in EUE B	1	0.14	6004.05
注	7in 套管回接到井口						
A	7in 套	φ177.80mm（δ10.36mm）× 0~6501.00m					
B	生产井段	6381~6395.5m；6412.5~6438.5m					
C	塞面	6471.00m					

图 6-42 DSBT 蓝牙测试管柱示意图

（2）管柱原理。

电磁直读装置是一种为钻杆测试提供的新型地层测试技术装置，它采用低频电磁波数据传输原理，把井底压力计数据以低频电磁波的方式实时传送到测试阀上面的信号接收器上，再经过电缆将井底压力计数据传送到地面。测试关井恢复压力期间，直读电缆带着信号接收器下入井内并坐落在接收短节内的 NOGO 接头上，通过地面计算机控制，进行压力恢复数据回放与试井解释。现场应用证明，使用电磁直读装置测试技术，可以节省不必要的关井时间，提高测试作业时效，确保取全取准地层测试资料。

3）施工步骤

（1）下管柱到位，坐封封隔器；

（2）开 N 阀测试；

（3）下电缆对接装置到位；

（4）关 N 阀测试；

（5）测试结束起电缆；

（6）压井起测试管柱。

4）应用情况

DSBT 蓝牙测试管柱技术在超深高压井进行了两次测试作业，均取得了完整的资料，具有很好的应用前景。中古 19 井测试曲线如图 6-43 所示。

4. 开发井试油完井标准管柱

1）封堵管柱配置

入井管柱自上而下为：钻杆+校深短节+钻杆+棘齿锁定密封+7in MHR（永久式）封隔器+磨铣延伸筒+2⅞in 油管+泵出式堵塞阀。

2）试采管柱配置

入井管柱自上而下为：油管+校深短节+油管+2⅞in 常闭阀+棘齿锁定插入密封。

完井管柱结构自上而下为：油管挂+调整短油管+油管+井下安全阀+油管+校深短节+油管+棘齿锁定插入密封+7in MHR（永久式）封隔器+磨铣延伸筒+2⅞in 油管+泵出式堵塞阀。开发井试油完井标准管柱示意图如图 6-44 所示。

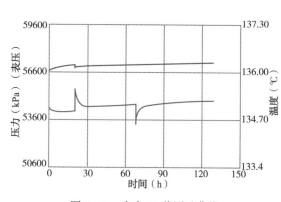

图 6-43　中古 19 井测试曲线

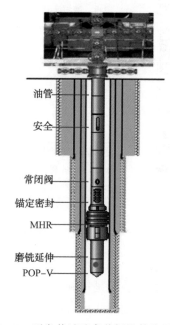

图 6-44　开发井试油完井标准管柱示意图

3）施工步骤

（1）通井。下钻杆+相应尺寸通井规通井至井底，充分循环调整钻井液，确保钻井液不沉淀，并循环测后效，待压井平稳后，起出通井管柱。

（2）刮壁。下 3½in 钻杆+7in 刮壁器刮壁，要求对封隔器坐封位置上下 20m 反复刮壁 3 次并充分循环，起出刮壁管柱。

（3）下封堵封隔器管柱。

5. 探井试油完井标准管柱

1）封堵管柱配置

入井管柱自上而下为：钻杆+短钻杆+钻杆（1 柱）+锚定密封+7in HP-1AH 封隔器+磨铣延伸筒+CMQ-22 滑套+堵头。

2）试采管柱配置

入井管柱自上而下：油管+井下安全阀+油管+短油管+油管（1 柱）+2⅞in 常闭阀+锚定密封+2⅜in 油管筛管+插管。

完井管柱结构自上而下为：油管挂+调整短油管+油管+井下安全阀+油管+校深短节+油管+棘齿锁定插入密封+HP-1AH 封隔器+磨铣延伸筒+CMQ-22 滑套+堵头。探井试油完井标准管柱示意图如图 6-45 所示。

3）施工步骤

（1）通井：下钻杆+相应尺寸通井规通井至井底，充分循环调整钻井液，确保钻井液不沉淀，并循环测后效，待压井平稳后，起出通井管柱。

（2）刮壁：下 3½in 钻杆+7in 刮壁器刮壁，要求对封隔器坐封位置上下 20m 反复刮壁 3 次并充分循环，起出刮壁管柱。

（3）下封堵封隔器管柱。

6. 易喷易漏含 H_2S 储层试油换装井口标准管柱

1）管柱结构

管柱结构从上至下为：钻杆+伸缩管+浮阀+筛管+泵出式堵塞阀+7in RTTS 封隔器+筛管+堵头。易喷易漏含 H_2S 储层试油换装井口标准管柱示意图如图 6-46 所示。

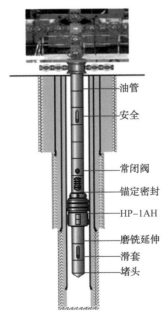

图 6-45 探井试油完井标准管柱示意图

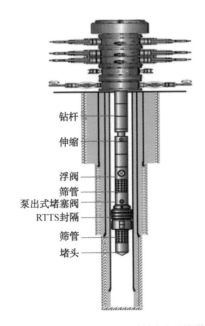

图 6-46 易喷易漏含 H_2S 储层试油换装井口标准管柱示意图

要求：

（1）伸缩管入井处于伸开状态；

（2）封隔器座封位置：1500m±2m（避开套管接箍）；

（3）泵出式堵塞阀击落压力：8~10MPa。

2）施工步骤

（1）通井、刮壁，充分循环调整钻井液；

（2）换井口管柱；

（3）调整管柱；

（4）坐封 RTTS 封隔器，反打压 15MPa 验封合格；

（5）卸松闸板防喷器与钻井四通之间的螺栓，上提钻具至合适高度，用套管吊卡和钻杆吊卡将钻具坐在套管头上，卸掉短钻杆；

（6）游车将防喷器组和钻井四通整体下放至合适低点，将钻井四通甩出；

（7）游车将防喷器组整体上提至钻台底座合适高点，在设备厂家和技术服务人员指导下安装采油四通部件；

（8）游车将防喷器组和采油四通整体下放与套管头连接后，按要求将所有连接部位（包括采油四通和内控管线）进行紧扣；

（9）井口安装完，试压合格后，在封隔服务人员指挥下击落泵出式堵塞阀，解封封隔器起钻。

三、地面压力控制及计量技术

1. 地面流程配置原则

试油作业的核心目的就是把地下的流体（油、气、水）诱导到地面并进行定量测量、计量，而这一切都需要通过地面求产流程来实现，以获得相关数据。结合高温高压高含 H_2S 井测试的需要，塔里木试油地面流程应满足以下要求：

（1）确保安全可靠，能满足射孔测试、正反循环压井及油管内加压等工艺操作需要；

（2）具有防冰堵、油气水测试计量、数据自动采集及安全监测等功能；

（3）地面流程设备（包括所有阀门、节流保温装置、流量计、分离器等）及连接管线满足气密封和承受高压的要求；

（4）全套流程选择防 H_2S 的材质。

2. 地面流程配置技术

试油地面求产流程系统包括高压管线、油嘴管汇、分离器、加热器、除砂器、ESD 紧急关闭系统、SSV 阀、MSRV 自动泄压阀、计量罐、储油罐（环保罐）和放喷管线等。对于塔里木油田来说，国产地面计量设备还无法完全满足高含 H_2S 高压工况，因此塔里木碳酸盐岩试油地面流程的配套立足于引进国外的蒸气换热器、三相分离器、数采系统、安全控制系统等，与国产锅炉、计量罐等配套，形成一整套自动化程度高、安全、先进的测试地面流程（图 6-47）。

1）主要设备的技术参数

（1）蒸气换热器技术参数。

工作压力：15~35MPa；

工作温度：−28.8~204℃。

（2）三相分离器技术参数。

工作压力：10MPa/50℃；

工作温度：−28.8~121℃；

分离液体能力：1050~2400m³/d；

分离气体能力：0.95×10⁴~300×10⁴m³/d；

分离效率：99.5%；

允许含砂量：5%。

（3）数据采集系统与处理装置技术参数。

传感器工作压力：105MPa；

传感器工作温度：−34.4~176.7℃。

（4）地面紧急关闭系统与控制装置技术参数。

工作压力：105MPa；

工作温度：−28.8~176.7℃；

控制点：井口、地面流程管线、分离器、热交换器等。

（5）防冻化学剂注入装置技术参数。

工作压力：140MPa；

注入能力：0.01~0.19m³/h；

注入液体：乙醇、乙二醇；

注入口：数据头、节流管汇、采油树等。

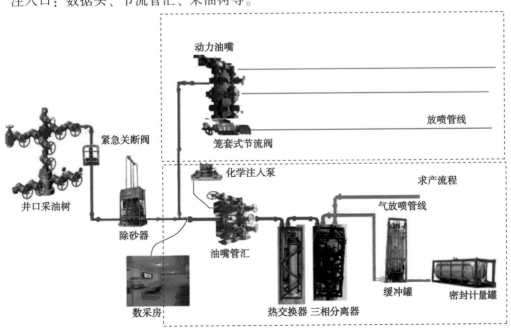

图 6-47　试油地面流程示意图

2）技术特点

（1）压力控制：采用国产整体式 105MPa 法兰管线连接，用地面油嘴管汇取代钻台管汇，选用液动、手动双重控制的高压采气井口，紧急情况下可实现远程控制，设置了 ESD 紧急关闭系统和 MSRV 紧急放喷阀等安全装置，有利于处理油气失控的突发事件。

（2）分离与计量：10MPa 高压分离器实现油、气、水三相分离，可以实现实时自动计量。

（3）数据自动采集：采用温度、压力等多传感器系统，实现井口套压、温度，井口油压、温度，节流管汇油嘴下游压力、温度，加热器出口温度、油温，油计量管线、水计量管线出口天然气压差、出口天然气压力和温度等共 14 个点的实时数据采集。

（4）H_2S 和 CO_2 在线监测：对地面测试管线内实现 H_2S 和 CO_2 等气体的实时在线监测，并具有井场环境 H_2S 监测报警功能。

（5）原油除硫：采用在储油罐前增加除硫剂加入装置实时加药的方式，确保储油罐口硫化氢浓度低于 10mg/L，达到原油安全运输的要求。

（6）现场实时传输：通过卫星电话系统将现场采集产量、温度、压力及现场施工数据实时传送到基地，加快决策进程（图 6-48）。

图 6-48　塔里木试油数据远程实时传输示意图

图 6-49　塔里木试油实时视频监控

（7）视频监控：对井口、高压管线、油嘴管汇、放喷口、储油罐等关键部位实时进行视频监控，及时发现安全隐患，保证了试油作业安全（图 6-49）。

经过多年的实践，通过对地面流程的集成，由以往单一的计量发展到集压力控制、分离与计量、数据自动采集、H_2S 和 CO_2 在线监测、原油除硫、现场实时传输、视频监控 7 大功能于一体的多功能安全控制与计量系统。这套系统在塔里木油田共配备了 8 套，在碳酸盐岩试油中广泛使用，确保了试油作业安全。

四、试油完井选材

塔里木盆地碳酸盐岩储层普遍含 H_2S，但以塔中 I 号气田为最，其中中古 7 井等 H_2S 浓度超过 400000mg/L，一般在 500~50000mg/L，下面以塔中 I 号气田的试油完井选材为例，介绍防腐及选材成果。

1. 腐蚀环境

塔中 I 号气田天然气中普遍含有 H_2S 和 CO_2，生产井 H_2S 含量最高达 32.7g/m³（最高含量为 40%，但未开井，开井生产的最大含量达 77.0g/m³），CO_2 含量最高达 7.7%，地层水矿化度高，Cl⁻ 含量最高达 167700mg/L，腐蚀环境非常恶劣。H_2S 含量分布不均，平面分布差异性大，而且单井流压变化较大，各区块腐蚀环境不尽相同，数据见表 6-12。

表 6-12 塔中 I 号气田 H2S 含量统计表

序号	分区	H₂S 含量分类	层系	代表井	硫化氢含量（mg/m³）	硫化氢平均含量（mg/m³）
1	塔中 82 区块西部	低含硫		TZ828，TZ82	33.4~161	83.1
2	塔中 82 区块东部	中含硫		TZ823，TZ821，TZ62-3	6800~22800	12320
3	塔中 62 区块油藏区	低含硫 II	O₃l	TZ622	1090~2700	1807
		低含硫 I		TZ62-1，TZ621	130~890	401.6
4	塔中 62 区块凝析气区	低含硫 II		TZ62-2，TZ44，TZ62	1299~3600	2472.4
		低含硫 I		TZ623，TZ242	250~1000	601.4
5	塔中 83 区块	高含硫	O₁y	TZ83	32700	32700
		低含硫		TZ721	21.42~172	91.3

注：H_2S 含量（g/m³）判别标准：<0.02 为微含硫；0.02~<5 为低含硫（0.02~≤1 为低含硫 I；1~<5 为低含硫 II）；5~<30 为中含硫；30~<150 为高含硫；150~<770 为特高含硫。

塔中 I 号气田上奥陶统良里塔格组 H_2S 含量平面上分布成两头低、中间高的规律，平面上从东至西可分为 5 个单元：一是 TZ82 井为界以西为低含 H_2S 区块，H_2S 含量 33~161mg/m³；二是 TZ82 井以东 TZ823 井到 TZ62-3 井为特高 H_2S 区块，H_2S 含量 6800~22800mg/m³，这两个区在地质上 TZ82 井和 TZ823 井之间存在明显的地质分界，表现为构造沟谷；三是以 TZ622 井至 TZ621 井为界，该区为油环区，其中 TZ62-1 井因含水较高，H_2S 含量低 130~250mg/m³，其余各井 H_2S 含量为 692~2700mg/m³；四是凝析气区 H_2S 含量从 TZ62-2 井向西南方向至 TZ242 井呈下降趋势，从 3600mg/m³ 逐渐下降到 250mg/m³。下奥陶统鹰山组塔中 83 区块 H_2S 含量 21~32700mg/m³。

塔中 I 号气田各井天然气中 CO_2 含量相差也较大，其中塔中 83 区块含 CO_2 最高，达 7.7%，塔中 82 和塔中 62 区块含量相当，分别为 3.57% 和 1.94%，统计数据见表 6-13。

表 6-13　各区块 CO_2 含量统计表　　　　单位:%(摩尔分数)

区块	CO_2 含量范围	平均值
塔中 83 区块	7.7	7.7
塔中 82 区块	1.62~5.52	3.57
塔中 62 区块	1.29~2.81	1.94

塔中 I 号气田地层水的矿化度大部分在 10000mg/L 以上，最高达 280200mg/L；氯离子含量大部分都超过 50000mg/L，最高达到 167700mg/L。

塔中 I 号气田压力系数 1.14~1.23，属于正常压力系统；温度梯度 2.1℃/100m，属于正常温度系统，数据见表 6-14。

表 6-14　塔中 I 号气田各区块地层压力温度

区块	地层压力(MPa)	流压(MPa)	地层温度(℃)
塔中 82	57~63	42~62	129~140
塔中 62	55~58	11~57	124~140
塔中 83	48~61	60	127

塔中 I 号气田 H_2S 含量分布在各区块相差较大，CO_2 含量亦不平衡，特别是单井流压差异明显，可知，塔中 I 号气田将处在 H_2S 和 CO_2 及高矿化度地层水共同作用下的复杂腐蚀环境中，腐蚀程度也将十分严重。

2. 腐蚀程度判断

塔中 I 号气田处在 H_2S 和 CO_2 及高矿化度地层水的共同作用的腐蚀环境中，地层温度最高达 140℃，流压最高达 63MPa。根据试采的情况，大部分单井均有不同程度的含水。

管材是否产生硫化物应力开裂有很多影响因素，但其可能性的判断主要采用分压数据。SY/T 6137—2005《含硫化氢的油气生产和天然气处理装置作业的推荐做法》认为，当被处理气体的总压达到或高于 0.4MPa，并且其中所含 H_2S 分压高于 0.0003MPa 时，应选用抗应力腐蚀开裂(SCC)材料或对该环境进行控制。

CO_2 对管材的腐蚀速率取决于 CO_2 在水溶液中的含量，一般以 CO_2 分压作为预测系统腐蚀的主要判据。根据 NACE(美国腐蚀防腐蚀工程师协会)、《石油工程手册·采油工程》等资料，可用下列 CO_2 分压的数值判断是否存在 CO_2 的腐蚀：

（1）CO_2 分压小于 0.021MPa，无腐蚀，不需采取防腐措施。

（2）CO_2 分压为 0.021MPa~0.21MPa，中等腐蚀，可选择性采取加药、涂层等防腐措施。

（3）CO_2 分压大于 0.21MPa，严重腐蚀，需采用特殊防腐管材。

按均匀腐蚀速率来说，在同样浓度下，CO_2 的腐蚀速率大约是 H_2S 的 5 倍。Masamura K. 和 Srinivasan S. 等人的研究表明，在 CO_2/H_2S 共存环境中，H_2S 的作用表现为 3 种形式：

（1）在 H_2S 分压小于 6.9×10^{-5} MPa 时，CO_2 是主要的腐蚀介质，温度高于 60℃ 时，腐蚀速率取决于 $FeCO_3$ 膜的保护性能，基本与 H_2S 无关。

（2）当 H_2S 含量增至 $p_{CO_2}/p_{H_2S}>200$ 时，材料表面形成一层与温度和 pH 值有关的较致密的 FeS 膜，导致腐蚀速率降低。

（3）$p_{CO_2}/p_{H_2S}<200$ 时，系统中 H_2S 为主导，其存在一般会使材料表面优先生成一层 FeS 膜，此膜的形成阻碍具有良好保护性的 $FeCO_3$ 膜的生成。体系最终的腐蚀性取决于 FeS 和 $FeCO_3$ 膜的稳定性及其保护情况。

图 6-50 是 CO_2 分压与 H_2S 分压比值与腐蚀状态的关系，Pots B. F. M 等人的研究表明，CO_2/H_2S 共存体系中气体浓度对腐蚀影响为：

（1）当 $p_{CO_2}/p_{H_2S}>500$ 时，主要为 CO_2 腐蚀；

（2）当 $p_{CO_2}/p_{H_2S}<20$ 时，主要为 H_2S 腐蚀；

（3）当 $20<p_{CO_2}/p_{H_2S}<500$ 时，为两者共同作用。

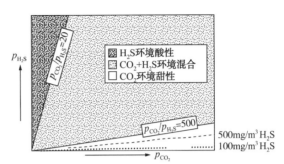

图 6-50 p_{CO_2}/p_{H_2S} 比值与腐蚀状态的关系

以 H_2S 含量分布将塔中 I 号气田分区，并计算 p_{CO_2}/p_{H_2S} 比值，见表 6-15。可以看出，序号为 1 的区块 H_2S 分压较低，根据 p_{CO_2}/p_{H_2S} 比值，这个区块腐蚀由 CO_2 主导；而序号为 2 的区块 H_2S 和 CO_2 分压都比较高，根据 p_{CO_2}/p_{H_2S} 比值，该区腐蚀由 H_2S 主导，是塔中 I 号气田腐蚀最严重的区块之一。序号为 3 的区块由 H_2S 和 CO_2 共同作用，腐蚀情况比较复杂。序号为 4 的区块腐蚀由 H_2S 主导。序号为 5 的区块由于单井情况相差较大，无法确定腐蚀的主导因素，但依照其腐蚀气体分压也应该归为塔中 I 号气田腐蚀最严重的区块。

表 6-15 塔中 I 号气田 H_2S/CO_2 分压统计表

序号	分区	H_2S 含量分类	代表井	H_2S 分压（MPa）	CO_2 分压（MPa）	CO_2/H_2S 分压比值	产能
1	塔中 82 区块西部	低含硫	TZ828，TZ82	0.0034~0.0066	1.01~1.07	153~311	低产—高产
2	塔中 82 区块东部	中含硫	TZ823，TZ821，TZ62-3	0.2885~0.9057	1.54~3.15	2~7	高产—低产
3	塔中 62 区块油环区	低含硫 II	TZ622	0.0514	0.81	16	高产
		低含硫 I	TZ62-1，TZ621	0.0091~0.0294	1.17~1.45	49~129	
4	塔中 62 区块凝析气区	低含硫 II	TZ62-2，TZ44，TZ62	0.0091~0.1116	0.44~0.82	7~8	中产
		低含硫 I	TZ623，TZ242	0.0041~0.0174	0.27~0.76	44~66	
5	塔中 83 区块	高含硫	TZ83	1.2978	4.64	4	高产
		低含硫	TZ721	0.0055	1.43	260	

国外一般认为，腐蚀速率不超过 0.127mm/a 在工程上是可以接受的，但使用常规管材时腐蚀速率将大大超过此值；而对于硫化物应力开裂，由于井筒上部拉伸应力大，且氢脆最敏感的温度范围为 20~30℃，一旦发生会造成很严重的后果，所以必须高度

重视，采取恰当的防腐措施。

3. 腐蚀规律

1）油管腐蚀规律

由于酸性环境中管材的抗 SSC 要求，针对两种抗硫油管材质 110S 和 110SS 进行了腐蚀规律的研究。选取 5 个最常见的腐蚀影响因素（CO_2 分压、H_2S 分压、温度、Cl^- 含量以及含水率）进行正交实验，试验数据见表 6-16，各因素的水平均参照塔中 I 号气田实际情况设计，最终确定了主要因素和各因素在复杂条件下对腐蚀的影响。

表 6-16　井下腐蚀规律实验因素水平表

因素	CO_2 分压（MPa）	H_2S 分压（MPa）	温度（℃）	Cl^- 含量（g/L）	含水率（%）
水平 1	0	0.02	40	60	50
水平 2	0.5	0.05	60	75	70
水平 3	1	0.3	80	90	80
水平 4	2.1	0.55	105	125	90
水平 5	4.6	1.3	130	160	100

实验结果表明试片腐蚀非常严重，绝大部分实验同时发生了严重的点蚀。如图 6-51 所示。

图 6-51　试片宏观和微观形貌

（平均腐蚀速率：5.630mm/a，最大点蚀速率：9.767mm/a，$p_{CO_2}=4.6$MPa，$p_{H_2S}=1.3$MPa，

$T=105$℃，$C_{Cl^-}=90$g/L，含水率＝70%）

对实验数据进行极差分析可知（表 6-17 和表 6-18），对 110S 和 110SS 两种材质腐蚀影响最大的因素均为 CO_2 分压，在塔中 I 号气田环境中，油管腐蚀的最大影响因素是 CO_2 的分压。

表 6-17　110S 均匀腐蚀速率正交分析结果　　　　　　单位：mm/a

因素	CO_2 分压（MPa）	H_2S 分压（MPa）	温度（℃）	Cl^- 含量（g/L）	含水率（%）
均值 1	3.525	7.150	6.033	5.537	4.441
均值 2	1.467	3.072	5.374	9.703	3.948

因素	CO_2 分压（MPa）	H_2S 分压（MPa）	温度（℃）	Cl^- 含量（g/L）	含水率（%）
均值 3	4.090	5.986	6.182	4.343	5.563
均值 4	7.860	8.726	8.136	3.769	3.277
均值 5	10.378	2.388	1.596	3.970	10.093
极差	8.911	6.338	6.540	5.934	6.816

表 6-18 110SS 均匀腐蚀速率正交分析结果　　　　单位：mm/a

因素	CO_2 分压（MPa）	H_2S 分压（MPa）	温度（℃）	Cl^- 含量（g/L）	含水率（%）
均值 1	3.241	7.412	5.011	4.548	3.918
均值 2	1.884	4.185	3.326	9.386	3.891
均值 3	3.634	4.400	5.866	2.896	6.811
均值 4	6.531	6.244	8.286	4.225	3.736
均值 5	9.999	3.048	2.801	4.234	6.934
极差	8.115	4.364	5.485	6.490	3.198

CO_2 成为影响腐蚀速率主要因素的原因是由于井下腐蚀试验所涉及的 CO_2 分压变化很大（0~4.6MPa）。研究表明，碳钢的 CO_2/H_2S 腐蚀速率对 CO_2 分压的依赖关系受 CO_2 分压范围的影响很大。CO_2 分压越高，腐蚀介质的 pH 值越低，H^+ 的去极化作用越强。因此，CO_2 分压越高，腐蚀反应速率越大。

2）油套环空腐蚀规律

针对套管常用的 4 种材质（P110，110-3Cr，110S 和 110SS）进行了其静态腐蚀规律的研究（表 6-19）。实验结果表明，在塔中 I 号气田环境下各种材质的腐蚀速率均较高。

表 6-19 各试验条件下均匀腐蚀速率　　　　单位：mm/a

材质	90℃				140℃			
	$p_{H_2S}=0.1MPa$ $p_{CO_2}=0.1MPa$	$p_{H_2S}=1.4MPa$ $p_{CO_2}=0.1MPa$	$p_{H_2S}=0.1MPa$ $p_{CO_2}=3.0MPa$	$p_{H_2S}=1.4MPa$ $p_{CO_2}=3.0MPa$	$p_{H_2S}=0.1MPa$ $p_{CO_2}=0.1MPa$	$p_{H_2S}=1.4MPa$ $p_{CO_2}=0.1MPa$	$p_{H_2S}=0.1MPa$ $p_{CO_2}=3.0MPa$	$p_{H_2S}=1.4MPa$ $p_{CO_2}=3.0MPa$
P110	0.2639	0.0890	0.2626	0.1660	0.2592	0.5343	0.1244	0.1145
110-3Cr	0.2571	0.0664	0.2928	0.1204	0.1419	0.1453	0.6973	0.1732
110S	0.2306	0.0739	0.3057	0.1333	0.2505	0.1943	0.2095	0.0724
110SS	0.2458	0.0638	0.2859	0.1272	0.2696	0.1857	0.1711	0.0851

相对于 CO_2 单独存在时造成的严重局部腐蚀，H_2S/CO_2 共存时各材质仅有非常轻微的局部腐蚀，表明 H_2S 在高温条件下（90℃，140℃）对 CO_2 腐蚀有一定抑制作用。

4. 防腐对策优选与设计

通过上述分析，塔中 I 号气田腐蚀因素主要为 H_2S、CO_2 和高矿化度、高氯离子含量的地层水，要以防止硫化物应力开裂为主，优选防腐措施。

1）防腐措施优选

对待腐蚀环境中的油管腐蚀常采用的防腐方式见表6-20。

表6-20　各种防腐技术的适用性分析

防腐技术	优点	缺点	适用性分析
耐蚀合金钢、SS高抗硫管材	简化了缓蚀剂的繁杂添加工艺。基本不需要腐蚀监测。在整个生产过程中很可靠且稳定	一次性投入大。与碳钢管连接时存在电偶腐蚀现象	适合在苛刻的腐蚀环境下使用
普通抗硫管材	成本较低	应与添加缓蚀剂同时使用	适合在腐蚀不苛刻，且产能较低的气井使用
内涂层油管	使用内涂层油管，配合封隔器完井工艺，可以使油套管腐蚀降低到最低限度	成本较高。在接头处保护不完善。不耐磕碰	由于不耐磕碰，涂层脱落处加速腐蚀，不宜使用
内衬玻璃钢油管	具有优异的耐腐蚀性	有温度使用范围。需特殊的接头连接	深层气井的高温条件，不宜使用内衬玻璃钢
双金属复合油管	使用双金属复合油管，配合封隔器完井工艺，可以使油套管腐蚀降低到最低限度		J55/304双金属复合油管技术成熟，P110/825、SM2535双金属复合油管尚在实验阶段
缓蚀剂	向腐蚀介质中添加少量的缓蚀剂就能使金属腐蚀速率显著降低。初期投资少，不需要连续加注	不能防止套管外腐蚀，工艺较复杂，对生产影响较大	适合在腐蚀不苛刻，且产能较低的气井使用

由以上的适用性分析可以看出，内衬玻璃钢油管技术由于高温和管体强度较低的限制，双金属复合油管技术井下连接没有合适的方法，不适于在塔中Ⅰ号气田使用。

2）油套管材质选择

在酸性环境中，抗硫化物压力开裂是管材服役的必要条件。针对塔中Ⅰ号气田环境，选择4种材质（P110，110-3Cr，110S和110SS）进行抗硫化物应力开裂性能评价。应用NACE TM 0177—2005中的恒载荷拉伸和弯曲梁实验法在标准条件下进行实验，两种抗硫管材都通过了测试（表6-21和表6-22）。其中，特殊抗硫管材110SS通过了加载应力最高达85%屈服强度的测试（图6-52）。

表6-21　常温下应力腐蚀检测的实验结果

材料/规格	加载应力（MPa）	试验结果	备注
P110	545.8（72%$Y_{s\,min}$）	未通过	一般套管材料
	606.4（80%$Y_{s\,min}$）	未通过	
110-3Cr	545.8（72%$Y_{s\,min}$）	未通过	抗CO_2腐蚀套管
	606.4（80%$Y_{s\,min}$）	未通过	

续表

材料/规格	加载应力（MPa）	试验结果	备　注
110S	545.8（72%$Y_{s\,min}$）	通过	抗硫管
110SS	606.4（80%$Y_{s\,min}$）	通过	
	545.8（72%$Y_{s\,min}$）	通过	
	606.4（80%$Y_{s\,min}$）	通过	
	644.3（85%$Y_{s\,min}$）	通过	

注：$Y_{s\,min}$—屈服强度，MPa。

表 6-22　模拟条件下应力腐蚀实验结果

材　　质	载荷（MPa）	实验结果	备　注
P110	545.8（72%$Y_{s\,min}$）	未通过	一般套管材料
110-3Cr	545.8（72%$Y_{s\,min}$）	未通过	抗CO_2腐蚀套管
110S	545.8（72%$Y_{s\,min}$）	通过	抗硫管
110SS	545.8（72%$Y_{s\,min}$）	通过	

模拟现场条件下的高温高压应力腐蚀开裂的试验结果和标准测试条件下的结果相一致，因此可以判断 P110 和 110-3Cr 材料不适合，而 110S 及 110SS 在塔中 I 号气田酸性环境中具有良好的抗 SSC 性能，可作为油套管使用。但这两种材质失重腐蚀很严重，必须使用辅助措施（如缓蚀剂、涂层等）加以防护。

通过现场 40 余井次投产后的跟踪情况说明，在塔中 I 号气田根据腐蚀工况选择 110S

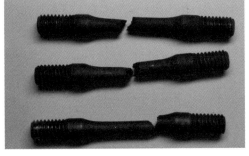

图 6-52　P110 加载 545.8MPa（72%$Y_{s\,min}$）
应力时材料的宏观断裂形貌

和 110SS 的油管是符合实际情况的，投产以来，尚未发现因腐蚀或应力开裂造成的生产事故发生，为该气田高效安全开发奠定了良好的基础。

第三节　高含硫化氢碳酸盐岩储层测试技术

一、测试管柱结构设计及工具的配套

龙岗探井属于典型的三高井，井底苛刻的条件大大提高了试油测试作业的难度。首先是井下测试工具的操作准确性受到了极大的影响，主要表现为：超深井井下工具的准确操作难度大；封隔器承受压差有限，对后续施工带来不利；井深、井斜影响封隔器的坐封；压差高，井下工具开关井困难；对管柱的密封性能要求很高。如果测试成功率得不到保证，就不可能获取完整、准确的试油测试资料，影响下一步勘探措施的制订。因此，通过研究实践，在龙岗地区有针对性地进行了测试管柱和测试工具的优化、配套，基本形成了

系列管柱结构和工艺措施，并投入到现场试油测试作业应用。

1. 测试管柱的设计

为实现在龙岗地区快速、高效地进行完井测试作业，首先要考虑利用一趟测试管柱完成射孔、酸化、测试、气举排液等多种作业，从而大大节约试油时间，降低试油成本。这就要求测试管柱具有多项作业功能。但是，井下测试管柱结构复杂性的增加，作业风险相应增大，势必影响测试的成功率及测试资料的录取。因此，管柱结构的设计就是要找到二者的平衡点，最大限度地发挥井下测试工具的作用。

1）PR 正压射孔—测试—酸化—测试联作管柱

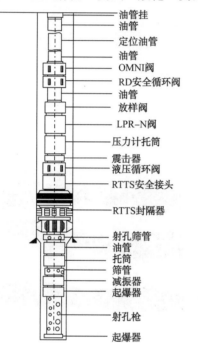

基本管柱结构：油管挂+油管+定位油管+油管+OMNI 阀+RD 安全循环阀+油管+放样阀+LPR–N 阀+电子压力计托筒+震击器+液压循环阀+RTTS 安全接头+RTTS 封隔器+射孔筛管+油管+压力计托筒+筛管+减振器+压力起爆器+射孔枪+起爆器（图 6-53）。

工艺流程：管柱中的 OMNI 阀在下井的时候循环孔处于关闭位置，利用 LPR–N 阀，可根据需要实现油管柱内一定深度的掏空。坐封后，首先环空加压开启 LPR–N 阀，而后通过油管加压延时射孔，形成负压射孔，可以完成对地层的射孔后初次测试。而后，若需要进行酸化及气举排液等作业，可以通过环空加压、泄压的多次操作，实现对 OMNI 阀循环孔的开启和关闭，完成后续完井试油测试作业。

管柱特点：

图 6-53　APR 正压射孔—测试—酸化联作管柱

（1）利用一趟管柱，直接实现了射孔、测试、酸化、气举排液等联合作业，减少了起下工具次数和压井次数，减小了地层伤害，节约了试油时间和成本。

（2）利用 LPR-N 阀的开关，可实现井下开关井，并能有效排除井筒储集效应的影响，获取准确的井底开关井压力资料；同时，根据需要，测试结束后，操作 RD 安全循环阀不仅可以实现井底正、反循环，同时，可以完成高压取样。

（3）使用油管加压延时射孔，一方面，实现了对地层的负压射孔；另一方面，克服了以前利用环空进行负压射孔测试联作造成的环空压力操作级数过多的难题，有效克服了套管承压能力偏低，对环空操作压力造成的限制。

（4）由于 OMNI 阀的存在，管柱的功能可以实现反复循环，这就为后续工艺措施的制订预留了很充足的考虑空间，有利于资料的录取和对地层更充分、全面的认识。

（5）管柱结构中射孔枪双起爆器、上下筛管及上下电子压力计托筒的设置，充分保证了射孔枪的起爆、井下压力资料的录取及压井工艺措施的顺利实施。

（6）使用了 3SB、BGT 特殊螺纹油管，保证了井下测试管柱的密封性。

此管柱结构在龙岗 001-18 井及龙岗 37 井的测试作业中得到应用。

2）OMNI 射孔—酸化—测试技术

管柱结构：油管挂+油管+定位油管+油管+OMNI 阀+RD 安全循环阀+压力计托筒+震击器+液压循环阀+RTTS 安全接头+RTTS 封隔器+射孔筛管+油管+压力计托筒+筛管+减振器+压力起爆器+射孔枪（图 6-54）。

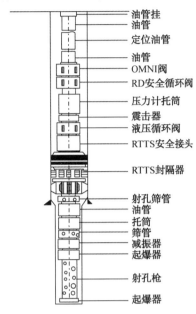

油管挂
油管
定位油管
油管
OMNI 阀
RD 安全循环阀
压力计托筒
震击器
液压循环阀
RTTS 安全接头
RTTS 封隔器
射孔筛管
油管
托筒
筛管
减振器
起爆器
射孔枪
起爆器

工艺流程：OMNI 阀的循环孔以开启的状态入井，并且球阀部分被去掉。当管柱坐封以后，替酸至工具上方，然后操作环空压力关闭其循环孔。此时，由于管柱中没有 LPR-N 阀，且 OMNI 阀的球阀部分也在入井之前被去掉，因此，不用保持环空压力，可以油管内加压射孔，随后进行酸化、排液、测试作业。

管柱特点：根据地质和电测解释资料，对于龙岗探井的一些重点储层，在试油之前已经能初步判断会有较高的天然气产量，试油的时候需要

图 6-54 OMNI 射孔—酸化—测试联作管柱

进一步释放地层产能。在此试油目的的指导下，尽量提高测试井产能并保证井下测试管柱的安全和测试的成功是管柱设计的主要考虑因素，不仅要满足储层进行酸化改造要求，又要尽量简化工具管柱，降低作业风险。使用 OMNI 射孔—酸化—测试技术，在射孔前即可利用 OMNI 阀将酸液替至井底，关闭循环孔后便可进行酸化施工及后续的测试工作。由于这些重点储层良好的产能状况，测试后采取井口关井的方式也能很快求取到地层恢复压力。这样能够有效降低球阀的开启风险，提高测试成功率。同时，该管柱结构中保留的 RD 安全循环阀也可以在测试结束后，根据需要实现井下关井，给予井下压力资料的录取充分的保证。另外，由于不用保持环空压力，压井作业期间井筒温度及压力的变化不会影响油管的畅通，有利于后续挤注法压井作业的进行。现场应用结果表明，该种管柱结构简单适用，针对性强，龙岗地区大部分完井测试作业中采用此种管柱结构，如龙岗 26 井、龙岗 001-1 井、龙岗 001-7 井等。

3）5in 小井眼 APR 射孔—测试联作技术

管柱结构：油管挂+3½in 油管+2⅞in 油管+定位油管+2⅞in 油管+3⅛in RD 循环阀+3⅛in RD 安全循环阀+3⅛in 压力计托筒+3⅛in RD 循环阀+3⅛in BOWN 安全接头+RTTS 封隔器+射孔筛管+油管+压力计托筒+筛管+减震器+压力起爆器+射孔枪（图 6-55）。

工艺流程：利用上部 3½in 及 2⅞in 油管的组合管柱把小井眼测试工具及封隔器送入 5in 尾管内，待封隔器坐封于尾管内之后，可以进行油管传输射孔，并进行后续测试作业。由于管柱内没有使用 OMNI 阀及 LPR-N 阀，因此，测试期间不需要保持环空压力。测试结束后打开 RD 安全循环阀可进行井下关井，解封前再将最下面一支 RD 循环阀打开，平衡封隔器上下压差后可实现解封。

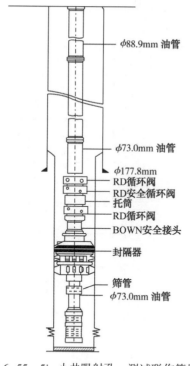

图 6-55　5in 小井眼射孔—测试联作管柱

（图中标注）
- ϕ88.9mm 油管
- ϕ73.0mm 油管
- ϕ177.8mm
- RD循环阀
- RD安全循环阀
- 托筒
- RD循环阀
- BOWN安全接头
- 封隔器
- 筛管
- ϕ73.0mm 油管

管柱特点：

（1）由于 5in 套管内径很小，只有小尺寸的测试工具才能进入，因此，该管柱结构采用了 3⅛in APR 测试工具，使得在 5in 尾管内坐封测试得以实现。

（2）5in 套管一般下入均很深，作业井段的压力、温度都比较高，井下作业条件比较苛刻，因此，考虑整个测试管柱的安全，管柱结构的设计以简单、安全为原则，尽量降低测试风险。

（3）管柱结构中 RD 安全循环阀可以实现一次井下关井，保证井底关井资料的获取；两支 RD 循环阀中，上面一支作为备用循环阀，下面一支代替其他 APR 测试管柱中液压循环阀的作用，在解封前打开，可以平衡封隔器上下压差，这主要考虑在井底超高温高压条件下，管柱力学的变化会影响其开关状态，且其密封的可靠性会出现相应下降，替换以后可以减少管柱薄弱环节，进一步提高安全性。

（4）若利用该管柱进行酸化时需要使用连续油管替酸，但若 5in 套管内径超过 110mm，则可考虑将 3⅞in OMNI 阀加入管柱结构中，以扩展管柱功能。

小结：

上述管柱结构有各自的特点和适用范围，实际使用中主要根据地质和电测解释资料和具体的试油目的进行选择。APR 正压射孔—测试—酸化—测试联作管柱功能完备，能满足多种井下作业的需要，是应用最多的管柱结构，并且主要考虑在 7in 套管内坐封测试时使用；OMNI 射孔—酸化—测试联作管柱简单实用，测试作业的风险得到极大的降低，也时主要应用于 7in 套管测试作业；5in 小井眼 APR 射孔—测试联作管柱受井下条件及作业风险的限制，目前实现作业功能还比较少，但能够满足基本的试油作业的要求。

2. 测试管柱强度计算与安全性校核

1）测试管柱强度计算

在试油测试作业前，对下井管柱的力学性质进行分析和计算，通过分析计算，了解管柱在测试过程中的载荷、应力、变形情况，合理确定操作压力参数，综合评价管柱的安全性。根据上述原则，龙岗地区的完井测试管柱设计了 3½in×12.95mm 油管×2000m+3½in×9.53mm 油管×3500~4000m+封隔器+尾管及射孔枪设计的油管柱结构，以克服超深井油管柱自身较大重量并满足进行解封等特殊操作的时候有足够的剩余拉力。龙岗地区部分探井油管结构及抗拉强度校核计算结果见表 6-23。

表6-23　龙岗地区部分探井油管结构及抗拉强度校核计算结果

井号	管段	规格	下深（m）	段长（m）	累重（kN）	剩余拉力（kN）	安全系数
龙岗2井	3 ½ in×12.95mm	BGT	700	700	1056	967	1.92
	3 ½ in×9.53mm	BGT	3550	2850	890	666	1.75
	3 ½ in×7.34mm	3SB	4980	1430	369	800	3.17
	3 ½ in×6.45mm	3SB	5930	950	154	945	7.14
龙岗3井	3 ½ in×12.95mm	BGT	2000	2000	1207	816	1.68
	3 ½ in×9.53mm	BGT	5560	3560	731.19	825.11	2.13
龙岗9井	3 ½ in×12.95mm	BGT	2000	2000	1192.33	831.56	1.70
	3 ½ in×9.53mm	BGT	5430	3430	716.52	839.78	2.17
龙岗11井	3 ½ in×12.95mm	BGT	2000	2000	1176.47	847.43	1.72
	3 ½ in×9.53mm	BGT	5460	3460	700.65	855.65	2.22

　　实践证明，设计的管柱抗拉强度和剩余拉力等能够满足龙岗地区6000m以上的超深井的完井测试作业。在现场试验的时候，有试验井在解封的时候，依靠足够的剩余拉力的保证，才使管柱得以顺利起出。

　　对于油管柱抗压强度的校核计算以及对管柱在各个施工作业阶段的变形，则依据管柱力学理论模型，利用软件进行分析计算。最终确定安全的施工参数及相应的应对措施，以保证井下测试管柱的安全（表6-24和表6-25）。

表6-24　龙岗3井长兴组射孔—测试联作管柱载荷、应力及安全系数数值

工况		下钻完	坐封	开井		关井		酸化
				高温高压	低温高压	高温高压	低温高压	
井口	内压（MPa）	0	0	50	50	65	65	90
	外压（MPa）	0	0	0	0	0	0	0
	轴力（kN）	987	847	630	990	653	1016	1230
	三轴应力（MPa）	320	274	232	322	269	347	439
	安全系数	2.04	2.39	2.82	2.03	2.43	1.88	1.49
封隔器处	内压（MPa）	36	36	67	67	82	82	111
	外压（MPa）	56	56	56	56	56	56	56
	轴力（kN）	−65	−205	−422	−62	−399	−36	178
	三轴应力（MPa）	111	92	147	53	170	73	254
	安全系数	5.95	7.11	4.45	12.93	3.85	8.97	2.57

表 6-25　龙岗 3 井长兴组射孔—测试联作管柱轴向变形和"效应"值

工况		下钻完	坐封	开井		关井		酸化
				高温高压	低温高压	高温高压	低温高压	
温度	变形（m）	4.55	4.55	7.35	3.85	7.35	3.85	2.1
	效应（m）			2.80	−0.70	2.80	−0.70	−2.45
轴力	变形（m）	1.58	0.13	0.30	0.30	0.35	0.35	0.46
	效应（m）			0.17	0.17	0.22	0.22	0.33
鼓胀	变形（m）	0.69	0.69	−0.17	−0.17	−0.46	−0.46	−0.93
	效应（m）			−0.86	−0.86	−1.15	−1.15	−1.62
螺旋	变形（m）	0	−0.03	−0.03	−0.03	−0.02	−0.02	−0.01
	效应（m）			0	0	0.01	0.01	0.02
综合	变形（m）	6.82	5.34	7.45	3.95	7.22	3.72	1.62
	效应（m）			2.11	−1.39	1.88	−1.62	−3.72

因此，根据分析结果，为保证管柱安全性，封隔器坐封加压 230~270kN，压缩距达到 3.5~4.0m，能够有效弥补施工作业期间由各种效应值引起的管柱形变，可以确保封隔器不失封。

2）安全性校核

根据井身结构、测斜数据，应用井下套管磨损程度及抗挤毁强度分析方法及相应的"井下套管磨损程度及剩余强度分析"软件，可以对套管磨损程度及剩余强度进行分析。据此可以确定套管内允许替浆最低密度，避免因试油替浆密度过低，使已受磨损的套管承受过高的压力而被挤毁。

根据理论分析和室内试验验证，井下套管的磨损程度与井斜角、狗腿度、钻具组合、钻压（上述参数影响钻具与套管的接触力）、转盘转速、钻进速度、起下钻次数（上述参数影响磨损时间和磨损深度）等参数有关。

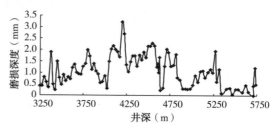

图 6-56　龙岗 3 井井下套管磨损深度

以龙岗 3 为例，分别计算了井下套管的磨损程度，并根据其磨损程度，计算了相应的套管抗挤毁强度和抗内压强度。计算结果见图 6-56 至图 6-58 及表 6-26。

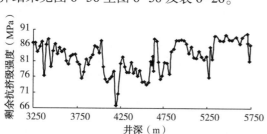

图 6-57　龙岗 3 井井下套管磨损抗挤毁强度

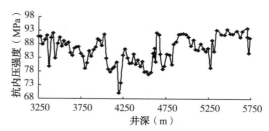

图 6-58　龙岗 3 井井下套管磨损抗内压强度

表 6-26 龙岗 3 井套管控制参数表

外径 (mm)	壁厚 (mm)	钢级	下入深度 (m)	抗内压 (MPa)	抗外挤 (MPa)	管外钻井液密度 (g/cm³)	清水时最大掏空深度 (m)	清水时最高控制套压 (MPa)	纯天然气时最低套压 (MPa)	纯天然气时最高套压 (MPa)
177.8	11.51	VM110SS	3051.44	86.0	74.0	1.32	全掏空	68.8	0	68.80
	12.65	TP110SS	5596.41	94.0	89.8	1.35	全掏空	75.2	0	83.62
127.0	9.19	TP95SS	6431.00	83.0	82.9	1.30	5395.57	66.4	5.12	79.71
套管安全控制参数							5395.57	66.4	5.12	68.80

3. 测试工具的配套

目前，龙岗地区的井下测试工具主要选用承压能力达到 105MPa 的 APR 测试工具，但对于超过 6000m 的深井，除地层本身压力较高以外，在进行酸化作业的时候，井口施工压力会达到 90MPa 以上，井下工具承受的绝对内压值超过 150MPa，部分统计数据见表 6-27。

表 6-27 龙岗部分探井酸化作业测试工具承受的最高压力

井号	层位	工具下深 (m)	工具承受的最高压力 (MPa)
龙岗 2 井	长兴上段	5901.96	139.555
	飞仙关	5893.18	127.732
龙岗 3 井	长兴上段	5546.27	131.440
	飞仙关上段	5450.64	119.223
龙岗 9 井	长兴	5584.75	137.75
	飞仙关	5882.21	130.697
龙岗 11 井	长兴	5434.53	118.964
	飞仙关	5564.55	140.025

因此，井下测试工具的安全面临巨大考验，必须对部分测试工具进行选型、配套，以适应龙岗勘探的需要。

1) 3⅞in HPHT RD 安全循环阀的配套

RD 安全循环阀相比其他的 APR 配套测试工具，存在一个比较特殊的内部结构——空气腔，即在工具的内心轴和外筒之间存在一个中空的腔室。这就意味着，当油管内压力非常高的时候，别的测试工具可以通过环空加压来平衡工具承受的压差，但是，RD 安全循环阀的空气腔却始终承受来自油管内部的绝对压力。过高的压力，会挤坏空气腔，造成工具损坏和井下复杂。因此，为满足龙岗完井测试作业的需要，选型配套了 99mm HPHT RD 安全循环阀来应对龙岗超深井酸化作业时的井底高压（表 6-28）。

表 6-28 HPHT RD 安全循环阀与 RD 安全循环阀性能对比

工具名称	外径 (mm)	内径 (mm)	额定工作压力 (MPa)	空气腔工作能力 (MPa)
RD 安全循环阀	99	45	103	151
HPHT RD 安全循环阀	99	38	103	197

从表 6-28 中可以看出，HPHT RD 安全循环阀在外径没有变化的情况下，空气腔承压能力得到显著提高，整个测试工具抗挤毁能力增强，能够满足龙岗探井酸化作业的需求，尽管其内径（38mm）略小于其他测试工具的内径（45mm），但因其长度不到 2m，和其他 APR 测试工具配合使用的时候，不会形成明显的节流作用，不会对酸化作业造成影响。

2）7in 套管 RTTS 封隔器的改型

普通的 70MPa RTTS 封隔器承压能力实际作业中只在 56MPa 下使用，这对完井测试工作形成制约。特别是进行酸化作业时，封隔器的承压能力还要考虑得更低；同时，对于龙岗地区超深井而言，由于酸化作业时的井底压力非常高，为防止由此形成的上顶力引起封隔器上移，保证封隔器密封性能，其水力锚还应该具备很强的抗上顶力性能。另外，根据现场使用经验表明，部分封隔器在解封的时候由于胶筒回缩性能下降，导致解封比较困难。因此，根据龙岗地区超深井完井试油的要求，对 RTTS 封隔器进行了加强改进。图 6-59 是改进型封隔器结构示意图：（1）在不改变心轴内径的条件下，增加了心轴外径和材料强度，有效提高封隔器抗内压和抗拉强度；（2）使用了新型胶筒，并将封隔器胶筒数量增加为 3 个，在有效提高封隔器密封性能的同时，使胶筒有了更好的回缩性能，更利于解封操作；（3）封隔器水力锚由一排增加为两排，有效提高了封隔器在酸化等作业时抗上顶能力；（4）对封隔器作了一些细节改进，在其心轴外壁接近容积管下段 O 形环的位置钻了带螺纹的小孔，便于其在现场试压及做功能试验的时候检验水力锚牙的密封性能，弥补普通型 RTTS 封隔器密封检验的盲点。经过改进的 RTTS 封隔器，承压可以达到 105MPa。

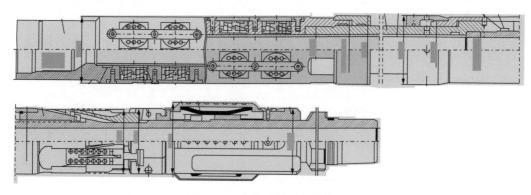

图 6-59　改进型封隔器结构图

从表 6-29 可以看出，经过改进后的 RTTS 封隔器其工作压力不仅达到哈里伯顿 CHAMP XHP 封隔器的能力，其抗拉强度还远高于其他封隔器；同时，节约了进口国外工具所需要耗费的大量资金。

表 6-29　改进型 RTTS 封隔器与其他封隔器性能对比

名称	外径（mm）	内径（mm）	工作压力（MPa）	抗拉强度（kN）
RTTS 封隔器	146	57	70	703
CHAMP XHP 封隔器	146	57	105	726
改进型 RTTS 封隔器	148	57	105	1708

3）新型电子压力计的使用

为满足龙岗探井地层测试资料录取的需要，配套使用了新型的25000psi的DDI压力计和SS电子压力计，参数见表6-30。

表6-30 电子压力计参数对比表

类型	外径（mm）	长度（mm）	量程（psi）	温度（℃）	压力分辨率[%（F.S.）]	压力精度[%（F.S.）]
DDI	32	246	25000	177	0.0003	0.05
SS	33	796	25000	177	0.00006	0.020
pps	19	246	20000	177	0.00015	0.05

新型压力计投入现场使用后，在量程及温度适用范围上不仅能满足酸化等作业的需要，而且精度也比其他压力计高，能大大提高资料录取的准确性。

4）专用电子压力计托筒的研制

龙岗探井的完井测试作业使用了新型的如SS等高精度、高量程的电子压力计，为此，需要设计专用的压力计托筒以满足需要。APR测试工艺要求压力计托筒具有以下特点：一是要能保护压力计（包括防酸腐蚀和防震两个方面）；二是要求压力计托筒保持全通径。根据需要，设计了5in SS内置式（图6-60）托筒及3⅛in内置式托筒（图6-61）。

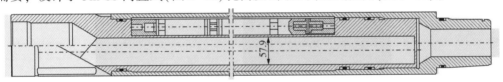

图6-60 5in SS内置式托筒

（1）5in SS内置式托筒的设计。

5in SS内置式托筒的特点：

① 托筒使用了全方位的减振措施，在起、下测试管柱和射孔时，可有效保护压力计。

② 内置托筒的设计严格控制其内径为57mm，与其他APR测试工具结合使用的时候，保证了测试管柱的全通径性能；同时，电子压力计放在托筒壁的夹层中，这样既不会直接暴露在环空井筒液中，又不会直接暴露在管柱内流体中，避免了压力计被腐蚀。

③ 托筒采用单长槽设计，即一支托筒内仅开一条压力计放置槽，可一次将3支压力计串接放入；同时，托筒配备替代延长杆，解决了压力计数量不够时，仍然能将压力计固定在槽内问题。

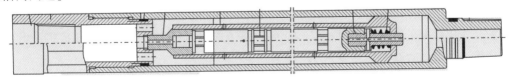

图6-61 3⅛in内置式托筒

（2）3⅛in内置式托筒的特点。

3⅛in内置式托筒特点：

① 托筒的设计严格控制了其内外径尺寸，首先，保证其能进入 5in 尾管内；其次，其内部过流面积达到其他 3⅛in 测试工具内部过流面积的 1.5 倍以上，避免在此处形成流体节流，保证酸化及放喷测试的顺利进行。

② 采用中心悬挂压力计的方式，由于没有了压力计放置槽的限制，使该托筒可以悬挂多种外径的压力计，有很好的通用性。

③ 为压力计配置了相应的套筒，一方面，避免了压力计直接暴露于井筒液体中，减少了流体对压力计的腐蚀；另一方面，套筒上的扶正块使悬挂的压力计能稳定的中置于内筒里，避免了高速流体通过时对压力计造成的剧烈振动。

5）3⅛in APR 测试工具的配套

龙岗部分超深井 5in 尾管非常长，必须将封隔器及测试工具下入其中才能满足完井试油的需要，但 5in 套管内径非常小，特别是一些厚壁套管的内径就更小，只能采用 3⅛in APR 才能满足。基于简化管柱结构以及降低测试风险的原则，3⅛in APR 测试工具主要配套了 RD 循环阀、RD 安全循环阀以及 5in 套管封隔器，具体参数见表 6-31。

表 6-31　3⅛in APR 测试工具参数表

工具名称	外径（mm）	内径（mm）	工作压力（MPa）	工作温度（℃）	备　　注
RD 循环阀	79	25	105	177	空气室承压 179MPa
RD 安全循环阀	79	25	105	177	空气室承压 179MPa
BOWN 安全接头	79	25	105	177	
RTTS 封隔器	96	25	70	177	胶筒外径根据套管内径的不同有变化

其主要特点有：

（1）除封隔器外径根据套管内径不同有变化外，其余工具的外径及内径都是一致的，该套工具体现了很好的全通径性能。

（2）RD 循环阀及安全循环阀的空气室承压能力高于普通的 3⅞in RD 循环阀，虽低于 HPHT 循环阀，但能满足目前龙岗深井的高压环境作业；同时，其破裂盘操作值比较准确，按照其温度曲线查得的破裂值误差只有 ±2%。

（3）RD 循环阀和 RD 安全循环阀为引进配套，封隔器及安全接头则是自主研发，特别是在进行封隔器设计时通过增加水力锚数量，大大提高封隔器抗上顶力强度。

（4）所有工具能够满足在龙岗高含硫条件下作业。

二、配套测试工艺技术研究

配合龙岗探井的试油测试管柱结构，经过多方面调研和分析，制订了相应的配套工艺技术措施，可有效提高测试作业成功率。

1. 环空压力控制技术研究

1）井筒准备

根据龙岗地区的现场试验，发现龙岗部分探井的 7in 套管固井质量不甚理想，有的井甚至存在着上部地层有少量气体窜入套管内的情况出现。这部分气体在井筒环空中部形成气包，导致操作人员按照计算值进行环空压力操作的时候，传递到井下测试工具的压力达不到其真实操作值，结果就是造成 OMNI 阀换位困难，甚至出现测试失败的情况。因此，在封隔器坐封后，利用 OMNI 阀的循环孔，对井筒完井液进行成分的循环，不仅可以避免因套管因素造成的不利影响，还可以有效清除环空杂质，防止沉淀物堵塞工具传压孔，影响压力的传递。

2）环空压力操作工艺

对于超过 6000m 的井，井筒环空的储集效应也是很明显的，环空压力的传递和涨落较一般的井要迟缓一些。因此，特别是进行环空加压操作的时候应采用大排量、高泵压的操作方式，以达到工具的开启要求。

另外，特别提出了在结束替液后，一定要将 OMNI 阀从循环位操作到测试位后才开始放喷测试工作，严禁将其心轴停留在过渡位置就开始下步作业。这是因为通常一支标准的带球阀的 OMNI 阀其功能位置按照循环位（循环孔开启、球阀关闭）、过渡位（循环孔关闭、球阀关闭）、测试位（循环孔关闭、球阀开启）、过渡位（循环孔关闭、球阀关闭）循环出现。但是，当 OMNI 阀不带球阀的时候，过渡位和测试位即出现了相同的状态，即循环孔关闭，管柱畅通。这时，操作人员往往认为在过渡位置即可进行下步测试。通过对 OMNI 阀结构和功能的深入研究，当测试期间环空压力发生波动的时候，往往引起换位心轴的运动，而在过渡位置心轴会发生长距离运动，在测试期间的高压差条件下，这种运动极容易造成循环密封的损坏，从而导致管柱密封失效。因此，对于 OMNI 阀操作要求的最新改进工作使相应的工艺技术水平得到了有效提升。

3）环空压力控制工艺

龙岗地区的现场试验过程中，有的井在酸化作业完毕的时候，环空压力会达到 40MPa。开井后，由于油压的降低，现场操作人员出于压力平衡的考虑会人为将环空压力泄至 20MPa，理论上此压力远在 LPR-N 阀的操作压力之上，结果却导致 LPR-N 阀关闭。经过分析研究发现，在较短的时间内，压力的波动值比较大的情况下，就会导致 LPR-N 阀的开闭，而这是其操作手册里没有明确指出的。经过进一步分析研究又发现，如果环空压力是在较长的时间内出现了较大波动值，出现的结果就是 OMNI 阀会发生换位动作。因此，控制环空压力在较小幅度内的波动，对于测试的顺利进行至关重要。

2. 射孔—测试联作技术的优化

1）双起爆器的设置

龙岗超深井的射孔—测试联作管柱的下入时间比较长，加之后续电测校深、调整管柱长度、坐封、换装井口、连接高压管线等工序耗时比较多，因此，从射孔枪入井到其被引爆，时间往往超过 48h。因此，为避免因枪管长时间待在井内可能出现性能下降而无法引爆的情况，在射孔枪上下都设置起爆器，有效保证射孔枪的起爆。

2）联作方式的优化

龙岗探井采用了正压延时的射孔联作工艺技术，加之合理的管柱结构设计，有效避免了采用环空加压射孔联作工艺造成的由于套管承压能力受限，多级环空操作压力有限制的问题，具体参数见表 6-32。

表 6-32　不同射孔—测试联作管柱的环空控制压力级数

联作类型	测试阀压力	射孔压力	取样压力	平衡压力	循环阀压力	级数
环空负压射孔—测试联作	√	√	√	√	√	5
APR 正压射孔—测试—酸化联作	√			√	√	3
OMNI 射孔—酸化—测试联作				√	√	2

由于采用正压延时引爆方式，加压后即泄掉射孔压力，延时 5~10min 引爆射孔枪，这样作业的主要优点在于：（1）便于判定是否已经射孔；（2）有利于保护管柱安全。

3）射孔介质的优选

采用正压射孔，比较多的做法是在射孔枪上部油管内灌满水后，正眼加压即可完成操作。

另一种方式则是清水和氮气的组合射孔介质。即射孔枪入井过程中，利用测试工具在油管内形成尽可能大的掏空深度，完成坐封后，首先向油管内注入一定氮气，以平衡测试阀开启压差，然后再开启 LPR-N 阀，最后，继续向油管内注入氮气，达到起爆压力。这种工艺技术措施的难度，首先在于在井太深的情况下，需要准确计算注入一定量的氮气后井底油管内的绝对压力值，否则，无法准确平衡球阀开启压差和启动延时起爆器；其次，由于上部油管充满氮气，地面对于射孔与否的判断比较难，但是通过开发的精确的地面监控设备克服了这个难题。显而易见，这种混合射孔介质的引入，能够在射孔之后，形成较大的诱喷压差，对于地层能量的释放非常有利。在龙岗 1 井掏空 5134m 进行液氮加压射孔，这一创新性工艺措施，不仅创造了国内完井试油的新纪录，也打破了国外关于在这深度下该工艺技术无法完成的宿论。

4）高灵敏度射孔地面监测技术研究

前面已经提出，对于深井而言，地面难以判断射孔的准确时间，特别是利用氮气作为传压介质的时候，对于射孔的判断在短时间内很难通过压力的变化来进行辨别。这直接影响了现场作业人员对射孔后续措施的及时实施。高灵敏度射孔地面监测技术解决了这一难题，这是一种高速油管传输射孔监测技术，用于射孔时井下数千米的射孔信号的地面判定。

（1）工作原理。

工作原理如图 6-62 所示。工作过程中，将加速度振动传感器和压力传感器作为采集装置安装在采油树上，用专用低噪声电缆将其和计算机相连，射孔过程中根据传感器输出的振动数据信号和压力数据信号特征来判断射孔枪的爆炸情况。

在系统终端采用中央处理器作为系统的主控制部件，配合两个压力模数转换单元、两个振动模数转换单元，这 4 路模数转换单元以及大型的后台实时处理软件包，用模拟和数字两种方式记录井下爆轰序列信号，完整地建立了地面数据监测系统以及计算机数据采集和处理系统。一方面，该技术作为一种新型的高速油管传输射孔监测成套技术可以成功捕捉到射孔瞬间产生的压力波动以及振动信号，准确提供完整的射孔判断依据：系统保持高速采集频率（1000kbit/s）和高速的数据通信，在射孔过程提供实时屏幕显示以监测射孔全过程；另一方面，系统将监测结果以完整、准确的图形和数字化的形式实时输出，为井下作业提供了直接、可靠的监测手段。

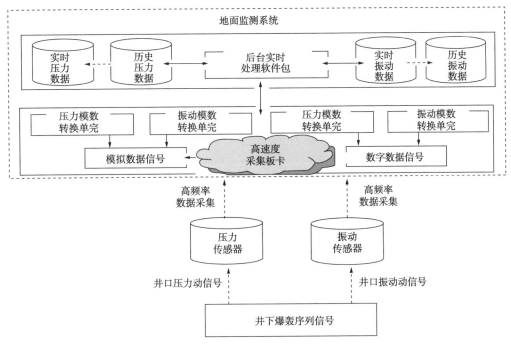

图 6-62 高灵敏度射孔地面监测技术工作原理图

（2）工作流程。

工作流程为：采集装置包括加速度传感器和压力传感器，专用低噪声电缆将其和主机连接，并固定在油管上；终端中央处理器将射孔过程中的 2 路振动信号和 2 路压力信号模数转换单元，用模拟和数字两种方式记录井下爆轰序列信号，形成了高速油管传输射孔地面监测系统。工艺步骤如下：

第一步，将加速度传感器和压力传感器用卡箍固定在油管上；

第二步，将加速度传感器和压力传感器用专用低噪声电缆与地面监测终端处理器相连接；

第三步，井下进行射孔，发出爆轰序列信号，传感器通过油管采集井下爆轰压力信号和振动信号；

第四步，终端处理器通过后台处理软件包将振动信号和压力信号进行模数转换，捕捉到射孔瞬间产生的压力波动以及振动信号，在地面形成完整的监测系统。

目前，射孔监测技术已经在龙岗和九龙山地区开展应用，取得了一些成果，在大部分深井中能够准确监测射孔振动，帮助判断井下情况。目前，射孔监测技术已经能成功应用于 6000m 以深井，部分试验情况见表 6-33。

表 6-33 射孔监测井数统计表

井号	层位	射孔井段（m）	实验效果
剑门 1 井	须三段	4308～4326，4394～4404	成功
龙岗 37 井	雷四段	4198～4220	成功

续表

井号	层位	射孔井段(m)	实验效果
龙岗 36 井	长兴组	6840~6889	成功
龙岗 18 井	长兴组	6209~6242	成功

如图 6-63 所示，数据显示射孔成功，射孔时间和管柱振动情况能够准确显示。

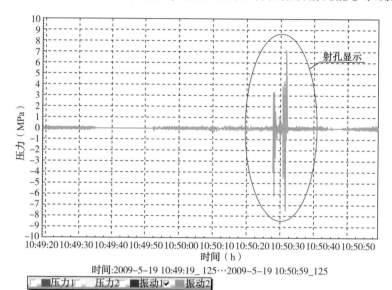

图 6-63　龙岗 37 射孔监测结果

3. 压井工艺研究

对于龙岗探井的高产储层而言，测试作业结束后往往发生井漏的情况，在龙岗 1 井长兴组、龙岗 2 井长兴组上段压井作业过程中，钻井液漏失量都近 200m³，加之硫化氢含量很高，压井作业风险高，造成堵漏比较困难。初期在现场作业的时候，即便解封以后，迫于严峻的井漏形势，还得将封隔器重新坐封，管柱无法活动，在这种情况下，等堵漏钻井液最后发挥作用的时候，可能又会导致下部管柱被卡埋，造成最后解封困难。

1) 管柱结构的改进

一般的射孔—测试联作管柱结构的设计对筛管的下入位置和数量没有特别的规定，因此通常在封隔器及射孔枪之间仅有一个筛管，且筛管的位置紧挨着射孔枪。但是，在龙岗及九龙山探井的作业经验表明，由于封隔器坐封位置距离射孔井段较远，测试遇到高产气井后，往往在封隔器以下油管和套管环空之间形成一段高压气柱。由于筛管在整个管柱最下方，测试结束后无论用什么方法进行压井循环，在解封前这一段气柱仍然存在，甚至还会因为上覆液柱压力的增高导致气柱压力增大，解封后会引起井内液面的不平稳。为此，在封隔器以下管柱中设置了双筛管(图 6-64)。一根筛管连接在起爆器上，另一根筛管在封隔器以下一根油管下面。在进行直推法压井时，一部分压井泥浆从上筛管出来，有利于把封隔器以下的管柱外的环空天然气推回地层；另一部分压井泥浆从下筛管出来，将整个油管内充满泥浆。上下两个筛管出来的泥浆更有利于把封隔器以外的天然气推回地层，有利于将井压平稳，降低循环压井和起钻过程中的不安全因素。

2）压井方案的制定

经过探索研究和反复的现场试验，逐渐摸索出一套适应这类储层的压井工艺技术：(1)利用井口关井获得的井口压力数据，推算压井液密度，避免盲目使用重浆，导致井漏加重。(2)摒弃传统的解封后利用置换法压井的技术，采用直推法先行向油管内灌注压井泥浆。储层经过大产量放喷测试之后，必定形成一定体积的空容，初期泥浆下井后会有比较严重的漏失，此时井口采油树等地面设备没有倒换，全井处于有效控制状态，地面作业人员可以比较从容地向井内补充压井液，期间择机向地层注入适量堵漏泥浆。(3)经过观察，待井漏速度在较低水平之后，立即更换井口，并打开 RD 安全循环阀，实现井下关井。(4)解封后，正循环逐步调整泥浆，直至井内平稳后即可起钻。

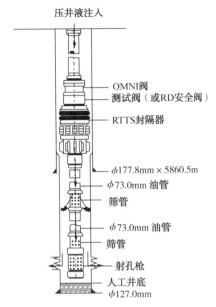

图 6-64　双筛管管柱结构图

3）堵漏泥浆的选择

对于测试管柱而言，堵漏作业存在着较大风险，主要是一旦堵漏泥浆颗粒沉淀过多，可能会将液压旁通以及封隔器以下的筛管全部堵死，这样，在解封的时候封隔器上下压力无法沟通，形成巨大压差，导致解封困难，甚至卡埋工具。如龙岗 1 井长兴组测试结束后井漏，堵漏后造成解封困难，最后只有强行硬拔才最终解封，但上部油管已经严重拉伸变形，情况比较危险。因此，对于有测试工具存在的井堵漏，首先还是要在封隔器解封后再进行堵漏作业，这样，管柱能随时活动，减少卡埋概率；其次，堵漏时主要选用细颗粒随堵泥浆逐步完成堵漏作业，一般不选用含有大颗粒材料的堵漏泥浆，避免盲目的使用极端堵漏措施再次卡埋井下管柱，造成二次复杂。

三、提高资料录取准确性及储层解释水平措施

1. 资料录取手段的改进

由于受井身条件的客观限制，井下测试管柱只能坐封在 7in 套管内，而龙岗探井的 5in 喇叭口往往距离产层中部有较大的距离，统计见表 6-34，因此，在进行储层解释、评价的时候，仅凭在封隔器之上的压力计获取的数据来推算产层中部压力，会产生比较明显的误差。

表 6-34　龙岗部分探井产层中部及 5in 喇叭口深度统计

井号	5in 喇叭口深度（m）	层位	产层中部深度（m）	距离喇叭口高度（m）
龙岗 2 井	5936.83	长兴组上段	6122	185.17
		飞仙关组	5986	49.17

井号	5in 喇叭口深度(m)	层位	产层中部深度(m)	距离喇叭口高度(m)
龙岗3井	5596.41	长兴组下段	6398	801.59
		飞仙关组下段	5991	394.59
龙岗9井	5462.36	长兴组	6363	900.64
		飞仙关组	5966.5	504.14
龙岗11井	5464.22	长兴组	6094	629.78
		飞仙关组	5799	334.78

改进措施：

（1）利用最新设计的专用压力计托筒可以将压力计送入5in尾管，要求减振措施得当，压力计下入深度可以非常接近产层中部，否则会造成压力计振坏；利用封隔器上下压力计数据，可以对井下情况做更准确的判断。

（2）井口关井期间，利用高精度井口压力计获取关井恢复数据，可以对利用井下压力计数据计算的地层压力梯度等参数进行对比、修正。

2. 现场快速解释方法的应用

针对龙岗地区的超深、高压等储层特点，井筒积液和井筒内相再分布时有发生；另外，由于边底水的影响，试井解释有相当的难度。为了获取准确的地层信息，为油气勘探工作提供更可靠的依据，在试井解释过程中，主要从以下几方面进行了有效的改进：

（1）地层测试的目的主要是通过流量的变化来引起地层压力变化，通过对地层压力变化的分析来获取地层信息，流量史建立的正确与否是关系到整个解释结果是否可靠的最关键因素。测试过程中，由于受工艺以及时间等的影响，往往产量测试只进行1~2次，但对于资料解释而言，测试产量所指的是稳定产量，实际测试流动过程中，产量是相对变化的，针对这个矛盾，提出了在解释过程中采用产量精细化的原则，为准确获取地层参数提供了有效的保证。

龙岗6井(飞仙关组上段)：试油时间3月6日至3月17日。射孔井段为4781~4812m，射厚31m。施工概况见表6-35。

表6-35 龙岗6井(飞仙关组上段)施工简况

说明	时间(min)	地面显示情况
坐封	10	上提管柱2.44m，正转10圈，下放悬重1000kN↓750kN，加压250kN坐封
一开井	426	11：04开油放喷排液，油压30.50MPa↓2.16MPa↑21.17MPa，套压29.40MPa泄压至1.55MPa↑2.60MPa；出口连续排液63.2m³。11：17出口点火燃，橘红色焰高3.0~5.0m↑15.0~20.0m，13：45后出口排水呈雾状
一关井	860	关井观察，油压21.17MPa↑38.2MPa，套压0.10~4.13MPa
二开井	570	开油放喷排液，油压38.20MPa↓5.79MPa，套压4.13MPa↓3.00~3.73MPa，出口点火燃，橘黄色火焰高8.0~20.0m，间断排少量股状水及雾状水约3.0m³，累计排液66.2m³
二关井	860	关井观察，油压5.79MPa↑36.20MPa，套压为观察压力2.50~3.86MPa

续表

说明	时间(min)	地面显示情况
三开井	358	10 日 08：50 开油放喷排液，油压 36.20MPa↓19.99MPa↑22.41MPa，套压观察压力 3.00~4.00MPa，出口点火燃，橘黄色火焰高 15.0~20.0m，间断排少量雾状水约 0.3m³。其中 08：20—08：50 用 50.8mm 临界速度流量计装 25mm 孔板经三级降压装置进行测试，出口点火燃，橘黄色焰高 8.0~10.0m，于 13：00—14：18 测试稳定，油压 22.50MPa，套压 3.34~3.49MPa，上压 1.94MPa，下压 0.03MPa，上温 19.2℃，测试气产量 19.52×10⁴m³/d，现场测量 H_2S 含量 44.8g/m³，排液 0.3m³，累计排液 66.5m³
三关井	4047	关井求压，油压 39.65MPa，套压 3.18~3.19MPa

解释拟合图：从施工作业可以看出，产量测试仅进行了一次，稳定时间为 78min，根据关井压力双对数曲线形态，选用有井筒和表皮的均质无限大油藏模型，拟合时采用产量精细化原则，划分了 4 个产量段进行拟合，拟合的结果更可靠。

① 龙岗 6 井(飞仙关组上段)三关井双对数曲线拟合图如图 6-65 所示。

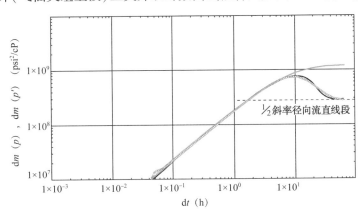

图 6-65　龙岗 6 井(飞仙关组上段)三关井双对数曲线拟合图

② 龙岗 6 井(飞仙关组上段)开关井压力历史曲线拟合图如图 6-66 所示。

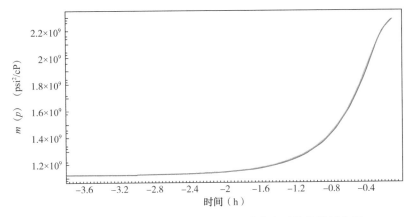

图 6-66　龙岗 6 井(飞仙关组上段)三关井半对数曲线拟合图

③ 龙岗 6 井(飞仙关组上段)开关井压力历史曲线拟合图如图 6-67 所示。

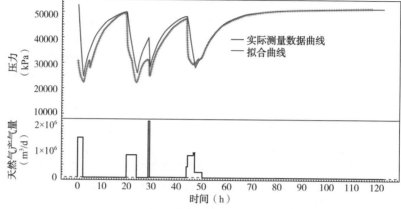

图 6-67　龙岗 6 井(飞仙关组上段)三关井压力历史曲线拟合图

④ 解释结果见表 6-36。

表 6-36　龙岗 6 井(飞仙关组上段)解释结果表

井筒储系数 $C(m^3/MPa)$	渗透率 $K(mD)$	表皮系数 S	地层系数 $Kh(mD \cdot m)$
6.19	0.26	-2.64	3.92

（2）对于压力恢复曲线出现异常的现象，譬如出现拐点，将压力恢复的起始点尽量选择在压力持续恢复的起点上，将恢复曲线上异常的点删除。

龙岗 11 井(长兴组)：射孔井段为 6045~6078m，6082~6092m 和 6135~6143m。拟合时选用二关井压力恢复数据，二关井压力恢复曲线出现拐点。根据关井压力数据双对数曲线形态，选用井底有一条裂缝、外边界为无限大的双孔介质油藏模型，将压力恢复起始点选择在拐点之后的第一个点上拟合，从而更准确地获得地层参数。

① 龙岗 11 井(长兴组)测试压力—温度曲线图如图 6-68 所示。

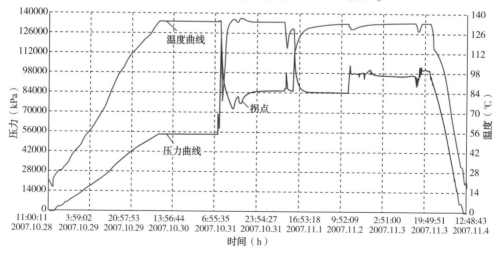

图 6-68　龙岗 11 井(长兴组)测试压力—温度曲线图

② 龙岗 11 井（长兴组）关井双对数曲线拟合图如图 6-69 所示。

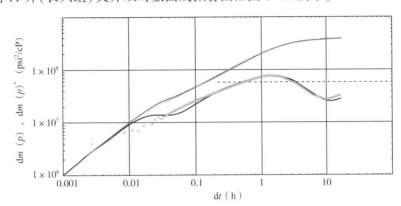

图 6-69　龙岗 11 井（长兴组）关井双对数曲线拟合图

③ 龙岗 11 井（长兴组）关井压力历史曲线拟合图如图 6-70 所示。

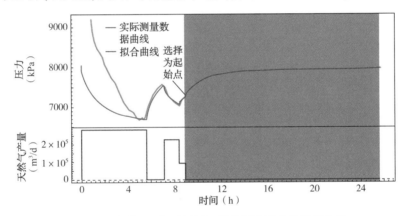

图 6-70　龙岗 11 井（长兴组）关井压力历史曲线拟合图

④ 解释结果见表 6-37。

表 6-37　龙岗 11 井（长兴组）解释结果表

井储系数 C （m^3/MPa）	渗透率 K（mD）	表皮系数 S	弹性储容比 ω	窜流系数 λ	裂缝半长 x_f（m）
9.6	0.934	0	0.2	1.28×10^{-6}	16

（3）在龙岗地区，井储系数在试井过程中可能发生大幅度的变化。地面关井后井筒流体由稳定流动变为不稳定流动，井筒内可能发生多种复杂现象，井底流量特性将表现为变井储效应，只有采取井底测压时，才能将井筒影响作为变井储效应。

（4）过去资料解释主要采用拟压力方法进行解释，在龙岗地区，对于渗透率较低的气层，在试井开始时压差很大，气体的压缩率变化明显，这种情况下，气体压力是时间的函数，需用拟时间代替时间。我们采用了拟压力与拟时间相结合的方法，从而更准确地符合流体渗流原理，使解释结果更可靠。

龙岗 26 井(长兴组)。射孔井段 5774～5796m，渗透率较低。根据关井压力数据双对数曲线形态，选用井底有一条裂缝的均质无限大油藏模型，拟压力与拟时间相结合进行拟合，从而更准确地获得地层参数。

① 龙岗 26 井(长兴组)测试压力曲线图如图 6-71 所示。

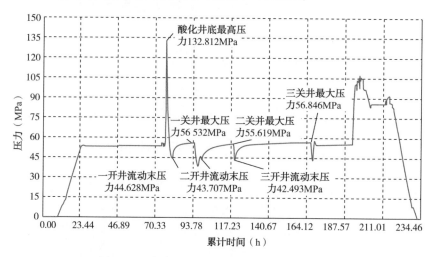

图 6-71 龙岗 26 井(长兴组)测试压力曲线图

② 龙岗 26 井(长兴组)二关井双对数曲线拟合图如图 6-72 所示。

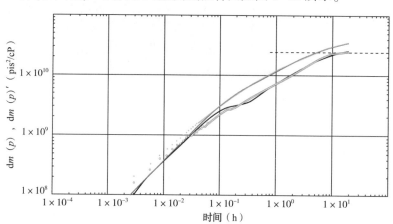

图 6-72 龙岗 26 井(长兴组)二关井双对数曲线拟合图

③ 龙岗 26 井(长兴组)二关井叠加函数半对数曲线拟合图如图 6-73 所示。

④ 龙岗 26 井(长兴组)开关井压力历史拟合图如图 6-74 所示。

⑤ 解释结果见表 6-38。

表 6-38 龙岗 26 井(长兴组)解释结果表

井储系数 C(m³/MPa)	渗透率 K(mD)	表皮系数 S	调查半径 R(m)	裂缝半长 x_f(m)
3.69	0.162	0	49.4	19.3

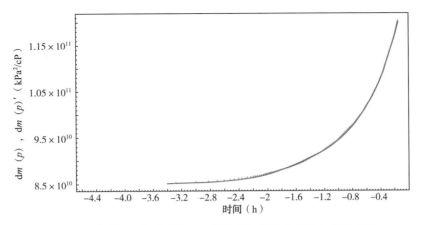

图 6-73 龙岗 26 井(长兴组)二关井叠加函数半对数曲线拟合图

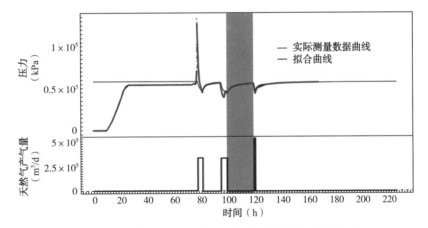

图 6-74 龙岗 26 井(长兴组)开关井压力历史曲线拟合图

（5）对于双对数导数曲线出现的起始井筒储存阶段斜率发生变化，逐渐变平的现象，在拟合时采用了变井储效应，使解释结果更真实。

第七章

海相复杂碳酸盐岩储层改造与测试技术现场应用及评估

本章主要介绍了复杂碳酸盐岩储层改造与测试技术成果在塔里木油气田公司、长庆油气田公司和西南油气田公司推广应用情况，酸化压裂改造 287 口井、328 井次，成功率 98%，有效率 87%，累计增油 111.5×10⁴t、气 32.7×10⁸m³；测试 223 井次，成功率 96%，见表 7-1。

表 7-1　储层改造与测试统计表

油田	压裂酸化				测试	
	井数	井次	成功率(%)	有效率(%)	井次	成功率(%)
塔里木	127	146	98	89.0	192	96.8
西南	40	57	95	66.7	31	93.5
长庆	120	125	100	92.8	—	—

第一节　复杂碳酸盐岩储层改造技术现场应用及评估

一、塔里木盆地储层改造技术现场应用及评估

2008 年 8 月至 2011 年 5 月，塔里木油田碳酸盐岩储层共实施储层改造 127 口、146 井次，改造有效率 89.06%，累计增油 111.5×10⁴t，累计增气 59411.88×10⁴m³，改造效果显著。

不同工艺应用情况：

（1）酸化工艺。酸化工艺共实施 23 井次，改造有效率 100%，累计增油 195826t，累计产水 208064m³，累计增天然气 3331.78×10⁴m³。

（2）酸压工艺。包括胶凝酸酸压工艺、交联酸酸压工艺、DCA 酸压工艺，转向酸压工艺，共实施 97 井次，改造有效率 84.71%，累计增油 602883t，累计产水 135554m³，累计增气 19166.59×10⁴m³。

（3）水平井分段改造工艺。水平井分段改造工艺实施 19 井次，包括裸眼封隔器分段酸压工艺、投球选择性酸压工艺和水力喷射分段酸压工艺。改造有效率 89.47%，累计增

油 158732t，累计产水 28451m³，累计增气 33937.51×10⁴m³。

（4）交联酸加砂压裂工艺。交联酸加砂压裂工艺共实施 7 井次，改造有效率 85.71%。

二、四川盆地储层改造技术现场应用及评估

在酸液类型上，完善了高温胶凝酸体系，形成了高温自转向酸体系，研制了加重酸液体系；工艺上形成"非均质储层均匀布酸工艺技术""分层酸化工艺技术"及"深度酸压工艺技术"三项技术。

截至 2011 年 5 月共成功进行了 40 口井、57 井次施工，累计获得井口天然气测试产量 1658.69×10⁴m³/d，平均单井 43.65×10⁴m³/d，累计增加天然气产量 23.57×10⁸m³，改造效果明显。

1. 不同酸型应用情况及实施效果

（1）高温胶凝酸。高温胶凝酸现场开展 39 井次施工，施工成功率 89.28%。平均单井测试产量 30.51×10⁴m³/d，累计测试产水 972.42m³/d，增产有效率 55.17%。

（2）高温转向酸。高温转向酸现场开展 15 井次施工，成功率 100%。累计获得井口测试产量 769.146×10⁴m³/d，平均单井测试产量 54.94×10⁴m³/d，增产有效率 93.3%。

（3）加重酸。加重酸实施 3 井次，获得井口测试产量 4.726×10⁴m³/d。

2. 不同工艺应用情况及实施效果

（1）分层酸化工艺应用情况及实施效果。实施分层改造 4 井次，累计获气 358.24×10⁴m³/d，平均单井 89.56×10⁴m³/d，其中封隔器分层 3 井次，堵塞球分层 1 井次。

（2）深度酸压工艺应用情况及实施效果。现场试验了活性水+胶凝酸酸压和加重酸酸压两种工艺。其中，前者酸压后获测试产量 2.22×10⁴m³/d，后者获测试产量 4.726×10⁴m³/d。

3. 储层改造技术现场应用评估

（1）形成的储层改造酸液体系及工艺技术现场应用效果明显。

试井分析解释表明，通过酸化改造后能解除污染堵塞，证明了目前所形成的酸液体系和改造工艺能满足储层改造的需要，见表 7-2。

表 7-2　试井分析解释结果

井号	层位	表皮系数	测试产量（10⁴m³/d）	储层伤害评价
龙岗 001-3	飞仙关组	-4.3851	36.311	改善
龙岗 26	飞仙关组+长兴组	-2.7053	58.06	改善
龙岗 27	飞仙关组	-4.857	72.796	改善
龙岗 28	长兴组	-2.1248	44.03	改善

（2）形成的分层酸化工艺技术有效解决了储层跨度大、层薄等改造难题。

龙岗构造具有纵向上跨度大、层薄、非均质性强的地层，难以实现均匀布酸的特点，从进行的龙岗 2 井和龙岗 001-7 井、龙岗 001-26 井的封隔器分层酸化来看，通过应用分层工艺来解决层间跨距大，同时配合高温自转向酸体系有效地降低了吸酸矛盾，较好地恢

复或增加了产量，龙岗001-26井测试产量达 40.14×10⁴m³/d；在龙岗 001-6 井开展堵塞球分层酸化工艺来看，通过应用该工艺有效地避免了过多酸液进入含水饱和度较高的储层，实现了减水增气的目的。

（3）深度酸压改造有利于提高致密、无缝洞发育储层的改造效果。

龙岗 12 井通过采用 96.5m³ 的高温胶凝酸酸化后仅获气 0.2475×10⁴m³/d，通过采用滑溜水＋高温胶凝酸交替注入深度酸压改造后，测试获气 2.22×10⁴m³/d，说明深度酸压适用于近井区域物性差、远井存在高渗透区的储层。

（4）产改造效果受构造有利区域位置控制。

从实施的几口井施工效果来看，1-2 井区构造位置最有利，酸化增产效果明显；6-27 井区虽然为低孔储层，但裂缝发育明显，酸化后也获得了高产；工区北面的 7 井区和台内储层致密且无缝洞发育，施工压力较高，增产效果有限。

三、鄂尔多斯储层改造技术现场应用及评估

2008 年 6 月至 2011 年 5 月，长庆油田在靖边气田、苏里格气田东部南区和桃 2 井区开展了下古生界碳酸盐岩储层改造研究与试验 120 口井，成功率 100%，累计增加产量 32130×10⁴m³。靖边气田改造有效率 76%，苏里格气田东区南部下古生界碳酸盐岩储层分布不连续，非均质性强，改造有效率 67%，桃 2 井区改造有效率 75%；总体效果较好，见表 7-3。

表 7-3　2008 年 6 月至 2011 年 5 月下古生界碳酸盐岩储层直井改造统计表

区块	井数（口）	成功率（%）	有效率（%）
靖边气田	61	100	76
苏里格东区南部	40	100	67
桃 2 井区	19	100	75

2008 年 6 月至 2011 年 5 月，针对下古生界碳酸盐岩储层，主要开展了以下研究。

1. 普通酸与稠化酸组合酸压工艺效果

2008 年 6 月至 2011 年 5 月在靖边气田应用稠化酸与普通酸组合酸压试验 61 口井，测试 53 口井，有效储层平均厚度 3.8m，储层物性较 2007 年略差，通过优化研究，加大入地酸量提高改造强度，使得改造后平均无阻流量达到 18.85×10⁴m³/d，较 2007 年平均增加 1.14×10⁴m³/d，累计增加产量 28728×10⁴m³。

2008 年 6 月至 2011 年 5 月在苏里格气田东区南部应用稠化酸与普通酸组合酸压试验 40 口井，测试 37 口井，有效储层平均厚度 3.4m，改造后平均无阻流量达到 5.92×10⁴m³/d，较 2007 年平均增加 0.18×10⁴m³/d，累计增加产量 3402×10⁴m³，改造效果相对稳定。

2008—2011 年在苏里格气田桃 2 井区应用稠化酸与普通酸组合酸压试验 14 口井，测试 10 口井，有效储层平均厚度 3.3m，改造后平均无阻流量达到 9.11×10⁴m³/d，取得了较好改造效果。

表7-4 普通酸与稠化酸组合酸压工艺试验数据表

试验区块	时间	井数（口）	厚度（m）	孔隙度（%）	基质渗透率（mD）	气饱和度（%）	酸量（m³）	无阻流量（10⁴m³/d）	增加产量（10⁴m³/d）	累计增加产量（10⁴m³）
靖边	2008—2011年	53	3.8	7.08	0.89	65.5	135	18.85	1.14	28728
	2007年	29	3.9	8.18	0.73	74.59	109	17.71		
苏里格东区南部	2008—2011年	37	3.4	6.6	0.68	68.9	135	5.92	0.18	3402
	2007年	8	2.7	5.61	0.24	59.5	100	5.57		
桃2	2008—2011年	10	3.3	7.0	0.71	69.1	110	9.11	—	—

2. 下古生界加砂压裂、交联酸携砂压裂工艺效果

2008年6月至2011年5月在靖边气田应用下古生界加砂压裂试验6口井，有效储层平均厚度3.4m，储层物性较差，通过加砂压裂提高裂缝导流能力，使得改造后平均无阻流量达到4.7×10⁴m³/d；应用交联酸携砂压裂工艺试验2口井，有效储层平均厚度3.4m，储层物性较差，通过加砂压裂与酸液刻蚀双重作用提高改造裂缝导流能力，使得改造后平均无阻流量达到10.73×10⁴m³/d，取得了较好改造效果。

2008年6月至2011年5月在苏里格气田东区南部应用下古生界加砂压裂试验2口井，有效储层平均厚度6.8m，改造后平均无阻流量4.13×10⁴m³/d，取得了一定改造效果。

表7-5 下古生界加砂压裂、交联酸携砂压裂工艺试验数据表

工艺类型	试验区块	井数（口）	厚度（m）	孔隙度（%）	基质渗透率（mD）	气饱和度（%）	砂量（m³）	无阻流量（10⁴m³/d）
下古生界加砂压裂	靖边	6	3.4	6.1	0.1	68	24.1	4.7
	苏里格东区南部	2	6.8	6.3	0.6	70.5	27	4.13
交联酸携砂压裂	靖边	2	3.4	3.44	0.28	—	20.9	10.73

第二节 复杂碳酸盐岩储层测试技术现场应用及评估

一、塔里木盆地测试技术现场应用及评估

塔里木盆地碳酸盐岩储层超深、缝洞型，非均质性强，普遍含硫化氢的特点给试油带来很大的安全挑战，主要矛盾是试油的一些重要环节在作业中无法实现全过程的井控作业，经过三年的持续研究和攻关，形成了以上钻台采油树、油管内堵塞阀和多功能钻完井四通、换装井口控制管柱等一系列井控设备，实现了试油作业全过程的有控状态，大大提高了易漏易喷储层的安全作业能力；同时，配合水平井及大幅度提高单井产量的作业需求，开展管柱配置技术及缝洞型碳酸盐岩储层试井综合评价技术研究，技术成果均实现了规模化应用，应用效果明显，三年共完成试油完井作业177口/192井次，一次作业成功率96.88%，为塔里木试油完井作业的安全发挥了重要的作业（表7-6）。

表 7-6　塔里木油田 2008—2011 试油完井工作量统计

油田	试油完井		
	井数（口）	井次	成功率（%）
塔里木	179	192	96.88

　　以塔中 I 号气田为例，经过三年的攻关和完善，试油作业成功率持续提高，试油作业时间大幅度缩短，大大提高了作业效率（图 7-1 和图 7-2）。

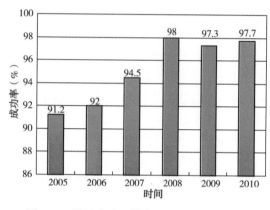

图 7-1　塔里木油田塔中 I 号气田试油作业　　图 7-2　塔里木油田塔中 I 号气田（2008—2010 年）
　　　　　成功率统计　　　　　　　　　　　　　　　　探井试油周期统计表

二、四川盆地储层测试技术现场应用及评估

　　经过三年的科研攻关和现场应用，见到了显著效果：

　　（1）现场应用的管柱结构能够基本满足龙岗等超深井完井试油测试的需要，成功应用一趟管柱实现了射孔、酸化以及测试的联作。管柱结构合理，满足超深井抗拉及抗压要求。

　　（2）配套的测试工具提高了井下测试工具的整体承压能力及可靠性，保证了在井底超高压情况下工具功能得以成功实施。

　　（3）测试工艺改进后，有效保障了各项工艺措施的顺利实施，大大提高了测试成功率以及测试资料的录取。

　　（4）配套的地面安全监控措施保证了地面测试计量作业的顺利进行。视频监测系统的夜视功能的增加，确保了现场视频监控的全天候无间断实施。硫化氢在线监测技术不仅获取气体中硫化氢的动态监测数据，且在流态稳定时测得的硫化氢含量数据与传统人工监测数据基本一致，具有较高的准确度。

　　（5）形成的高温高压含硫超深井配套试油技术，在龙岗探井具有很强的针对性和实用性，并能适应今后龙岗构造大规模勘探试油工作的需要。下一步，随着龙岗构造勘探工作的进一步深入，还要有新的配套技术的支撑。例如，目前，对于产液量很少的水层，对于超深井花很长的时间来等待流体流到地面再进行产量测试，显得非常不经济，使用试井车探测液面的方法相对比较麻烦，而且获取数据点有限，应考虑使用更为简便的方式来进行液面探测；测试工具还有进一步优化的空间，特别是 LPR-N 阀的球阀开启压差对于深井试油来说是一个很大的制约，对于地层的解放力度在某些储层显得不够；对于套管固井质量特别差的井，在进行完井测试作业时，还应有更多的应对措施，以保证测试的成功和全井的安全。

总之，通过不断完善西南油气田碳酸盐岩储层的试油(气)配套技术，在高温高压超深井的试油(气)测试方面取得了长足的进步，形成一套高压、高温、含硫、高产量复杂深井的试油技术，初步解决川渝地区复杂深井试油存在的技术难题。该技术基本能满足井深不小于 5000m、H_2S 含量不小于 $20g/m^3$ 左右、温度不低于 130℃、地层压力 80MPa 以上的高压气井完井试油的需要。为西南油气田在龙岗、九龙山碳酸盐岩中找到更多天然气地质储量提供了试油(气)技术支撑，提高了试油施工功效，减少了复杂，降低了费用，保障了生产安全。三年共完成各类测试 18 口/31 井次，一次作业成功率 93.54%，成效显著(表 7-7)。

表 7-7 四川盆地储层测试统计表

序号	井号	层位	作业日期	测试井段(m) 顶	测试井段(m) 底	测试工艺(APR、MFE、一体化)	是否一次成功
1	龙岗 6 井	T_1f^{3-1}	2008.3.6	4781	4812	APR 射孔—测试联作	是
2		T_1f^{3-1}	2008.2.21	4853	4889	APR 射孔—测试联作	是
3		P_2ch	2008.1.1	5111	5133	APR 射孔—测试联作	是
4	龙岗 7 井	T_2l^4	2008.1.19	4446	4498	APR 射孔—测试联作	是
5		T_1f^{3-1}	2008.1.3	6256	6266	APR 射孔—测试联作	是
6	龙岗 8 井	P_2ch	2008.4.26	6713	6731	APR 射孔—测试联作	是
7	龙岗 12 井	T_2l^4	2008.8.6	4027	4045	APR 射孔—测试联作	是
8		T_1f^{3-1}	2008.8.16	6023	6058	APR 射孔—测试联作	是
9	龙岗 18 井	T_2l^4	2008.9.9	4080	4120	APR 射孔—测试联作	是
10		T_1f^{3-1}	2008.8.15	5892	5935	APR 射孔—测试联作	是
11		P_2ch	2008.8.4	6209	6242	APR 射孔—测试联作	是
12	龙岗 20 井	T_2l^4	2008.9.8	4042	4064	APR 射孔—测试联作	是
13		T_1f^{3-1}	2008.8.24	5975	6053	APR 射孔—测试联作	是
14		P_2ch	2008.7.2	6152	6163	APR 射孔—测试联作	否
15	龙岗 22 井	T_2l^4	2008.11.22	3510	3510~3543	APR 射孔—测试联作	是
16		T_1f^{3-1}	2008.9.13	5500	5500~5525	APR 射孔—测试联作	是
17	龙岗 26 井	T_1f^{3-1}	2008.10.19	5536	5582	APR 射孔—测试联作	是
18		P_2ch	2008.9.18	5774	5774~5796	APR 射孔—测试联作	是
19	龙岗 28 井	P_2ch	2008.10.7	5965	5980	APR 射孔—测试联作	是
20			2008.8.2	5983	6002	APR 射孔—测试联作	是
21	磨溪 1 井	P_2ch	2008.1.29	3804	3815	APR 射孔—测试联作	是
22	天成 1 井	T_2l^4	2007.12.26	4380	4410	APR 射孔—测试联作	是
23		P_2ch	2008.1.18	4096	4120	APR 射孔—测试联作	是

序号	井号	层位	作业日期	测试井段（m）		测试工艺（APR、MFE、一体化）	是否一次成功
				顶	底		
24	分水 1 井	T_1f^{3-1}	2008. 1. 27	7286	7322	APR 射孔—测试联作	否
25	龙 17 井	P_2w	2008. 2. 27	5594	5603	APR 射孔—测试联作	是
26	剑门 1	P_2ch	2008. 9. 1	6830	6864	APR 射孔—测试联作	是
27			2008. 7. 5	6908	6929	APR 射孔—测试联作	是
28	龙岗 271 井	T_1f^{3-1}	2009. 12. 25	4588	4675	APR 射孔—测试联作	是
29	龙岗 61 井	Th2	2009. 12. 29	4250	4326	APR 射孔—测试联作	是
30	龙岗 61 井	Th3	2010. 2. 5	3878	985	APR 射孔—测试联作	是
31	龙岗 001-29 井	C	2010. 3. 1	5120	5203	APR 射孔—测试联作	是

取得的最新技术指标如下：

（1）试油井段最深达到 7322m；

（2）地层压力最高 131MPa；

（3）井口关井压力最高 107.6MPa；

（4）地层温度最高 175.2℃；

（5）H_2S 含量最高达到 870g/m^3；

（6）井口施工泵压最高 96MPa；

（7）施加地层压力最高 207MPa；

（8）试油井井斜最大达到 78°；

（9）天然气日产量最高 120.57×10^4m^3；

（10）地层水日产量最高 1224m^3；

（11）套管尾管最长 2159.73m；

（12）原油日产量最高 95m^3。

参 考 文 献

［1］ Akanni O O, Nasr-El-Din H A. Modeling of Wormhole Propagation During Matrix Acidizing of Carbonate Reservoirs by Organic Acids and Chelating Agents［C］//SPE Annual Technical Conference and Exhibition. Society of Petroleum Engineers, 2016.

［2］ Al-Duailej, Yaser K, Kwak, et al. Wormhole Characterization Using NMR［R］. IPTC 17063, 2013.

［3］ Al-Ghurairi F A, et al. Successful Hydraulic Fracturing through Optimization Steps for High Rate Deep Gas Wells in Carbonate Reservoirs, Saudi Arabia［R］. SPE 81585, 2003.

［4］ Al-Mutawa M, AI-Anzi E, et al. Polymer-free Self-DivertingAcid Stimulates Kuwaiti［J］. Wells. Oil and Gas Journal, 2002, 100(31): 39-42.

［5］ Alcheikh I M, Ghosh B. A Comprehensive Review on the Advancement of Non-damaging Drilling Fluids［J］. Int J Pet Res, 2017, 1(1): 61-72.

［6］ Allison D B, Curry S S, Todd B L. Restimulation of Wells Using Biodegradable Particulates as Temporary Diverting Agents［C］//Canadian Unconventional Resources Conference. Society of Petroleum Engineers, 2011.

［7］ Bartko K, McClelland K, Sadykov A, et al. Holistic Approach to Engineered Diversion-Aided Completion Providing New Method of Fracture Isolation［C］//SPE Hydraulic Fracturing Technology Conference and Exhibition. Society of Petroleum Engineers, 2017.

［8］ Bartko K, Tineo R, Aidagulov G, et al. First Application for a Sequenced Fracturing Technique to Divert Fractures in a Vertical Open Hole Completion: Case Study from Saudi Arabia［C］//SPE Hydraulic Fracturing Technology Conference. Society of Petroleum Engineers, 2016.

［9］ Bestaoui-Spurr N, Castillo D, Debenedictis F, et al. Emerging High Temperature Well Stimulation Diversion Technology Leads to Significant Increases in Conductivity［C］//SPE Middle East Oil & Gas Show and Conference. Society of Petroleum Engineers, 2017.

［10］ Carpenter C. Formation Damage: A Novel Approach in Evaluating Zonal-Productivity Loss［J］. Journal of Petroleum Technology, 2017, 69(2): 72-76.

［11］ Chang F, Qu Q, Frenier W. A Novel Self-Diverting-Acid Developed for Matrix Stimulation of Carbonate Reservoirs［R］. SPE 65033, 2001.

［12］ Che Mingguang, Zhang Fuxiang, Wang Yonghui, et al. Openhole Multistage Acid-Fracturing Increases Hydrocarbon Production in Deep Naturally Fractured Carbonate Horizontal Wells in Ta-zhong Gasfield of Tarim Basin, West China［R］. SPE 176334, 2015.

［13］ Cheng H, Zhu D, Hill A D. The Effect of Evolved CO_2 on Wormhole Propagation in Carbonate Acidizing ［J］. SPE Production & Operations, 2016.

［14］ Cipolla C L, et al. Complex Hydraulic Fracture Behavior in Horizontal. Wells, South Arne Field, Danish North Sea［R］. SPE 62888, 2000.

［15］ Ealian Al-Anzi, Majdi Al-Mutawa, Nabil Al-Habib, et al. 碳酸盐岩油气藏增产处理新方法［J］. 油田新技术, 2003/2004 年冬季版: 28-45.

［16］ Economides M J, Nolte K G. Reservoir stimulation, 3rd Edition［M］. Chichester, England: John Wiley & Sons, Ltd., 2000.

［17］ Fattah K A, Lashin A. Investigation of Mud Density and Weighting Materials Effect on Drilling Fluid Filter Cake Properties and Formation Damage［J］. Journal of African Earth Sciences, 2016, 117: 345-357.

［18］ Fragachán F E, Shahri M P, Arnold D M, et al. Enhancing Well Performance via In-Stage Diversion in Unconventional Wells: Physics and Case Studies［C］//SPE Argentina Exploration and Production of Unconventional Resources Symposium. Society of Petroleum Engineers，2016.

［19］Gomaa A M，Cutler J，Qu Q，et al. Acid Placement：An Effective VES System to Stimulate High-Temperature Carbonate Formations［C］//SPE International Production and Operations Conference & Exhibition. Society of Petroleum Engineers，2012.

［20］Gomaa A M，Nasr-El-Din H A. Acid Fracturing：the Effect of Formation Strength on Fracture Conductivity［R］. SPE 119623，2009.

［21］Gomaa A M，Nino-Penaloza A，Castillo D，et al. Experimental Investigation of Particulate Diverter Used to Enhance Fracture Complexity［C］//SPE International Conference and Exhibition on Formation Damage Control. Society of Petroleum Engineers，2016.

［22］Gonzalez A F. Fluid Diversion through Selective Fracture Extension：U. S. Patent 9470078［P］. 2016-10-18.

［23］Gullickson G W，Ruhle W O A. Leakoff Mitigation Treatment Utilizing Self Degrading Materials Prior to Refracture Treatment：U. S. Patent 9617465［P］. 2017-4-11.

［24］Hassani A，Kamali M R. Optimization of Acid Injection Rate in High Rate Acidizing to Enhance the Production Rate：an Experimental Study in Abteymour Oil Field，Iran［J］. Journal of Petroleum Science and Engineering，2017，156：553-562.

［25］Hisham A. Nasr-El-Din，Ray Tibbles and Mathew Samuel. Lessons learned from Using Viscoelastic Surfactants in Well Stimulation［R］. SPE 90383，2004.

［26］Hung K M，Hill A D，Sepehrnoori K. A Mechanistic Model of Wormhole Growth in Carbonate Matrix Acidizing and Acid Fracturing［J］. Journal of Petroleum Technology，1989，41(1)：59-66.

［27］Jain R，Mahto V. Development of Non-Damaging Drilling Fluid System for Shale Gas Reservoirs［C］//Conference GSI. 2016：153-157.

［28］Jim Wilk，et al. Fracturing Technique Stimulates Massive，Fractured. Limestones［J］. Oil and Gas Journal，1991.

［29］Joseph Tansey，Division M S. Pore-Network Modeling of Carbonate Acidization［R］. SPE 173472，2014.

［30］Leonard J. Kalfayan. Fracture Acidizing：History，Present State，and Future［R］. SPE 106371，2007.

［31］Li X，Gomaa A，Nino-Penaloza A，et al. Integrated Carbonate Matrix Acidizing Model for Optimal Treatment Design and Distribution in Long Horizontal Wells［C］//SPE Production and Operations Symposium. Society of Petroleum Engineers，2015.

［32］Li Yongping，Wang Yonghui，et al. Propped Fracturing in High Temperature Deep Carbonate Formation［R］. SPE 118858，2009.

［33］Liu M，Zhang S，Mou J，et al. Diverting Mechanism of Viscoelastic Surfactant-based Self-diverting Acid and Its Simulation［J］. Journal of Petroleum Science and Engineering，2013，105：91-99.

［34］Liu M，Zhang S，Mou J，et al. Wormhole Propagation Behavior under Reservoir Condition in Carbonate Acidizing［J］. Transport in porous media，2012：1-18.

［35］Liu N，Liu M. Simulation and Analysis of Wormhole Propagation by VES Acid in Carbonate Acidizing［J］. Journal of Petroleum Science and Engineering，2016，138：57-65.

［36］Lungwitz B，Fredd C，et al. Diversion and Cleanup Studies of Viscoelastic Surfactant-Based Self-Diverting Acid［R］. SPE86504，2004.

［37］Maalouf C B，Espinoza I B，Al-Jaberi S，et al. Validation of Formation Pressures While Drilling Against Wireline Conveyed Formation Tester in a Carbonate Reservoir in the UAE［C］//Abu Dhabi International Petroleum Exhibition & Conference. Society of Petroleum Engineers，2016.

［38］ MacDonald R G, et al. Sand Fracturing the Slave Point Carbonate［J］. Journal of Canadian Petroleum Technology, 1986, 25(6): Petroleum Society of Cim 85-36.

［39］ Machado A C, Teles A P, Pepin A, et al. Porous Media Investigation before and after Hydrochloric Acid Injection on a Pre-salt Carbonate Coquinas Sample［J］. Applied Radiation and Isotopes, 2016, 110: 160-163.

［40］ Magnus U Legemah, Dean Bilden, Crystal Lowe, et al. Successful Acidizing Treatment of Four Offshore Wells with HighBottomhole Temperatures in the Gulf of Mexico: Laboratory and Field CaseStudies［R］. SPE 170701, 2014.

［41］ Maheshwari P, Maxey J, Balakotaiah V. Simulation and Analysis of Carbonate Acidization with Gelled andEmulsified Acids［R］. SPE 171731, 2014.

［42］ Malik A R, Asiri M A, Bolarinwa S O, et al. Field Proven Effectiveness of Near Wellbore and Far Field Diversion in Acid Stimulation Treatment Using Self-Degradable Particulates［C］//SPE Middle East Oil & Gas Show and Conference. Society of Petroleum Engineers, 2017.

［43］ Malik A R, Yaseen A H, Ogundare T M, et al. First Worldwide Successful Implementation of Coiled Tubing Compatible Novel Fiber Laden Diverter for Matrix Stimulation Using New Generation High Rate Fiber Optic Real Time Telemetry System［C］//SPE Kingdom of Saudi Arabia Annual Technical Symposium and Exhibition. Society of Petroleum Engineers, 2016.

［44］ Manrique J F, Husen A, et al. Integrated Stimulation Applications and Best.

［45］ Marchenko V A. Sturm-Liouville Operators and Applications［M］. American Mathematical Soc. , 2011.

［46］ McCartney E S, Kennedy R L. A Family of Unique Diverting Technologies Increases Unconventional Production and Recovery in Multiple Applications-Initial Fracturing, Refracturing, and Acidizing［C］//SPE Hydraulic Fracturing Technology Conference. Society of Petroleum Engineers, 2016.

［47］ Medvedev A V, Kraemer C C, Pena A A, et al. On the Mechanisms of Channel Fracturing［C］//SPE Hydraulic Fracturing Technology Conference. Society of Petroleum Engineers, 2013.

［48］ Michie J J, Siks A, Sauve M A, et al. Revisiting Lisburne, a New Approach to a Mature Fractured Carbonate［C］//SPE Western Regional Meeting. Society of Petroleum Engineers, 2016.

［49］ Mingguang Che, Yonghui Wang, Jianxin Peng, et al. Propped Fracturing in Deep Naturally-Fractured Tight Carbonate Reservoirs［R］. SPE 191712-18RPTC-MS, 2018.

［50］ Mou J, Liu M, Zheng K, et al. Diversion Conditions for Viscoelastic-surfactant-based Self-diversion Acid in Carbonate Acidizing［J］. SPE Production & Operations, 2015, 30(2): 121-129.

［51］ Muecke T W. Principles of acid stimulation［R］. SPE 10038, 1982.

［52］ Nasr-EI-DIN H A, Taylor K C , AI-Hajji H H. Propagation of Cross-linkers Used in In-Situ Gelled Acids in Carbonate Reservoirs［R］. SPE 75257, 2002.

［53］ Nasr-EI-DIN H A, AI-Driweesh S. Acid Fracturing HT/HP Gas Wells Using a Novel Surfactant Based Fluid System［R］. SPE 84516, 2003.

［54］ NASR-EL-DIN H A, Al-Zahrani A, Still J, et al. Laboratory Evaluation of an Innovative System for Fracture Stimulation of High - Temperature Carbonate Reservoirs. SPE OILFIELD CHEMISTRY INTERNATIONAL SYMPOSIUM (Houston, TX, 2/28/2007-3/2/2007) PROCEEDINGS 2007. (SPE-106054; Available on CD-ROM; Color; 12 pp; Over 10 refs).

［55］ Osode P I, Hussain H A, Batawell M A, et al. Drill-in Fluids Design and Selection for a Low-Permeability, Sub-Hydrostatic Carbonate Reservoir Development［C］//Abu Dhabi International Petroleum Exhibition & Conference. Society of Petroleum Engineers, 2016.

［56］Osode P I, Ibrahim H A, Bataweel M A, et al. Design and Optimization of Drill-in Fluids for a Low-Permeability Carbonate Oil Reservoir in Central Arabia［C］//SPE/IADC Middle East Drilling Technology Conference and Exhibition. Society of Petroleum Engineers, 2016.

［57］Pournik M, Li L, Smith B, et al. Effect of Acid Spending on Etching and Acid Fracture Conductivity［R］. SPE 136217, 2010.

［58］Practices for Optimizing ReservoirDevelopment Through Horizontal Wells［R］. SPE 64384, 2000.

［59］R S. Advances in Fracturing Techniques in Carbonate Reservoirs in the Howard Glasscock Field in West Texas［R］. SPE 17282, 1988.

［60］Rafael Rozo, Javier Paez, Alberto Mendoza, et al. Combining Acid- and Hydraulic-Fracturing Technologies Is the Key to successfully Stimulating the Orito Formation［R］. SPE 104610, 2007.

［61］Ramondenc P, Lecerf B, Tardy P M J. Achieving Optimum Placement of Stimulating Fluids in Multilayered Carbonate Reservoirs: A Novel Approach［C］//SPE Annual Technical Conference and Exhibition. Society of Petroleum Engineers, 2013.

［62］Safari A, Dowlatabad M M, Hassani A, et al. Numerical Simulation and X-ray Imaging Validation of Wormhole Propagation during Acid Core-flood Experiments in a Carbonate Gas Reservoir［J］. Journal of Natural Gas Science and Engineering, 2016, 30: 539-547.

［63］Sau R, Shuchart C, Clancey B, et al. Qualification and Optimization of Degradable Fibers for Re-Stimulation of Carbonate Reservoirs［C］//International Petroleum Technology Conference. International Petroleum Technology Conference, 2015.

［64］Shbair A, Ortiz J, Agar E, et al. Implementation of Under-Balanced Drilling: a New Approach for Reservoir Characterization to Improve the Development Strategy of a Tight Carbonate Reservoir［C］//Abu Dhabi International Petroleum Exhibition & Conference. Society of Petroleum Engineers, 2016.

［65］Shi X, Xu H, Yang L. Removal of Formation Damage Induced by Drilling and Completion Fluids with Combination of Ultrasonic and Chemical Technology［J］. Journal of Natural Gas Science and Engineering, 2017, 37: 471-478.

［66］Talbot M S, Gdanski R D. Beyond the Damkohler Nnumber: a New Interpretation of Carbonate Wormholing ［C］//Europec/EAGE Conference and Exhibition. Society of Petroleum Engineers, 2008.

［67］Tan X, Weng X, Cohen C E. An Improved Wormhole Propagation Model with a Field Example［C］// SPEInternational Conference and Exhibition on Formation Damage Control. Society of Petroleum Engineers, 2016.

［68］Tardy P M J, Lecerf B, Christanti Y. An Experimentally Validated Wormhole Model for Self-diverting and Conventional Acids in Carbonate Rocks under Radial Flow Conditions［C］//European Formation Damage Conference. Society of Petroleum Engineers, 2007.

［69］Taylor KC, Nasr-EI-Din HA. Laboratory Evaluation of In-Situ Gelled Acids for Carbonate Reservoirs［R］. SPE 71694, 2001.

［70］Teles A P, Machado A C, Pepin A, et al. Analysis of Subterranean Pre-salt Carbonate Reservoir by X-ray Computed Microtomography［J］. Journal of Petroleum Science and Engineering, 2016, 144: 113-120.

［71］Thakur P, Anwar M, Al Arfi S, et al. Proper Well Control & Decision Making While Drilling: a Case Study from an Onshore Carbonate Reservoir in the UAE［C］//SPE/IADC Middle East Drilling Technology Conference and Exhibition. Society of Petroleum Engineers, 2016.

［72］Wang D, Zhou F, Ding W, et al. A Numerical Simulation Study of Fracture Reorientation with a Degradable Fiber-diverting Agent［J］. Journal of Natural Gas Science and Engineering, 2015, 25: 215-225.

[73] Wang D, Zhou F, Ge H, et al. An Experimental Study on the Mechanism of Degradable Fiber-assisted Diverting Fracturing and Its Influencing Factors[J]. Journal of Natural Gas Science and Engineering, 2015, 27: 260-273.

[74] Wang Yonghui, Zhang Fuxiang, et al. A Case Study: Refacturing of High Temperature Deep Well in Carbonate Reservoir[R]. SPE 106353, 2006.

[75] Williams V, McCartney E, Nino-Penaloza A. Far-Field Diversion in Hydraulic Fracturing and Acid Fracturing: Using Solid Particulates to Improve Stimulation Efficiency[C] //SPE Asia Pacific Hydraulic Fracturing Conference. Society of Petroleum Engineers, 2016.

[76] Xu C, Kang Y, Chen F, et al. Analytical Model of Plugging Zone Strength for Drill-in Fluid Loss Control and Formation Damage Prevention in Fractured Tight Reservoir[J]. Journal of Petroleum Science and Engineering, 2017, 149: 686-700.

[77] Xu C, Kang Y, Chen F, et al. Fracture Plugging Optimization for Drill-in Fluid Loss Control and Formation Damage Prevention in Fractured Tight Reservoir[J]. Journal of Natural Gas Science and Engineering, 2016, 35: 1216-1227.

[78] Yonghong Ding, Yongping Li, Yun Xu, et al. Propped Fracturing with a Novel Surface Cross-linked Acid in High Temperature Deep Carbonate Formation[R]. SPE 127312, 2010.

[79] Yuan S W, Finkelstein A B. Heat transfer in Laminar Pipe Flow with Uniform Coolant in Jection[J]. Jet Propulsion, 1958, 28(3): 171-181.

[80] Zhang Y, Yang S, Zhang S, et al. Wormhole Propagation Behavior and Its Effect on Acid Leakoff under In Situ Conditions in Acid Fracturing[J]. Transport in porous media, 2014, 101(1): 99-114.

[81] Zhao X, Li Y, Cai B, et al. Study of an Oil Soluble Diverting Agent for Hydraulic Fracturing Treatment in Tight Oil and Gas Reservoirs[C] //SPE/IADC Middle East Drilling Technology Conference and Exhibition. Society of Petroleum Engineers, 2016.

[82] Zhou F, Liu Y, Yang X, et al. A Novel Diverting Acid Stimulation Treatment Technique for Carbonate Reservoirs in China[C] //Asia Pacific Oil and Gas Conference & Exhibition. Society of Petroleum Engineers, 2009.

[83] Zhou F, Liu Y, Yang X, et al. Case study: YM204 Obtained high Petroleum Production by Acid Fracture Treatment Combining Fluid Diversion and Fracture Reorientation[C] //8th European Formation Damage Conference. Society of Petroleum Engineers, 2009.

[84] Zhou F. Application and Study of Acid Fracture Tecnhique Using Noval Temperature Control Viscosity Acid in Carbonate Reseravoir, TARIM[C] //International Oil & Gas Conference and Exhibition in China. Society of Petroleum Engineers, 2006.

[85] Zillur Rahim, et al. Hydraulic Fracturing Case Histories in the Carbonate and Sandstone Reservoirs of Khuff and Pre-Khuff Formations, Ghawar Field, Saudi Arabia[R]. SPE 77677, 2002.

[86] 蔡明金, 贾永禄, 等. 低渗透双重介质油藏垂直裂缝井压力动态分析[J]. 石油学报, 2008, 29(5): 723-726.

[87] 蔡明金, 贾永禄, 等. 三重介质油藏垂直裂缝井产量递减曲线[J]. 大庆石油学院学报, 2009, 33(5): 60-63.

[88] 常宝华, 刘华勋, 熊伟, 等. 大尺度多洞缝型油藏试井分析方法[J]. 油气田地面工程, 2011, 30(4): 14-16.

[89] 车明光, 王永辉, 等. 交联酸加砂压裂技术的研究和应用[J]. 石油与天然气化工, 2014, 43(4).

[90] 车明光，袁学芳，等. 酸蚀裂缝导流能力实验研究与酸压工艺技术优化[J]，特种油气藏(优先出版)，2014，31(3).

[91] 陈方方，贾永禄. 三孔双孔介质径向复合油藏模型与试井曲线[J]. 油气井测试，2008，17(4)：1-4.

[92] 陈中一. 四川碳酸盐岩低渗透气藏压裂酸化工艺技术[J]. 天然气工业，1992，12(5)：61-66.

[93] 丁云宏，程兴生，王永辉，等. 深井超深井碳酸盐岩储层深度改造技术——以塔里木油田为例[J]. 天然气工业，2009，29(9)：81-84.

[94] 杜箫笙，杨正明，程倩，等. 缝洞型碳酸盐岩油藏试井分析[J]. 油气井测试，2009，18(4)：14-16.

[95] 郭建春，辛军，赵金洲，等. 酸处理降低地层破裂压力的计算分析[J]. 西南石油大学学报(自然科学版)，2008，30(2)：83-86.

[96] 何春明，郭建春，刘超. 裂缝性碳酸盐岩储层蚓孔分布及刻蚀形态实验研究[J]. 石油与天然气化工，2012，41(6)：579-582.

[97] 何春明，郭建春. 酸液对灰岩力学性质影响的机制研究[J]. 岩石力学与工程学报，2013，32(增2)：3016-3021.

[98] 雷群，李献文. 长庆气田开发井酸化、压裂实施效果分析[J]. 低渗透气田，2000，5(2).

[99] 李年银，赵立强，刘平礼. 碳酸盐岩酸压过程中的酸液滤失研究[J]. 西部探矿工程，2006(3)：109-111.

[100] 李沁，伊向艺，卢渊，等. 储层岩石矿物成分对酸蚀裂缝导流能力的影响[J]. 西南石油大学学报(自然科学版)，2013，35(2)：102-108.

[101] 李永平，王永辉，等. 高温深层非均质性碳酸盐岩水平井分段改造技术[J]. 石油钻采工艺，2014，36(1).

[102] 李月丽，伊向艺，卢渊. 碳酸盐岩酸压中酸蚀蚓孔的认识与思考[J]. 钻采工艺，2009，32(2)：41-43.

[103] 刘倍贝，周福建，胡大鹏. 黏弹性表面活性剂转向酸缓蚀剂研究进展[J]. Chemical Engineering of Oil & Gas/Shi You Yu Tian Ran Qi Hua Gong，2015，44(5).

[104] Jim Wilk，等. 一种成功的使裂缝性块状石灰岩获得增产的替代方法：Kiel 压裂工艺[J]. 油气田开发工程译丛，1993(1)：29-34.

[105] 沈建新，周福建，张福祥，等. 一种新型高温就地自转向酸在塔里木盆地碳酸盐岩油气藏酸化酸压中的应用[J]. 天然气工业，2012，32(5)：28-30.

[106] 汪道兵，周福建，葛洪魁，等. 纤维强制裂缝转向规律实验及现场试验[J]. 东北石油大学学报，2016，40(3)：80-88.

[107] 汪道兵，周福建，葛洪魁，等. 纤维暂堵人工裂缝附加压差影响因素分析[J]. 科技导报，2015，33(22)：73-77.

[108] 王小朵，李宪文，等. 长庆气田碳酸盐岩储层加砂压裂试验研究. 油气井测试，2004，13(2)：57-62.

[109] 王永辉，车明光，等. 加砂压裂技术在高温深井碳酸盐岩储层成功应用[J]. 油气井测试，2016，25(4).

[110] 王永辉，李永平，程兴生，等. 高温深层碳酸盐岩储层酸化压裂改造技术，石油学报，2012(33).

[111] 吴娟，康毅力，李跃谦. 酸蚀前后碳酸盐岩储层速敏性和水敏性变化研究[J]. 钻采工艺，2007，30(1)：105-107.

[112] 吴月先. 低渗透碳酸盐岩气藏水力压裂效果评价[J]. 石油钻采工艺，1998，20(3)：102-103.

[113] 熊春明，周福建，马金绪，等．新型乳化酸选择性酸化技术[J]．石油勘探与开发，2007，34（6）：740-744.

[114] 胥耘．碳酸盐岩储层酸压工艺技术综述[J]．油田化学，1997，14（2）：175-179，196.

[115] 杨锋，王新海，刘洪．缝洞型碳酸盐岩油藏井钻遇溶洞试井的解释模型[J]．水动力学研究与进展：A辑，2011，26（3）：278-283.

[116] 杨敏．塔河油田碳酸盐岩油藏试井曲线分类及其生产特征分析[J]．油气井测试，2004，13（1）：19-21.

[117] 杨贤友，熊春明，李淑白，等．气层敏感性损害实验评价新方法研究[J]．天然气工业，2005，25（3）：135-137.

[118] 尹向艺，卢渊，赵振峰，等．碳酸盐岩储层酸携砂压裂技术研究与应用[M]．北京：科学出版社，2014.

[119] 张福祥，陈方方，等．井打在大尺度溶洞内的缝洞型油藏试井模型[J]．石油学报，2009，30（6）：912-915.

[120] 张福祥，王本成，费玉田，等．两区复合油藏二次梯度非线性渗流模型研究．西南石油大学学报[J]．2010，32（4）：99-102.

[121] 张希明，杨坚，杨秋来，等．塔河缝洞型碳酸盐岩油藏描述及储量评估技术[J]．石油学报，2004，25（1）：13-18.

[122] 赵金洲，任岚，胡永全，等．裂缝性地层水力裂缝张性起裂压力分析[J]．岩石力学与工程学报，2013，32（增1）：2855-2862.

[123] 赵增迎，杨贤友，周福建，等．转向酸化技术现状与发展趋势[J]．大庆石油地质与开发，2006，25（2）：68-71.

[124] 周福建，宋广顺．用现场资料预测钻井液损害储层深度[J]．钻井液与完井液，2000，17（4）：8-10.

[125] 周福建，汪道兵，伊向艺，等．迫使碳酸盐岩油气藏裂缝向下延伸的酸压技术[J]．石油钻采工艺，2012，34（6）：65-68.

[126] 周福建，熊春明，刘玉章，等．一种地下胶凝的深穿透低伤害盐酸酸化液[J]．油田化学，2002，19（4）：322-324.

[127] 周福建，伊向艺，杨贤友，等．提高采收率纤维暂堵人工裂缝动滤失实验研究[J]．钻采工艺，2014，（4）：83-86，6.